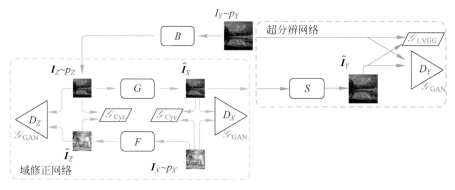

图 2.10　弱监督超分辨流程[89]

图 4.15　基于锚定框的特征提取[140]

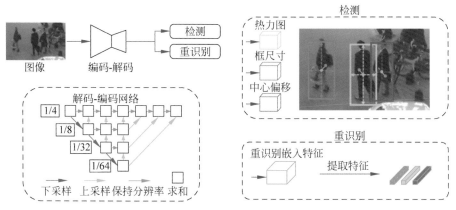

图 4.16　FairMOT 网络框架[140]

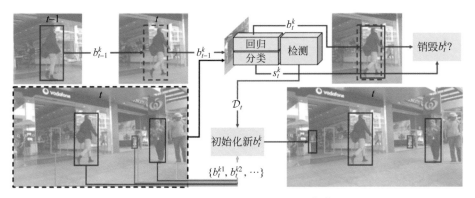

图 4.17　Trackor＋＋算法流程图[196]

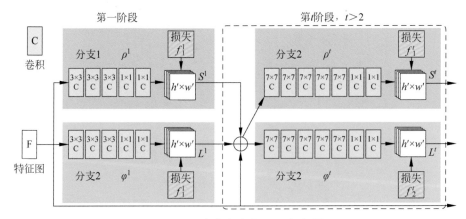

图 6.5　两分支多阶段 CNN 框架图

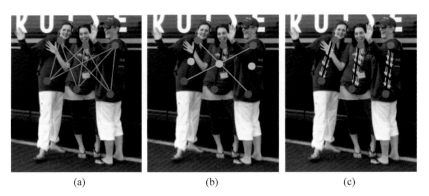

图 6.7　关键点关联策略示意[283]

（a）关键点间的联系；（b）通过肢体中间点建立关键点间的联系；（c）PAF 建立关键点间的联系

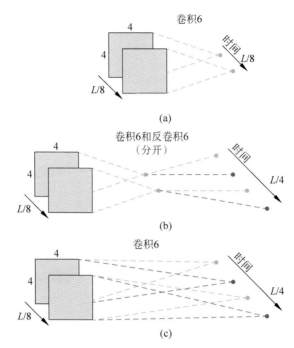

图 6.27　CDC6 过滤器示意[311]

（a）空间下采样时序拼接；（b）先空间下采样后时序上采样；（c）CDC6 同时空间上采样和时序下采样

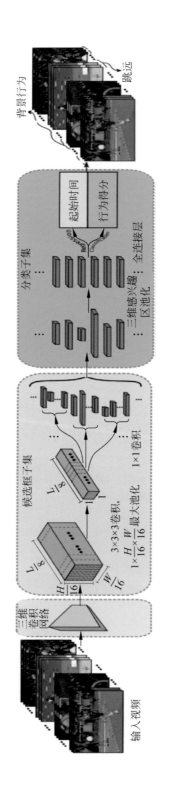

图 6.28 R-C3D 网络结构

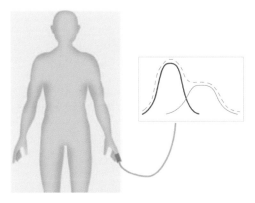

图 7.3　心脏收缩时 PPG 信号波形图

图 9.4　平台客户端主界面

国家出版基金项目
NATIONAL PUBLICATION FOUNDATION

"十四五"国家重点图书出版规划项目
图像图形智能处理理论与技术前沿

INTELLIGENT VIDEO ANALYSIS
AND UNDERSTANDING

视频
智能分析与理解

徐晓刚　编著

清华大学出版社
北京

图书在版编目（CIP）数据

视频智能分析与理解 / 徐晓刚编著. -- 北京 ：清华大学
出版社，2024.10（2025.6重印）. --（图像图形智能处理理论与技术前沿）.
ISBN 978-7-302-67529-7

Ⅰ. TN94

中国国家版本馆 CIP 数据核字第 2024Y0C926 号

责任编辑：刘　杨
封面设计：钟　达
责任校对：欧　洋
责任印制：宋　林

出版发行：清华大学出版社
　　　　　网　　　址：https://www.tup.com.cn，https://www.wqxuetang.com
　　　　　地　　　址：北京清华大学学研大厦 A 座　　　邮　　编：100084
　　　　　社 总 机：010-83470000　　　　　　　　邮　　购：010-62786544
　　　　　投稿与读者服务：010-62776969，c-service@tup.tsinghua.edu.cn
　　　　　质量反馈：010-62772015，zhiliang@tup.tsinghua.edu.cn
印 装 者：涿州市般润文化传播有限公司
经　　销：全国新华书店
开　　本：170mm×240mm　　印　张：19.25　　插 页：3　　字　　数：404 千字
版　　次：2024 年 11 月第 1 版　　　　　　　　印　　次：2025 年 6 月第 2 次印刷
定　　价：75.00 元

产品编号：097022-01

丛书编委会名单

主　任：王耀南

委　员（按姓氏笔画排序）：

于　晓　　马占宇　　马惠敏　　王　程　　王生进
王维兰　　庄红权　　刘　勇　　刘国栋　　杨　鑫
库尔班·吾布力　　汪国平　　汶德胜　　沈　丛
张浩鹏　　陈宝权　　孟　瑜　　赵航芳　　袁晓如
徐晓刚　　郭　菲　　陶建华　　喻　莉　　熊红凯
戴国忠

"人工智能是我们人类正在从事的、最为深刻的研究方向之一,甚至要比火与电还更加深刻。"正如谷歌 CEO 桑达尔·皮查伊所说,"智能"已经成为当今科技发展的关键词。而在智能技术的高速发展中,计算机图像图形处理技术与计算机图形学犹如一对默契的舞伴,相辅相成,为社会进步做出了巨大的贡献。

图像图形智能处理技术是人工智能研究与图像图形处理技术的深度融合,是一种数字化、网络化、智能化的技术。随着新一轮科技革命的到来,图像图形智能处理技术已经进入了一个高速发展的阶段。在计算机、人工智能、计算机图形学、计算机视觉等技术不断进步的同时,图像图形智能处理技术已经实现了从单一领域到多领域的拓展,从单一任务到多任务的转变,从传统算法到深度学习的升级。

图像图形智能处理技术被广泛应用于各个行业,改变了公众的生活方式,提高了工作效率。如今,图像图形智能处理技术已经成为医学、自动驾驶、智慧安防、生产制造、游戏娱乐、信息安全等领域的重要技术支撑,对推动产业技术变革和优化升级具有重要意义。

在《新一代人工智能发展规划》的引领下,人工智能技术不断推陈出新,人工智能与实体经济深度融合成为重要的战略目标。智慧城市、智能制造、智慧医疗等领域的快速发展为图像图形智能处理技术的研究与应用提供了广阔的发展和应用空间。在这个背景下,为国家人工智能的发展培养与图像图形智能处理技术相关的专业人才已成为时代的需求。

当前在新一轮科技革命和产业变革的历史性交汇中,图像图形智能处理技术正处于一个关键时期。虽然图像图形智能处理技术已经在很多领域得到了广泛应用,但仍存在一些问题,如算法复杂度、数据安全性、模型可解释性等,这也对图像图形智能处理技术的进一步研究和发展提出了新的要求和挑战。这些挑战既来自于技术的不断更新和迭代,也来自人们对于图像图形智能处理技术的不断追求和探索。如何更好地提高图像的视觉感知质量,如何更准确地提取图像中的特征信息,如何更科学地对图像数据进行变换、编码和压缩,成为国内外科技工作者和创新企业竞相探索的新方向。

为此,中国图象图形学学会和清华大学出版社共同策划了"图像图形智能处理理论与技术前沿"系列丛书。丛书包括 21 个分册,以图像图形智能处理技术为主线,涵盖了多个领域和方向,从智能成像与感知、智能图像图形处理技术、智能视频分析技术、三维视觉与虚拟现实技术、视觉智能应用平台等多个维度,全面介绍该领域的最新研究成果、技术进展和应用实践。编写本丛书旨在为从事图像图形智能处理研究、开发与应用的人员提供技术参考,促进技术交流和创新,推动我国图像图形智能处理技术的发展与应用。本丛书将采用传统出版与数字出版相融合的形式,通过二维码融入文档、音频、视频、案例、课件等多种类型的资源,帮助读者进行立体化学习,加深理解。

图像图形智能处理技术作为人工智能的重要分支,不仅需要不断推陈出新的核心技术,更需要在各个领域中不断拓展应用场景,实现技术与产业的深度融合。因此,在急需人才的关键时刻,出版这样一套系列丛书具有重要意义。

在编写本丛书的过程中,我们得到了各位作者、审读专家和清华大学出版社的大力支持和帮助,在此表示由衷的感谢。希望本丛书的出版能为广大读者提供有益的帮助和指导,促进图像图形智能处理技术的发展与应用,推动我国图像图形智能处理技术走向更高的水平!

中国图象图形学学会理事长

得益于深度学习技术的快速发展以及计算能力和数据的爆发式增长,近些年来人工智能领域迈入了蓬勃发展的时期,并在人脸识别、城市智能交通管理、智慧医疗等诸多领域取得了令人瞩目的成果。其中,视频内容智能分析作为人工智能领域的重要组成部分,在智慧城市的建设中有着极大的应用价值,得到了业界广泛的关注。本书重点涵盖了视频内容智能分析相关技术,旨在帮助人工智能相关方向的学生、技术人员及兴趣爱好者们更好地了解和掌握其中涉及的理论知识,并能够进行深入的应用实践。

视频内容智能分析涉及的内容十分广泛,本书将重点介绍其中的超分辨率重建、目标检测及跟踪、跨镜行人重识别、行为及生理信号分析等方面,并对作者团队在这些技术的基础上所开发的"非配合环境下视频智能分析算法与平台"进行具体讲解。这些核心技术的背后有着诸多经典的机器学习方法和深度学习理论,考虑到这些理论所涉及的专业知识对初学者来说具有一定的困难,本书试图尽可能避免复杂的数学证明和推导,在每章中尽量采用相对通俗易懂的语言来描述具体的应用背景和技术原理。此外,本书还开源了部分实战案例的代码,希望将理论与实践相结合,以更好地让读者理解并掌握其中的技术实现细节。

本书从视频内容智能分析的研究和应用背景开始讲起,然后逐步延伸到其中涉及的几大重要方向,并有选择性地对各个方向的经典思想、技术路线以及最新的方法进行深入介绍。本书紧密结合学术及业界的技术前沿,通过由浅入深、图文并茂的方式,完整地剖析了传统经典理论及深度学习方法在视频内容智能分析领域中各个维度的重要成果,而不仅仅停留在简单的理论阐述和结果展示上。

具体地,本书从以下几个方面来阐述视频内容智能分析技术。

第 1 章概述了视频内容智能分析的研究背景、常用数据集以及代表性的模型训练策略,让读者对本书内容有一个初步的了解。

第 2 章介绍了视频超分辨重建技术,包括问题定义、现有基于深度学习方法的超分辨简介,并对未来的超分辨技术发展方向进行了探讨。

第 3 章分析了视频目标检测所涉及的关键技术和应用场景,并对其中的挑战性问题进行了总结。

第 4 章讲解了视频中的多目标跟踪技术,包括现有技术方法的类型、存在的问题以及技术发展趋势等。

第 5 章着眼于跨镜行人重识别,对基于局部特征、表征学习、跨域迁移、视频序列和图论的行人重识别理论和实践案例进行了详细介绍。

第 6 章探讨了人体行为分析的相关技术,从研究背景和难点问题出发,循序渐进地展现了行为识别和行为检测等技术的发展路线和未来方向。

第 7 章呈现了基于视频分析的生理信号检测技术,以光电容积脉搏波理论为基础重点介绍基于视频的非接触式人体心率、血压、血糖等生理信号的捕获及分析。

第 8 章介绍了卷积神经网络模型的压缩与加速技术,重点叙述主流的模型剪枝、模型量化、知识蒸馏等方法,并简要讲解了其他压缩与加速方法。

第 9 章在前述章节技术的基础上,对作者团队所开发的"非配合环境下视频智能分析算法与平台"进行了详细的介绍,旨在让读者对视频内容智能分析各项技术的实战应用及架构设计有更加深入的理解。

本书工作得到了之江实验室重大项目(2019KD0AC02)和国家自然科学基金(62103380)的支持,之江实验室与浙江工商大学智能视觉团队成员参与了编写,包括孙立剑、唐乾坤、章依依、徐芬、张逸、张文广、贺菁菁、吴翠玲、李玲、李悦、魏日令、王小龙、曹卫强、何鹏飞、王军、徐冠雷、张锦明、陈少辉等。本书在编写过程中得到了领域内深耕多年的学者和工业界资深工程师们的指导和帮助,经过深刻的讨论和完善,本书从理论到实战的不同层面都有了极大的升华,能够满足不同人群的实际需求。但考虑到本书所涉及的智能分析技术内容庞杂、发展日新月异,且作者才疏学浅,书中难免有不当之处,恳请读者批评指正,不胜感激。

作　者

2023 年 12 月 12 日于杭州

目 录

第1章

深度学习基础知识

1.1 深度学习的发展历程

深度学习是目前最为火热的研究领域之一,并在很多任务中取得了很大的成功。作为机器学习的一个重要分支,深度学习在取得成功的背后也经历了较为曲折的发展历程。深度学习经历了三次发展浪潮。

20 世纪 40 年代,受生物大脑启发,"M-P 神经元模型"[1]首次提出用来模仿神经元的结构和工作原理。在这个模型中,一个神经元接收来自 n 个神经元的信号,这些信号以加权方式进行连接组合,在与神经元阈值进行比较后得到当前神经元的输出信号。但是这些信号的连接权重大多采用人工预先设置的方式。在该模型的基础上,由两层神经元模型构成的"感知机"模型[2-3]被提出,它能根据输入样本学习权重。该模型虽然当时获得了很大关注,但其本质上还是一种线性模型,学习能力有限,无法解决诸如异或问题等线性不可分问题。因此对深度学习的研究逐渐停滞。

20 世纪 80 年代,伴随联结主义思想[4]和误差反向传播算法[5]的提出,深度学习转向学习能力更强的多层网络,多层网络能够很好地解决线性不可分问题,因此越来越多地应用于多种模式识别任务中,如手写字体识别[6]等。但当时计算机的硬件水平有限,多层的网络需要强大的运算能力,同时误差反向传播在网络层数很深时会出现梯度消失问题,因此深度学习再次陷入瓶颈期。

2006 年,多伦多大学的 Geoffrey Hinton[7]提出深度信念网络,其使用无监督逐层预训练,再用有监督的反向传播误差调优的方式,来解决误差反向传播的梯度消失问题。在此后的 2012 年,Geoffrey Hinton 团队使用 AlexNet[8]一举夺得了 ImageNet 图像识别大赛的冠军,其识别率显著超越了以往算法的识别率,获得了极大的关注。而此时计算机硬件水平相较以前明显改善,特别是采用图像处理器 (graphics processing unit,GPU)极大地提高了运算能力,深度学习再次活跃起来,并迅速促进了各个领域的发展。

1.2　卷积神经网络

卷积神经网络在深度学习发展中发挥了重要的作用。目前的卷积神经网络通常由卷积层、池化层、全连接层及激活函数等组成,本节中对卷积神经网络结构中重要的组件进行介绍。

1.2.1　卷积层

卷积层包含可训练参数 w(称作滤波器或者卷积核)和偏置参数 a。卷积操作的通用表达式为

$$y = w \otimes x + a \tag{1.1}$$

式中: $\otimes$ 表示卷积运算。

根据处理数据的维度差异,卷积层可分为一维卷积层、二维卷积层和多维卷积层。一维卷积层通常处理如信号信息或者时间序列等,假设滤波器长度为 m,对于一个信号序列 $x_1, x_2, \cdots$ 的第 t 时间,一维卷积可以表示为

$$y_t = \sum_{k=1}^{m} w_k \cdot x_{t-k+1} + a_t \tag{1.2}$$

二维卷积经常用来处理图像,给定一个输入 $x \in \mathbb{R}^{H \times W}$,卷积滤波器 $w \in \mathbb{R}^{h \times w}$,卷积运算表示为

$$y_{ij} = \sum_{m=1}^{h} \sum_{n=1}^{w} w_{m,n} \cdot x_{i-m+1, j-n+1} + a \tag{1.3}$$

卷积滤波器的尺寸小于输入的尺寸,即 $h \ll H, w \ll W$。在卷积计算中,还引入了步长和填充。步长即滤波器在卷积计算时滑动的距离或者时间间隔。填充即在输入的两端填充一个常量(通常为 0),便于输入数据能被完整地计算卷积。图 1.1 展示了二维卷积计算的示例。

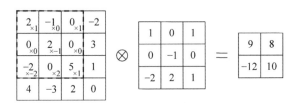

图 1.1　卷积计算示例

卷积层有如下几个重要的性质。

(1)局部连接。感知机模型中,每个输出都要与输入相连,每个连接都需要一个权重参数,假如有 s 个输入和 t 个输出,此时需要的参数量为 $s \times t$,时间复杂度为 $O(s \times t)$。随着输入和输出数量的增加,所需的参数和时间复杂度也急剧增加。

而卷积层中,每个输入只与滤波器相连,即 $k=h \times w$ 个连接,同时 $k \ll s$,这种连接只需要 $k \times t$ 的参数和 $O(k \times t)$ 的时间复杂度。

(2)权值共享。在卷积层中,滤波器的每个元素作用在输入的每个位置上,不需要输入的每个位置都设置单独的权重值。因此可以大大地减少每层需要保存的参数量,显著地降低了存储需求。

(3)平移等变性。卷积层的权值共享也使得卷积层具有平移等变性,即不管输入如何改变,其输出值也以同样的方式发生改变。

(4)空间属性。一般情况下,根据输入神经元个数 n,滤波器大小 m,步长 s,及输入两端填充的常量的个数 p,可以计算出输出神经元个数为 $(n+2p-m)/s+1$。

1.2.2 池化层

池化层是卷积神经网络中常见的网络层,其通常位于两个卷积层之间,用来对特征进行选择,降低特征数量进而减少网络参数。池化操作是将输入划分为多个区域,选出每个区域内的最大输出值或者将输出值进行平均,因此池化操作可以分为最大池化和平均池化。该操作可以形式化地表示为假设输入为 $\boldsymbol{X} \in \mathbb{R}^{H \times W \times C}$,将每个特征通道划分为多个大小为 $m \times n (1 \leqslant m \leqslant H, 1 \leqslant n \leqslant W)$ 的区域 $\boldsymbol{R}$。

(1)最大池化:选择每个区域中的最大值及其索引:

$$\boldsymbol{Y}_{h,w} = \max_{i \in \boldsymbol{R}_{m,n}} \boldsymbol{X}_i \tag{1.4}$$

$$i' = \underset{i \in \boldsymbol{R}_{m,n}}{\operatorname{argmax}} \boldsymbol{X}_i \tag{1.5}$$

i' 最大值在输入中的位置,记录该位置方便反向传播时的计算梯度。

(2)平均池化:计算每个区域中输出值的平均值:

$$\boldsymbol{Y}_{h,w} = \frac{1}{C} \sum_{i \in \boldsymbol{R}_{m,n}} \boldsymbol{X}_i \tag{1.6}$$

其中,C 是 $\boldsymbol{X}_i$ 所在区域中的值的个数。如果设置 $m=H, n=W$,则是全局平均池化。

不管什么样的池化函数,当输入进行少量平移时,经过池化函数的大多数输出并不会发生改变,此即为平移不变性。

1.2.3 全连接层

不同于卷积层依靠滤波器进行局部连接,全连接层是将输出神经元与每个输入神经元相连接。一般地,全连接层包含较多的参数和计算量,如果输入神经元有 s 个,输出为 t 个,则该层的参数量为 $s \times t$。对于全连接层的输入,通常需要进行拉平(flatten)操作,而且一旦该层确定后,要求输入维持固定大小。

1.2.4 激活函数

激活函数受启发于生物神经网络,每个神经元与其他神经元相连接,当它"兴奋"时就会向相连的神经元发送化学物质,从而改变这些神经元内的电位;如果某神经元的电位超过了一个"阈值"(threshold),那么它就会被激活,即"兴奋"起来,向其他神经元发送化学物质。

1. 阶跃函数

理想中的激活函数是图 1.2 所示的阶跃函数,它将输入值映射为输出值"0"或者"1"。"1"对应于神经元兴奋,"0"对应于神经元抑制。然而阶跃函数具有不连续、不光滑等不太好的性质,因此实际常用 Sigmoid 函数作为激活函数。

2. Sigmoid 函数

典型的 Sigmoid 函数的数学表达式为

$$f(x) = \frac{1}{1 + e^{-x}} \tag{1.7}$$

其图形如图 1.2(a)所示,它把可能在较大范围内变化的输入值挤压到(0,1)输出值范围内。

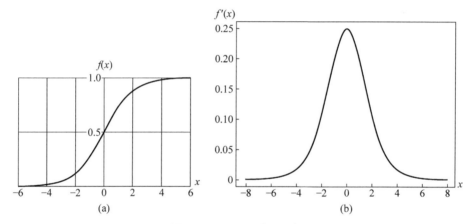

图 1.2　Sigmoid 激活函数

(a) Sigmoid 函数;(b) Sigmoid 函数的导数

但是该激活函数在实际使用中具有如下缺点。

(1) 梯度消失/梯度爆炸。Sigmoid 函数的导数为

$$f'(x) = f(x) \cdot (1 - f(x)) \tag{1.8}$$

其导数图形如图 1.2(b)所示。从图中可看出,该函数的导数最大值为 $f'(0) = 0.25$。在神经网络层数较深时,如果权重的初始值在[0,1]范围内,则可以计算出反向传播的梯度指数级减少至接近于 0,因此出现了梯度消失的现象;如果权重的初始值在(1,$+\infty$),则可能出现梯度爆炸的现象。

(2) 输出不是 0 中心的。这意味着后一层神经元的输入也不是 0 中心的。这将产生一个问题,即如果输入 $x > 0$,在反向传播梯度时,卷积权重 w 的梯度可能全是正值或者全是负值,权重的更新将是"Z"字形的,最终导致整个网络的更新较慢。

（3）计算较为耗时。由于其表达式及导数中包含指数运算,计算机求解时较为耗时,特别是神经网络规模较大时,将影响训练的时间。

3. Tanh 激活函数

Tanh 激活函数的表达式为

$$f(x) = \frac{e^x - e^{-x}}{e^x + e^{-x}} \tag{1.9}$$

根据其表达式,可以很容易地得到其图形及导数图形,如图 1.3 所示。

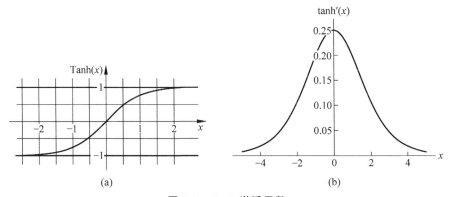

图 1.3　Tanh 激活函数

（a）Tanh 激活函数;（b）Tanh 激活函数的导数

从图 1.3 可以看出,不同于 Sigmoid 函数,Tanh 激活函数将输入值变换到$(-1,1)$范围内,而且该函数的输出值是 0 中心的。但是其也存在梯度消失及计算耗时的问题。

4. ReLU 函数

修正线性单元(rectified linear unit,ReLU)激活函数的表达式为

$$f(x) = \max(0, x) \tag{1.10}$$

其函数图形如图 1.4 所示。

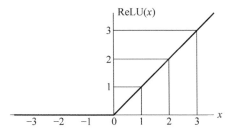

图 1.4　ReLU 函数图像

ReLU 函数能够解决梯度消失的问题,而且该函数仅需要判断输入是否大于0,因此计算速度很快。其在训练时的收敛速度也很快,因而成为目前流行的激活

函数。然而,ReLU 函数的输出值也不是 0 中心的,而且如果参数的初始化设置不当或者学习率较高会导致某些神经元永远不会被激活,即进入"死亡"状态。

1.2.5 损失函数

损失函数用于评价模型的预测值与真实值不一致的程度。损失函数值越小,模型的表现越好。下面简要介绍常见的损失函数。

1. "0-1"损失函数

"0-1"损失即预测值与真实值不相等则为"1",否则为"0":

$$\mathcal{L}(y,p) = \begin{cases} 1, & y \neq p \\ 0, & y = p \end{cases} \tag{1.11}$$

式中:y 表示真实值;p 表示模型的预测值;下同。"0-1"损失函数表示分类判断错误的个数,但其是一个非凸函数。

2. 绝对值损失函数

绝对值损失函数是计算预测值与真实值的差的绝对值,又称 L1 损失函数:

$$\mathcal{L}(y,p) = |y - p| \tag{1.12}$$

在预测值 p 等于真实值 y 时,导数不存在,并且损失值随着误差的增大而线性增大。

3. 平方损失函数

平方损失函数是计算预测值与真实值的差的平方值,又称 L2 损失函数:

$$\mathcal{L}(y,p) = (y - p)^2 \tag{1.13}$$

该损失函数在预测值与真实值相等处得到最小值,损失值随着误差的增大而迅速增加,一般用于回归任务中。

4. 对数损失函数

对数损失函数的表达式为

$$\mathcal{L}(y,p(y\mid x)) = -\log(p(y\mid x)) \tag{1.14}$$

对数损失函数能很好地预测值的概率分布,多用于分类问题中。

5. 交叉熵损失函数

交叉熵损失函数表达式为

$$\mathcal{L}(y,p) = y\log(p) + (1-y)\log(1-p) \tag{1.15}$$

从概率角度看,该损失函数是假设样本服从伯努利分布时,对真实值的极大似然估计。其是目前较为常用的损失函数之一。

1.2.6 Dropout

Dropout[9] 是一种较为常用的正则化方式,即通过限制模型的复杂度以防止模型出现过拟合现象。Dropout 是在训练神经网络特别是层数较多的神经网络时,随机丢弃一部分神经元。丢弃的方法是设置一个概率 p，对每个神经元以概率 p 来判断其是否需要保留。在训练时，以概率为 p 的伯努利分布生成一个丢弃掩码 $m \in \{0,1\}^d$（d 表示神经元个数）。对于一个神经层 $y = f(x)$，引入一个丢弃函数 $d(y)$，该函数定义为

$$d(y) = \begin{cases} m \odot y, & \text{训练时} \\ py, & \text{测试时} \end{cases} \tag{1.16}$$

p 可以通过验证集来获得，也可以直接设置为某个固定值（通常为 0.5）。由于在训练时丢弃了部分神经元及其输出值，神经元平均数量变为原先的 p 倍；而在测试时，所有神经元均被激活，因此需要在测试时每个神经元的输出值都乘以 p，以避免训练和测试时网络输出值的不一致，或者在训练时将输出值除以 p，而在测试时不做任何处理。

Dropout 为什么能够缓解过拟合进而有利于提高网络泛化性呢？一种普遍的解释是：在训练时按照一定的概率"失活"部分模型计算单元（神经元），训练对象实际上是模型的子结构，其原理上近似基于集成学习降低泛化误差的技术。

1.2.7　数据预处理

通常情况下，参与训练的样本由于来源、质量等不同，其特征的取值范围差异很大。在训练或者计算时，取值范围大的特征往往占据主导作用。特别是在采用上述有界激活函数时（如 Sigmoid、Tanh 函数），特征的取值范围很大，容易出现梯度消失或者爆炸的情况，需要精心地设计参数的初始化。另外，取值范围的差异也会影响梯度下降时的搜索方向进而影响收敛速率。因此有必要对参与训练的样本数据进行预处理。下面简单介绍常用的数据预处理方法。

缩放归一化：缩放归一化是最简单的数据预处理方法，其主要利用样本的最大值和最小值，将样本的每个特征的取值缩放到 $[0,1]$ 或者 $[-1,1]$ 之间。对于每一维特征 x，

$$\hat{x}_i = \frac{x_i - \min(x)}{\max(x) - \min(x)} \tag{1.17}$$

其中 $\min(x)$ 和 $\max(x)$ 分别表示与 x 同一维度的所有样本上的最小值和最大值。

标准归一化：标准归一化是将每一维的特征都处理为符合标准正态分布（均值为 0，方差为 1）。假设样本个数为 N，每个样本有 D 维特征，对于每一维特征 $\boldsymbol{x}_{ij}$（$i \in \{1,2,\cdots,N\}, j \in \{1,2,\cdots,D\}$），首先计算它的均值和方差：

$$\mu_j = \frac{1}{N} \sum_{i=1}^{N} \boldsymbol{x}_{ij} \tag{1.18}$$

$$\sigma_j^2 = \frac{1}{N} \sum_{i=1}^{N} (\boldsymbol{x}_{ij} - \mu_j)^2 \tag{1.19}$$

然后，将特征 $\boldsymbol{x}_{ij}$ 减去均值 μ_j 再除以标准差 σ_j 即得到归一化后的特征：

$$\hat{x}_{ij} = \frac{x_{ij} - \mu_j}{\sigma_j} \tag{1.20}$$

白化：白化是用来降低输入数据的冗余信息。输入数据经过白化处理之后，特征之间的相关性降低，并且所有特征具有相同的方差。白化主要通过使用主成分分析的方法去除各个成分之间的相关性。

1.2.8 批归一化

在神经网络中，某一层的输入是其之前网络层的输出。如果前一网络层的参数发生变化，则该层的输入也会随之改变。特别是在使用随机梯度下降算法训练的过程中，每次的参数更新必然导致神经网络中每层的输入分布发生变化。层数越深，分布的变化越明显。分布的差异变化，会影响梯度下降时的搜索方向进而减缓模型的优化速率。通常称某个神经元的输入分布发生改变，其参数需要重新学习的现象称为内部协变量偏移。

为了缓解内部协变量偏移问题，需要将每个网络层进行归一化处理，使每个网络层的输入分布在训练时保持一致。因此 Ioffe 和 Szegedy 在 2015 年提出了批归一化 BN(batch normalization)[10] 的方法。该方法的思路就是将每个网络层进行归一化处理，由于层数较多，使用效率更高的标准归一化，将每个网络层的特征 $x^{(l)}$ (表示第 l 层网络)都归一化到正态分布，即

$$\hat{x}^{(l)} = \frac{x^{(l)} - \mathbb{E}[x^{(l)}]}{\sqrt{\mathrm{var}(x^{(l)}) + \varepsilon}} \tag{1.21}$$

式中：$\mathbb{E}[x^{(l)}]$ 和 $\mathrm{var}(x^{(l)})$ 代表在当前参数下，$x^{(l)}$ 每一维在当前数据集下的期望和方差。由于对全部数据集进行统计存在困难，此处以目前采用的小批量样本集的期望和方差近似估计。

假设小批量样本集包含 m 个样本，第 l 层网络的特征为 $x^{(l)}$，其均值和方差为

$$\mu = \frac{1}{m} \sum_{i=1}^{m} x^{(m,l)} \tag{1.22}$$

$$\sigma^2 = \frac{1}{m} \sum_{i=1}^{m} (x^{(m,l)} - \mu)^2 \tag{1.23}$$

$$\hat{x}^{(l)} = \frac{x^{(l)} - \mu}{\sqrt{\sigma^2 + \varepsilon}} \tag{1.24}$$

经过上述归一化操作之后，网络层的特征内容发生了变化。如果归一化之后使用 Sigmoid 激活函数，归一化后的数据很可能落入线性变换区间，减弱了神经网络的非线性性质。为解决此问题，引入 γ 和 β 参数用于缩放和平移，即

$$y^{(l)} = \gamma \odot \hat{x}^{(l)} + \beta \tag{1.25}$$

在特殊情况下，网络学习到的 $\gamma = \sigma$，$\beta = \mu$ 时，模型可将其还原到归一化之前的状态。

由于模型更关注整个数据集上的统计量,因此在得到小批量样本的均值和方差之后,可以使用移动平均的方式计算整个数据集的均值和方差。在测试时就使用计算得到的整个数据集的均值和方差。

1.2.9 优化方法

目前,训练神经网络主要使用梯度下降法来寻找使结构风险最小化的参数。由于训练数据的样本量很大,在训练深层神经网络时,无法在梯度下降的每次迭代过程中计算所有样本的梯度。因此,通常使用小批量梯度下降法训练深层神经网络。

假设 $f(\boldsymbol{x},\theta)$ 为一神经网络,$\boldsymbol{x}$ 为输入数据,θ 为网络参数,在使用小批量梯度下降法时,选取 K 个训练样本 $\mathcal{J}=\{(\boldsymbol{x}^k,\boldsymbol{y}^k)\}_{k=1}^{K}$。在第 t 次迭代时,损失函数关于参数 θ 的偏导数为

$$\frac{\partial \mathcal{L}}{\partial \theta}=\frac{1}{K}\sum_{(\boldsymbol{x}^k,\boldsymbol{y}^k)\in \mathcal{J}}\frac{\partial \mathcal{L}(\boldsymbol{y}^k,f(\boldsymbol{x}^k,\theta))}{\partial \theta} \tag{1.26}$$

第 t 次更新的梯度定义为

$$g_t \overset{\Delta}{=} \frac{\partial \mathcal{L}}{\partial \theta_{t-1}} \tag{1.27}$$

使用梯度下降更新参数为

$$\theta_t = \theta_{t-1} - \alpha g_t \tag{1.28}$$

式中:$\alpha>0$,为学习率。

为了能够加快参数的优化速度及优化梯度的更新方向,可以通过学习率衰减和梯度方向优化进行改进。

1. 学习率衰减

学习率在梯度下降算法中至关重要。学习率设置过大,会使得梯度方向越过最优点而反复震荡,最终无法收敛。而学习率过小时,梯度下降较慢而导致收敛速度慢。在实际训练过程中,先设置较大的学习率以快速地优化到最优点附近,然后使用较小的学习率逐渐达到最优点。因此,通常采用学习率随着优化进程逐渐衰减的方式来调整。假设初始学习率为 α_0,第 t 次迭代后的学习率为 α_t,常用的学习率衰减方法有以下几种。

(1)阶梯衰减。每迭代 n 次,学习率衰减固定的值 β,即

$$\alpha_t = \begin{cases} \alpha_0 \times \beta^{t/n}, & t\%n=0 \\ \alpha_{t-1}, & t\%n\,!=0 \end{cases} \tag{1.29}$$

(2)指数衰减。

$$\alpha_t = \alpha_0 \times \mathrm{e}^{-t} \tag{1.30}$$

(3)逆时衰减。

$$\alpha_t = \frac{\alpha_0}{1+k\times t} \tag{1.31}$$

式中: k 为超参数。

在实际使用中,阶梯衰减因其涉及的超参数较少,是目前应用较多的学习率衰减方法。上述介绍的学习率衰减方法,使所有的参数拥有相同的学习率。但是神经网络中每个参数的收敛速度不尽相同,因此一些工作尝试为每个参数自适应地调整学习率。

Adagrad 算法: Adagrad 是由 Duchi 等[11]提出的一种在每次迭代时自适应地调整每个参数的学习率的算法。在第 t 次迭代时,先计算每个参数的梯度平方的累加值:

$$G_t = \sum_{\tau=1}^{t} g_\tau \odot g_\tau \qquad (1.32)$$

式中: $\odot$ 表示按元素相乘; g_τ 表示第 τ 次迭代时的梯度。每个参数的学习率则为

$$\alpha_t = \frac{\alpha_0}{\sqrt{G_t + \varepsilon}} \qquad (1.33)$$

式中: ε 为一个很小的常数值(一般设置为 $10^{-8} \sim 10^{-4}$)。此时参数更新为

$$\theta_t = \theta_{t-1} - \alpha_t \odot g_t \qquad (1.34)$$

根据以上表达式,可以发现,如果某个参数的梯度很大,则其学习率将会很小;相反,如果某个参数的梯度很小或者不被经常更新,则其学习率相对较大。总体上,每个参数的学习率随着迭代次数的增加而逐渐减少。但是该算法的不足之处在于其学习率持续单调下降,如果迭代一定次数没有达到最优点的情况,则由于此时学习率已经很小了,后续迭代也很难再达到最优点。

RMSprop 算法: RMSprop 算法是由 Geoff Hinton[12]提出的一种更有效的自适应学习率衰减算法。它能避免 Adagrad 算法激进地降低学习率以至于出现学习过早停止的问题。RMSprop 使用第 t 次迭代梯度平方的指数衰减移动平均来取代 Adagrad 算法的累加形式,即

$$G_t = \beta G_{t-1} + (1-\beta) g_t \odot g_t \qquad (1.35)$$

式中: β 表示衰减率,其通常可以设置为 0.9/0.99。参数的更新差值设置为

$$\Delta \theta_t = -\frac{\alpha_0}{\sqrt{G_t + \varepsilon}} \odot g_t \qquad (1.36)$$

RMSprop 算法使得每个参数的学习率并不严格地单调下降。

Adadelta 算法: Adadelta 算法[13]是对 Adagrad 算法的一种改进,类似于 RMSprop 算法,首先计算梯度平方的指数衰减移动平均值。此外,其还需要计算参数更新差值 $\Delta \theta$ 的指数衰减移动平均值,即

$$\Delta x_{t-1}^2 = \rho \Delta x_{t-2}^2 + (1-\rho) \Delta \theta_{t-1} \odot \Delta \theta_{t-1} \qquad (1.37)$$

式中: ρ 表示衰减率。参数更新差值则为

$$\Delta \theta_t = -\frac{\sqrt{\Delta x_{t-1}^2 + \varepsilon}}{\sqrt{G_t + \varepsilon}} \odot g_t \qquad (1.38)$$

由式(1.38)看出,参数更新的差值不再依赖初始学习率,而是随着梯度变化而动态计算的。

2. 梯度方向优化

在参数更新时,通常沿着梯度的负方向进行,简单的做法是使用每次迭代时计算的每个参数的梯度,但是这种可能需要较长的搜索时间,因此现有一些工作使用历史梯度信息与当前时刻梯度信息结合作为梯度的优化方向。

动量法:动量法[14]是借鉴物理学上的概念,将梯度的负数看作质点向下运动的加速度。因此动量法是用历史累积动量来替代当前时刻的梯度。参数的更新值为

$$\Delta\theta_t = \mu\Delta\theta_{t-1} - \alpha_0 \times g_t \tag{1.39}$$

$$\theta_t = \theta_{t-1} + \Delta\theta_t \tag{1.40}$$

式中:μ 为动量因子,通常设置为 0.9。

直观上来说,动量法使得每个参数的更新方向不再取决于当前时刻的梯度方向,而是还要考虑历史梯度方向。如果当前梯度方向与历史梯度方向较为接近,则参数的更新幅度会加大,起到加速作用;相反,参数的更新幅度会被削弱。因此,迭代初期,梯度的方向较为一致,可以更快地到达最优点;而在后期,梯度方向会出现不一致而在最优点附近震荡,动量法可以稳定梯度方向的变化从而快速收敛。

牛顿动量法:牛顿动量法[15-16]是对动量法的一种改进。动量法中,参数的更新方向是历史梯度的累积方向与当前梯度方向的叠加,将动量法公式进行改写为

$$\theta_t = \theta_{t-1} + \mu\Delta\theta_{t-1} - \alpha_0 \times g_t \tag{1.41}$$

可以看出,参数的更新经历了两个步骤,即 θ_{t-1} 先使用 $\mu\Delta\theta_{t-1}$ 更新一次,然后再使用 g_t 进行更新。但是 g_t 是点 θ_{t-1} 的梯度,而此时 θ_{t-1} 的位置已经发生了变化,更合理的方式是在更新后的点上计算梯度,即

$$\Delta\theta_t = \mu\Delta\theta_{t-1} - \alpha_0 \times g_t(\theta_{t-1} + \mu\Delta\theta_{t-1}) \tag{1.42}$$

式中:$g_t(\theta_{t-1} + \mu\Delta\theta_{t-1})$ 表示损失函数在点 $(\theta_{t-1} + \mu\Delta\theta_{t-1})$ 上的梯度值。

Adam 算法:Adam 算法[17]可以看作是动量法与 RMSprop 算法的结合,既可以使用动量更新梯度方向还能够自适应地调整学习率,即

$$M_t = \beta_1 M_{t-1} + (1-\beta_1) \times g_t \tag{1.43}$$

$$G_t = \beta_2 G_{t-1} + (1-\beta_2)g_t \odot g_t \tag{1.44}$$

$$\theta_t = \theta_{t-1} - \alpha_0 \frac{M_t}{\sqrt{G_t + \varepsilon}} \tag{1.45}$$

式中:β_1 和 β_2 分别为两个移动平均的衰减率,ε 为一个极小的常数值,通常 $\beta_1 = 0.9$,$\beta_2 = 0.999$,$\varepsilon = 10^{-8}$。值得注意的是,在迭代初期,M_t 和 G_t 偏向于 0,在衰减

率接近于 1 时,随着迭代的进行,这两个值与真实值会存在偏差,因此需要使用如下表达式进行纠正:

$$\hat{M}_t = \frac{M_t}{1-\beta_1^t} \tag{1.46}$$

$$\hat{G}_t = \frac{G_t}{1-\beta_2^t} \tag{1.47}$$

$$\theta_t = \theta_{t-1} - \alpha_0 \frac{\hat{M}_t}{\sqrt{\hat{G}_t + \varepsilon}} \tag{1.48}$$

1.3　代表性网络架构

1.3.1　LeNet

LeNet-5[18]是 1998 年由 LeCun 等提出的神经网络模型,用于识别银行支票上的手写数字。其网络结构如图 1.5 所示。

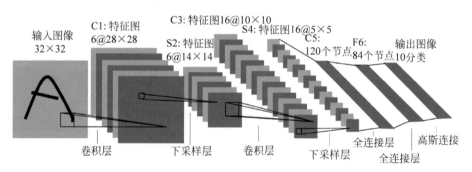

图 1.5　LeNet 网络结构

每层网络的具体操作如下。

(1) 输入层是 32×32 的图片。

(2) C1 层为一个卷积层。使用 5×5 的卷积核,步长为 1,无填充,输出 6 个特征图。参数个数为 (5×5+1)×6=156,连接数为 156×28×28=122304(28 为输出特征图的尺寸)。

(3) S2 层为一个平均池化层。池化核为 2×2,步长为 2,无填充,该层还包含 Sigmoid 激活函数。

(4) C3 层是一个卷积层。使用 5×5 的卷积核,步长为 1,输出 16 个特征图。该层为了减小参数同时期望学到更丰富的特征,并没有全部连接,而是用一个连接表来定义输入和输出特征映射之间的依赖关系。

(5) S4 层为一个平均池化层,配置同 S2 层。

（6）C5 层包含一个卷积层。卷积核大小为 $5×5$，步长为 1，无填充。得到 16 个大小为 $1×1$ 的特征图，其后使用一个全连接层，输出 120 维特征向量。

（7）F6 层为一个全连接层。输出 84 维的特征向量。

（8）输出层。输出层由 10 个欧式径向基函数组成，现阶段可以使用 softmax 损失函数实现。

1.3.2　AlexNet

AlexNet[8] 是 Krizhevsky 等于 2012 年提出的，并在当年赢得了 ImageNet 图像识别竞赛的冠军。该网络模型的一些设计思想和技术方案对后续的网络结构产生了很大影响，比如数据增强、使用 Dropout 防止过拟合、使用图形处理器（Graphics processing unit，GPU）进行并行训练等。

其网络结构如图 1.6 所示，由于网络规模较大，受限于当时的 GPU 存储限制，该网络被分为两个部分并分别放到两个 GPU 上，GPU 间只在某些层上进行通信。

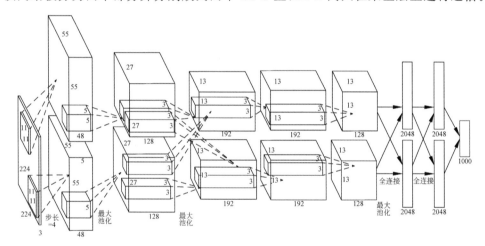

图 1.6　AlexNet 网络结构[8]

AlexNet 具体网络结构如下。

（1）输入层，输入为 $224×224$ 的三通道图像。

（2）第一个卷积层，使用两个 $11×11×3$ 的卷积核，步长为 4，零填充 $p=3$，输出为 48 通道的大小为 $55×55$ 的特征图。

（3）第一个池化层，使用大小为 $3×3$ 的最大池化操作，步长为 2，输出两个 $27×27×48$ 的特征图。

（4）第二个卷积层，两个卷积核大小为 $5×5$，步长为 1，零填充 $p=1$，输出两个 $27×27×128$ 的特征图。

（5）第二个池化层，使用大小为 $3×3$ 的最大池化操作，步长为 2，输出两个 $13×13×128$ 的特征图。

（6）第三个卷积层，为两个路径的融合，使用一个 $3×3$ 的卷积核，步长为 1，零

填充 $p=1$，得到两个 $13×13×192$ 的特征图。

（7）第四个卷积层，使用两个 $3×3$ 的卷积核，步长为 1，零填充 $p=1$，得到两个 $13×13×192$ 的特征图。

（8）第五个卷积层，使用两个 $3×3$ 的卷积核，步长为 1，零填充 $p=1$，得到两个 $13×13×128$ 的特征图。

（9）池化层，使用大小为 $3×3$ 的最大池化，步长为 2，得到两个 $6×6×128$ 的特征图。

（10）三个全连接层，神经元数量分别为 4096、4096 和 1000。

1.3.3　GoogLeNet

GoogLeNet[19]是 Google 提出的基于 Inception 模块的深度神经网络模型，并获得了 2014 年的 ImageNet 图像识别竞赛的冠军。其提出的动机为：通常提升网络性能的方式增加神经网络的深度和宽度，但是一味地增加会导致参数量的增大，进而引起计算量的增加及会产生过拟合现象。解决的方式是将全连接变成稀疏连接，但是计算机硬件不擅长优化稀疏连接，因此研究人员提出使用密集组合来近似最优的局部稀疏结构，即 Inception 模块。

Inception 模块同时使用 $1×1$、$3×3$、$5×5$ 等不同大小的卷积核，并将各个输出特征图在通道维度上进行拼接得到最终的输出特征。图 1.7 所示为 InceptionV1 模块结构，其除了 3 个不同卷积核大小的卷积操作外还有一个 $3×3$ 的最大池化。同时，为了减少参数量和计算量，该模块在 $3×3$、$5×5$ 卷积之前和池化操作之后使用 $1×1$ 的卷积操作进行降维。

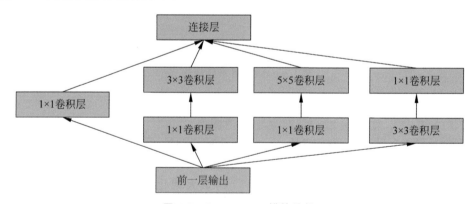

图 1.7　InceptionV1 模块结构

GoogLeNet 由 9 个 InceptionV1 模块和 5 个池化层及其他卷积操作与全连接层组成，如图 1.8 所示，GoogLeNet 还在网络中间层使用两个辅助分类器来加强监督信息以避免梯度消失问题。

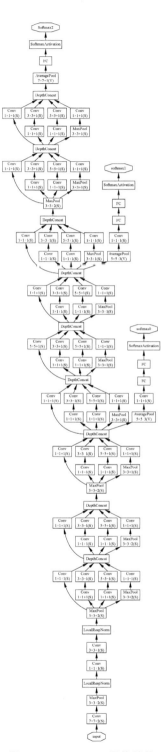

图 1.8 GoogLeNet 网络结构

Inception 模块后续经历了多个版本的改进,其中最具代表性的是 InceptionV2 模块[20]。该模块提出分解的思想将大卷积核分解为多层小卷积核,在减少网络参数量的同时能保存感受野不变。具体为:使用两层 3×3 卷积替换卷积核为 5×5 的卷积层;使用非对称卷积 $1 \times n$ 和 $n \times 1$ 来替换 $n \times n$ 的卷积。

1.3.4 VGGNet

VGGNet[21]是由牛津大学计算机视觉组和 Google Deep Mind 联合提出的,并获得了 2014 年的 ImgeNet 图像识别竞赛的亚军。该网络着重探索了网络深度与其性能之间的关系,不同于 AlexNet 使用大尺寸的卷积核,它通过反复堆叠 3×3 的小卷积核和 2×2 的最大池化层,构建了 $16 \sim 19$ 层的卷积神经网络结构,该网络至今仍被广泛使用。其不同深度的网络结构如图 1.9 所示。

ConvNet Configuration					
A	A-LRN	B	C	D	E
11 weight layers	11 weight layers	13 weight layers	16 weight layers	16 weight layers	19weight layers
input(224×224 RGB image)					
conv3-64	conv3-64 **LRN**	conv3-64 **conv3-64**	conv3-64 conv3-64	conv3-64 conv3-64	conv3-64 conv3-64
maxpool					
conv3-128	conv3-128	conv3-128 **conv3-128**	conv3-128 conv3-128	conv3-128 conv3-128	conv3-128 conv3-128
maxpool					
conv3-256 conv3-256	conv3-256 conv3-256	conv3-256 conv3-256	conv3-256 conv3-256 **conv1-256**	conv3-256 conv3-256 **conv3-256**	conv3-256 conv3-256 conv3-256 **conv3-256**
maxpool					
conv3-512 conv3-512	conv3-512 conv3-512	conv3-512 conv3-512	conv3-512 conv3-512 **conv1-512**	conv3-512 conv3-512 **conv3-512**	conv3-512 conv3-512 conv3-512 **conv3-512**
maxpool					
conv3-512 conv3-512	conv3-512 conv3-512	conv3-512 conv3-512	conv3-512 conv3-512 **conv1-512**	conv3-512 conv3-512 **conv3-512**	conv3-512 conv3-512 conv3-512 **conv3-512**
maxpool					
FC-4096					
FC-4096					
FC-1000					
softmax					

图 1.9 VGGNet 系列网络结构配置

1.3.5　ResNet

残差网络（ResNet）[22]是由 Kaiming He 等于 2015 年提出的,并获得了 CVPR2016 最佳论文奖。一般来说,网络深度对模型性能至关重要,因为网络层数的增加可以提取出更多更复杂的特征模式。但是网络层数超过一定程度后,网络准确度出现了饱和甚至下降现象,即出现了退化问题。He 等提出了残差学习来解决退化问题。对于一个堆积层结构,当输入为 x 时其学习到的特征记为 $H(x)$,可以将其分为两部分:恒等映射 x 和残差函数 $F(x)=H(x)-x$,即

$$H(x)=x+(\boldsymbol{H}(x)-x) \tag{1.49}$$

相比于直接学习 $H(x)$,残差函数 $F(x)$ 更容易学习,因此可以让 $F(x)+x$ 去近似 $H(x)$。这样当残差为 0 时,堆积层结构仅仅做了恒等映射,网络性能至少不会下降,实际上残差不会是 0,也就意味着堆积层在输入特征基础上学习到了新的特征,进而拥有更好的性能。残差学习的结构如图 1.10 所示。

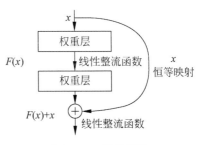

图 1.10　残差模块

1.3.6　DenseNet

以往的工作都证明了网络层数的加深能够改善模型的性能,但这种加深使得在网络训练时前递信号和反向梯度信号在经过很多层之后可能逐渐消失。ResNet 等工作使用跨层连接的思想让信号在输入层和输出层之间流通。DenseNet[23]设计了一种全新的连接模式,即将网络中所有的层两两连接,以最大化网络所有层之间的信号流动。

其基本结构如图 1.11 所示。使用这种密集的连接,能够在一定程度上减轻训练网络时的梯度消失问题;而且网络大量的特征被复用,这样只使用很少的卷积核就可以生成大量的特征图。

1.3.7　LSTM

递归循环神经网络（recurrent neural network,RNN）是一种处理序列数据（如文本、语音等）的神经网络。其网络结构如图 1.12 所示,它具有循环的网络允许信息持续存在,即可以将历史信息连接到当前任务。如果相关的历史信息与需要它的地方距离较远,则 RNN 无法有效地利用历史信息。

为此,长短时记忆神经网络（longshort-termmemory,LSTM）被提出[24-25],其能够很好地学习长依赖关系并解决长序列训练过程中的梯度消失和梯度爆炸问题。LSTM 通过门控状态来控制传输状态,记住需要长时间记忆的信息,忘记不重要的信息。

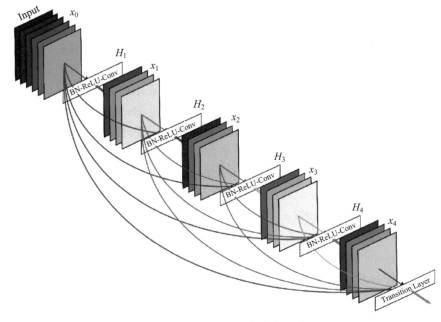

图 1.11 DenseNet 网络结构示意

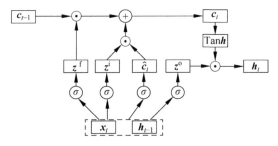

图 1.12 长短时记忆网络结构示意图

$$c_t = z^f \odot c_{t-1} + z^i \odot \hat{c}_t \tag{1.50}$$

$$h_t = z^o \odot \mathrm{Tanh}(c_t) \tag{1.51}$$

$$\hat{c}_t = \mathrm{Tanh}(W_c x_t + U_c h_{t-1}) \tag{1.52}$$

式中：c_t 表示信息传递时的内部状态，其记录了到当前时刻为止的历史信息；h_t 表示输出信息传递给隐藏层的外部状态；$\hat{c}_t$ 表示候选状态；$\odot$ 表示向量元素乘积。

如图 1.12 所示，LSTM 内部主要有三个阶段。

（1）忘记阶段。该阶段主要是对上一节点传来的输入进行选择性忘记，该阶段主要是通过忘记门 z^f 控制的。

$$z^f = \sigma(W_f x_t + U_f h_{t-1}) \tag{1.53}$$

式中：σ 表示 Sigmoid 函数。

（2）选择记忆阶段。该阶段是利用输入门 $\boldsymbol{z}^{\mathrm{i}}$ 对输入信号 $\boldsymbol{x}_t$ 进行选择性记忆。

$$\boldsymbol{z}^{\mathrm{i}} = \sigma(\boldsymbol{W}_i \boldsymbol{x}_t + \boldsymbol{U}_i \boldsymbol{h}_{t-1}) \tag{1.54}$$

（3）输出阶段。该阶段将决定当前时刻传输多少信息给外部状态 $\boldsymbol{h}^t$，由输出门 $\boldsymbol{z}^{\circ}$ 进行控制。

$$\boldsymbol{z}^{\circ} = \sigma(\boldsymbol{W}_o \boldsymbol{x}_t + \boldsymbol{U}_o \boldsymbol{h}_{t-1}) \tag{1.55}$$

1.3.8　GAN

生成对抗网络(generative adversarial networks,GAN)[26]是通过对抗训练的方式来使得生成网络产生的样本服从真实数据分布。在生成对抗网络中,有两个网络进行对抗训练。一个是判别网络,目标是尽量准确地判断一个样本是来自真实数据还是生成网络产生的；另一个是生成网络,目标是尽量生成判别网络无法区分来源的样本。这两个目标相反的网络不断地进行交替训练。当最后收敛时,如果判别网络再也无法判断出一个样本的来源,那么也就等价于生成网络可以生成符合真实数据分布的样本[27]。生成对抗网络的流程如图 1.13 所示。

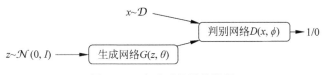

图 1.13　生成对抗网络流程

1.4　深度学习框架

1.4.1　Caffe

Caffe(convolutional architecture for fast feature embedding,快速特征嵌入的卷积结构)是一个由美国加州大学伯克利分校开发开源的深度学习框架。其编程语言为 C++,也支持 Python 和 Matlab 接口。该框架使用 Prototxt 配置网络模型和训练参数,支持模型在 CPU 和 GPU 上运行。

Caffe 的优点是简洁、快速,易用性强,源代码简洁明了,对于深入了解神经网络不同类型操作的使用者来说很友好。其缺点是缺乏灵活性,每实现一个新层,必须使用 C++实现 CPU 及 GPU 版本的前向传递和反向梯度传播；并且其不能满足分布式训练方式,训练时占用的显存较大。该框架主要面向计算机视觉任务,对于诸如文本、语音处理等模型不友好。因此,其早期获得了较广泛的使用,现在已很少有研究者使用且其开发者也停止了代码的维护更新。

1.4.2　PyTorch

PyTorch 是由 Facebook 人工智能研究院开发维护的开源深度学习框架。其源于 2002 年诞生于纽约大学的 Torch。Torch 使用一种小众的 Lua 语言作为接口,但使用人数较少。2017 年,Torch 团队推出了 PyTorch 框架。PyTorch 并非简单地封装 Torch 并提高 Python 接口,而是对所有模块进行了重构,并新增了自动求导机制和动态图设计,目前是当下最流行的深度学习框架之一。

PyTorch 具有如下优点。

(1) 简洁易用:其操作仅设计张量(tensor)、变量(variable)及模块(module)三个递进抽象层次。不管是添加新层抑或构造新的网络模型都较方便。

(2) 快速:相比于早期的 Caffe 框架,其训练网络及推理速度均很快,甚至优于其他框架。

(3) 算子丰富:PyTorch 实现了深度学习目前常用的操作算子,能满足计算机视觉、语音处理等不同的机器学习任务。

(4) 社区活跃:PyTorch 提供了完整的文档及使用指南,开发者积极与用户交流并解决问题。

1.4.3　TensorFlow

TensorFlow 是 2015 年 Google 推出的机器学习开源工具。它最初是由 Google 机器智能研究部门的 Google Brain 团队开发,基于 Google 2011 年开发的深度学习基础架构 DistBelief 构建起来的。TensorFlow 主要用于进行机器学习和深度神经网络研究,但它是一个非常基础的系统,因此也可以应用于其他领域。由于 Google 在深度学习领域的巨大影响力和强大的推广能力,TensorFlow 一经推出就获得了极大的关注,并迅速成为如今用户最多的深度学习框架[28]。

TensorFlow 基于计算图实现自动微分系统。TensorFlow 使用数据流图进行数值计算,图中的节点代表数学运算,而图中的边则代表在这些节点之间传递的多维数组(张量)。

TensorFlow 编程接口丰富:支持 Python 和 C++、Java、Go、R 语言等。此外,TensorFlow 还可在不同架构的平台上运行,因此用户可以在各种服务器和移动设备上部署自己的训练模型,无须执行单独的模型解码器或者加载 Python 解释器。

但是 TensorFlow 也有如下缺点。

(1) 过于复杂的系统设计,TensorFlow 的总代码量庞大,不利于学习者学习其底层设计等。

(2) 频繁变动的接口。TensorFlow 的接口一直处于快速迭代之中,并且没有很好地考虑向后兼容性,这导致现在许多开源代码已经无法在新版的 TensorFlow 上运行,同时也间接导致了许多基于 TensorFlow 的第三方框架出现问题。

（3）接口设计过于晦涩难懂。在设计 TensorFlow 时，创造了图、会话、命名空间、PlaceHolder 等诸多抽象概念，对普通用户来说难以理解。同一个功能，TensorFlow 提供了多种实现方法，这些方法良莠不齐，使用中还有细微的区别，很容易将用户带入坑中。

（4）文档混乱脱节。TensorFlow 作为一个复杂的系统，文档和教程众多，缺乏明显的条理和层次，虽然查找很方便，但用户却很难找到一个真正循序渐进的入门教程。

1.4.4 Theano

Theano 诞生于蒙特利尔大学 LISA 实验室，于 2008 年开发，是第一个有较大影响力的 Python 深度学习框架。

Theano 是一个 Python 库，可用于定义、优化和计算数学表达式，特别是多维数组。在解决包含大量数据的问题时，使用 Theano 编程可实现比手写 C 语言更快的速度，而通过 GPU 加速，Theano 甚至可以比基于 CPU 计算的 C 语言快好几个数量级。Theano 结合了计算机代数系统（computer algebra system，CAS）和优化编译器，还可以为多种数学运算生成定制的 C 语言代码。对于包含重复计算的复杂数学表达式的任务而言，计算速度很重要，因此这种 CAS 和优化编译器的组合是很有用的。对需要将每一种不同的数学表达式都计算一遍的情况，Theano 可以最小化编译/解析的计算量，但仍然会给出如自动微分那样的符号特征。

Theano 诞生于研究机构，服务于研究人员，其设计具有较浓厚的学术气息，但在工程设计上有较大的缺陷。一直以来，Theano 因难调试、构建图慢等缺点为人所诟病。2017 年 9 月起其停止开发维护。

1.4.5 MXNet

MXNet 是一个深度学习库，支持 C++、Python 等多种语言；支持命令和符号编程；可以运行在多种架构的平台上。MXNet 具有超强的分布式计算能力，以及拥有较强的内存和显存的优化能力。目前，MXNet 被选择为 AWS 云计算的官方深度学习平台。2017 年 1 月，MXNet 项目进入 Apache 基金会，成为 Apache 的孵化器项目。

尽管 MXNet 有较多的优点，但是其用户要少于 PyTorch 和 TensorFlow。原因：一方面在于其推广不佳，另一方面在于其操作及易用性比其他框架差。

1.4.6 PaddlePaddle

飞桨（PaddlePaddle）是由百度研发的功能完备、开源开放的产业级深度学习平台。其同时支持声明式和命令式编程，兼具开发的灵活性和高性能。相比于现有的框架，飞桨具有如下优点。

开发便捷的产业级框架：飞桨深度学习框架采用基于编程逻辑的组网范式，对于普通开发者而言更容易上手，符合他们的开发习惯。同时网络结构自动设计，模型效果较好。

支持超大规模深度学习模型的训练：超大规模深度学习模型训练技术，支持千亿特征、万亿参数、数百节点的大规模训练，解决超大规模深度学习模型在线学习的难题，实现万亿规模参数模型的实时更新。

多端多平台部署的高性能推理引擎：飞桨不仅兼容其他开源框架训练的模型，还可以轻松地部署到不同架构的平台设备上；同时，飞桨的推理速度较快。

面向产业应用，开源开放覆盖多领域的工业级模型库：飞桨官方支持 100 多个经过产业实践长期打磨的主流模型，其中包括在国际竞赛中夺得冠军的模型；同时开源开放 200 多个预训练模型，助力快速的产业应用。

1.4.7　MindSpore

MindSpore 是由华为公司开发的一种适用于端边云场景的新型开源深度学习训练/推理框架。MindSpore 提供了友好的设计和高效的执行，旨在提升数据科学家和算法工程师的开发体验，并为 Ascend AI 处理器提供原生支持，以及软硬件协同优化。

不同于主流深度学习框架基于动态图或者静态图的自动微分技术，MindSpore 采用基于源码转换的自动微分方式，即以即时编译（just-in-time compilation，JITC）的形式对中间表达式（程序在编译过程中的表达式）进行自动差分转换，支持复杂的控制流场景、高阶函数和闭包。此外，MindSpore 可以实现自动并行，减少训练时的开销。

该框架目前处于发展中，提供的算子还不如其他主流框架丰富。

1.4.8　之江天枢人工智能开源平台

"之江天枢人工智能开源平台"是由之江实验室牵头，联合北京一流科技有限公司、中国信息通信研究院和浙江大学共同打造的具有自主知识产权的人工智能开源平台。该平台为用户提供智能数据处理、便利的模型开发和模型训练等一站式深度学习开发功能。其亦提供可视化和动静结合编码方式，调试灵活。特别地，它集成自主研发的分布式训练平台，提供高性能的分布式计算体验，节省训练成本和训练时间。

该平台还处于持续迭代中，所支持的算子还在不断丰富，并且其提供的使用文档及指南还有待完善。

第2章

超分辨重建技术

2.1　引言

图像超分辨(super-resolution,SR)是计算机视觉和图像处理领域一个非常重要的研究问题,在医疗图像分析、生物特征识别、视频监控与安防等实际场景中有着广泛的应用。除了提升图像的感知质量之外,超分辨技术还能用于增强其他视觉任务,例如目标检测识别等。然而,超分辨问题是不适定问题,低分辨率的图像通常具有多个高分辨率的图像解,如何设法恢复出较优的高分辨率图像已经成为当前图像增强领域一项比较重要的任务。目前,已经有很多传统的超分辨方法,例如基于预测的方法、基于边缘方法、基于统计学的方法、基于块状方法和稀疏表示方法以及高斯过程等机器学习方法。

随着深度学习技术的发展,基于深度学习的图像超分辨方法在多个测试任务上取得了目前最优的性能和效果。各种各样的深度学习方法已经被用来处理图像和视频超分辨任务,从最早的基于超分辨卷积神经网络(SRCNN)[29]方法到近来的基于生成对抗网络的增强超分辨(ESRGAN)[30]方法,以及取得 2019 年多项视频超分辨挑战冠军的增强可变形卷积视频恢复(EDVR)[31]算法,还有近两年面向真实世界退化图像的超分辨技术,一般而言,基于深度学习技术的超分辨算法在以下主要方面存在差异:不同的网络结构、不同的损失函数类型、不同的学习原理和策略等。本章基于超分辨技术的文献综述[32-33],介绍了一些基于深度学习的图像超分辨技术,包括问题设置、数据集、性能度量、基于深度学习的图像超分辨方法集合,特定领域的图像超分辨方法应用等,最后讨论了当前面临的挑战,并总结了未来的发展方向。

2.2　超分辨重建技术简介

图像超分辨技术主要是将低分辨率(low-resolution,LR)图像恢复成对应的高分辨率(high-resolution,HR)图像,通常,低分辨率图像 I_L 是原图像 I 即真值图像,经过某些退化得到的,可以表示为 $I_L = D(I;\delta)$,其中 D 表示退化映射函数,δ 表示退化过程中所涉及的参数,例如尺度缩放因子或一些噪声因子。在通常情况下,只有退化后的低分辨率图像是已知的,退化过程往往是未知的,可能包含一种或多种退化因素,包括一些压缩、光学设备和传感器的测量噪声等,然后通过超分辨技术恢复出高分辨率图像 $\hat{I}$,使其尽量接近于真实图像,超分辨过程遵循以下规则:

$$\hat{I} = F(I_L;\theta) \tag{2.1}$$

式中:F 为超分辨模型;θ 为超分辨过程涉及的参数。

为了便于定量分析,当前的方法中通常使用简单的降采样操作来简单模拟这个退化过程 $D(I;\delta) = (I)\downarrow_s$,其中 $\{s\}\subset\delta$,$\downarrow_s$ 是一个尺度因子为 s 的降采样操作,实际上,目前大多数的训练和测试数据都是通过这个过程得到的,反锯齿的双三次下采样是其中最为常用的一种退化方法。除此之外,还有一些结合其他降质过程的降采样操作[34],如式(2.2)所示:

$$D(I;\delta) = (I\otimes\kappa)\downarrow_s + n_\zeta, \{\kappa,s,\zeta\}\subset\delta \tag{2.2}$$

式中:$\otimes$ 为卷积操作;κ 为模糊核;n_ζ 为服从正态分布 $N(0,\zeta^2)$ 的噪声。该退化过程更接近自然的退化,因此在实际操作中,具有更好的效果。

最后,基于真值图像和对应的降采样图像构成的数据集,训练得到超分辨模型,其目标优化函数如下式所示:

$$\hat{\theta} = \arg\min_{\theta} L(\hat{I},I) + \lambda\Phi(\theta) \tag{2.3}$$

式中:$L(\hat{I},I)$ 表示损失函数,用于衡量网络生成的高分辨率图像和真实图像之间的差别,λ 表示权重,$\Phi(\theta)$ 表示正则化项。

2.3 超分辨数据集

目前超分辨数据集具有很多种,其中一些数据集提供了低分辨率和高分辨率图片对,常见的超分辨数据集有:BSDS300[35],BSDS500[36],DIV2K[37],General-100[38],L20[39],Manga109[40],OutdoorScene[41],PIRM[42],Set5[43],Set14[44],T91[45],Urban100[46],VOC2012[47],CelebA[48],LSUN[49]。图 2.1 中展示了部分数据集中的图像。尽管已经有了很多关于超分辨的数据集,但是这些数据集是建立在高分辨率图像的基础上,通过下采样方式得到的,并不能反映真实世界的图像降质情况,导致在模拟降质数据上训练的算法在实际场景中的效果并不理想。对于真实世界的图像超分辨而言,其对应的 HR 图像是未知的。因此,获取真实的HR-LR 图像对是真实世界的图像超分辨的关键与难点。

针对这一问题,目前存在两种解决思路。一是通过采集同一场景真实 HR-LR

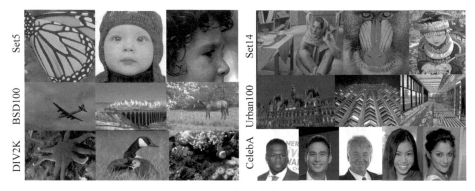

图 2.1　部分数据集中的示例

图像对,建立真实世界的图像超分辨数据集供算法训练;二是通过对真实图像的降质过程进行学习,建立更加逼近于真实降质的模拟 HR-LR 图像对供算法训练。对于第一种解决思路,通过相机的光学变焦得到 HR-LR 图片对供模型学习[50],如图 2.2 所示,从而让网络学会了如何去模拟相机的光学变焦实现数码变焦。从数码变焦逼近光学变焦的角度切入 SR 中,并做了两个重要的探索:①将原先在红绿蓝可见光(RGB)图像上学习 HR-LR 映射改为直接从拜尔(Bayer)模式的原始(RAW)数据中重建 RGB 图像,通过学习短焦 RAW 图像与长焦 RGB 图像的映射关系来实现高质量的数码变焦;②抛弃原先采用降采样来模拟相机降质过程的方法,从 SR 这一问题的本质入手,做了一些领域开创性的工作。

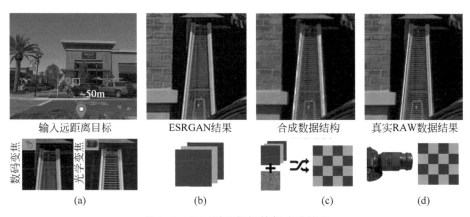

图 2.2　不同训练数据的超分辨结果

(a) 双三次上采样图和真值;(b) 8 位 RGB 数据;(c) 合成的 RAW 数据;(d) 真实 RAW 数据

该超分辨数据集 SR-RAW 包含 500 个场景,利用在 SR-RAW 上训练的算法在该数据上进行微调,可以实现小体积低质量的廉价镜头模拟大体积高质量的昂贵镜头成像质量的应用目标。从图 2.2 中可以看到提出的模型在真实的 RAW 格式的传感器数据上训练得到的结果最佳(图 2.2(d)),利用人为退化处理的 8 位

RGB 数据作为 ESRGAN 的训练数据得到的结果较差,如图 2.2(b)所示,而提出的模型在合成的 RAW 数据上训练的结果次之,如图 2.2(c)所示。

CameraSR 方法将 SR 归结于相机的分辨率与视场之间的矛盾,建立了真实世界图像 SR 数据集 City100[51],并在数据集上训练 SR 算法来解决分辨率与视场之间的问题。City100 数据集包含单反相机与智能手机两个版本,通过设置不同焦距和不同物距实现 100 对 HR-LR 图片对。论文阐述了配准、强度校正、颜色校正的过程,并讨论分析了不同降质模型对 SR 算法的影响。

RealSR[52]建立了一个真实世界超分辨数据集 RealSR,通过建立新的数据集来解决真实世界图像超分辨问题,使用 Canon5D3 和 NikonD810 两款单反相机采集数据,通过调节相机的焦距,采集到了×2、×3、×4 三种放大倍率的 HR-LR 图像对数据集。

RealSR 的一个亮点在于提出了较为精确的配准算法,如图 2.3 所示,考虑到缩放、平移、亮度变换、对比度变换的问题,通过将相机获取的 HR 图像与 LR 图像进行迭代校正实现较为精细的对齐。得益于精细的配准过程,RealSR 数据集使用更加方便,SR 算法可以直接采用像素级损失函数而不会因为训练时的误对准造成伪影。

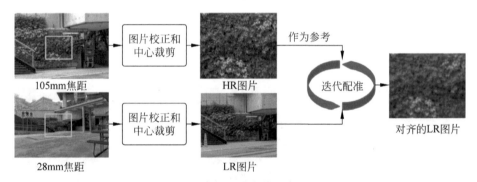

图 2.3　高低分辨率的图像对齐

SupER[53]真实超分数据集,包含 14 个实验室场景共 80000 张图像(254 个视频序列,5670 张 HR 图像,85050 张 LR 图像)。数据集制作过程采用的是单色传感器,LR 图像是 HR 图像通过传感器层面上的采样单元融合生成的,包含 3 种不同的分辨率(1/2、1/3 、1/4)以及 5 种不同的压缩率。获取 HR-LR 图像对的可替代方案,主要可以分为两类。第一类方案包括:采用不同的物距、焦距和相机拍摄同一场景;第二类方案包括:精心估计相机的点扩散函数(point spread function, PSF),从而基于对拍摄图像(HR 图像)的仿真获取 LR 图像。第一类方案面临着复杂的图像配准问题,同时还要解决遮挡和镜头扭曲效应,而第二类方案虽然可以大大降低 LR 图像的获取难度,但是对仿真的质量要求非常高。该文采用上述两类方案的折中,既提供了真实世界 HR-LR 图像对,又让数据获取的复杂度处在可控范围之内。

上述数据集生成工作均是从建立真实世界图像数据集的角度来解决真实世界图像超分辨问题。SupER数据集采用的是传感器层面上的采样单元融合生成方案,SR-RAW、RealSR、City100采用的是调节相机焦距的方案,City100还采用了调节物距的方案。对于SupER数据集,更多的关注点集中在网络结构是否能够代表真实世界的图像退化上,对于后面三个方案,HR-LR图像对的配准与校正则是需要重点关注的问题。City100采用实验室中拍摄的明信片场景,其深度层次单一,从而一定程度上降低了配准的难度;SR-RAW数据集详细说明了配准的难点所在,在进行了粗配准操作之后,通过设计损失函数项让网络对误对齐更为稳健;RealSR数据集提出了一个迭代配准算法,实现了较为精细的图像配准。

从数据集的风格来看,SupER数据集LR和HR均为灰度图像、实验室场景,SR-RAW数据集LR-RAW、HR-RGB、多样化场景,City100和RealSR数据集HR和LR均为RGB图像,City100为实验室明信片场景,RealSR为多样化场景。RealSR数据集具有较好的实际应用场景。从挖掘新问题的角度来看,SR-RAW数据集做得很好,因为它开创了一个新的方向,即直接从LR的RAW图像生成HR的RGB图像,同时解决解码、去噪、配准、超分辨问题。

2.4 超分辨质量评价方法

图像质量评估(image quality assessment,IQA)用于确定图像在视觉上的感知质量,超分辨领域常用的图片质量评估标准包括峰值信噪比(peak signal-to-noise ratio,PSNR)和结构相似度(structural similarity,SSIM)[54]。PSNR是通过图像像素值中的最大值MAX_I和均方误差(mean square error,MSE)来定义的,用于量化重构图像质量,通常以分贝(dB)表示。PSNR值越大,说明图像质量越好,如式(2.4)、式(2.5)所示。

$$\mathrm{MSE}(\boldsymbol{I},\hat{\boldsymbol{I}})=\frac{1}{N}\sum_{1}^{N}(\boldsymbol{I}(i)-\hat{\boldsymbol{I}}(i))^2 \tag{2.4}$$

$$\mathrm{PSNR}(\boldsymbol{I},\hat{\boldsymbol{I}})=10*\lg\left(\frac{\mathrm{MAX}_I^2}{\mathrm{MSE}(\boldsymbol{I},\hat{\boldsymbol{I}})}\right)=20*\lg\left(\frac{\mathrm{MAX}_I}{\sqrt{\mathrm{MSE}(\boldsymbol{I},\hat{\boldsymbol{I}})}}\right) \tag{2.5}$$

式中:N是像素数;$\boldsymbol{I}(i)$和$\hat{\boldsymbol{I}}(i)$分别表示图像$\boldsymbol{I}$和图像$\hat{\boldsymbol{I}}$第i个像素的强度值,在使用8位图像表示的情况下,MAX_I等于255,PSNR的典型值从20到40不等,越高越好。PSNR只关心相同位置的像素值之间的差异,而不关心人类的视觉感知,考虑到人类视觉系统(human vision system,HVS)具有从视场中提取结构信息的高度适应性[55],SSIM提出用于量化图像之间的结构相似度。

$$\mu_I=\frac{1}{N}\sum_{i=1}^{N}\boldsymbol{I}(i)$$

$$\sigma_I = \left(\frac{1}{N-1} \sum_{i=1}^{N} (\boldsymbol{I}(i) - \mu_I)^2 \right)^{\frac{1}{2}} \tag{2.6}$$

式(2.6)为图像像素均值和方差的计算公式,其中 μ_I 和 σ_I 分别表示图像 $\boldsymbol{I}$ 像素的均值和方差,对于图像 $\hat{\boldsymbol{I}}$,也可以计算出相应的均值 $\mu_{\hat{I}}$ 和方差 $\sigma_{\hat{I}}$,如下式所示:

$$C_1(\boldsymbol{I}, \hat{\boldsymbol{I}}) = \frac{2\mu_I \mu_{\hat{I}} + C_1}{\mu_I^2 + \mu_{\hat{I}}^2 + C_1}$$

$$C_c(\boldsymbol{I}, \hat{\boldsymbol{I}}) = \frac{2\sigma_I \sigma_{\hat{I}} + C_2}{\sigma_I^2 + \sigma_{\hat{I}}^2 + C_2} \tag{2.7}$$

式中: $C_1(\boldsymbol{I}, \hat{\boldsymbol{I}})$ 和 $C_c(\boldsymbol{I}, \hat{\boldsymbol{I}})$ 分别是强度和对比度的比较函数; $C_1 = (k_1 L)^2$, $C_2 = (k_2 L)^2$ 是避免不稳定的常数; $k_1 \ll 1, k_2 \ll 1$ 是数值很小的常数。

此外,结构比较函数 $C_s(\boldsymbol{I}, \hat{\boldsymbol{I}})$ 可以定义为

$$\sigma_{I\hat{I}} = \frac{1}{N-1} \sum_{i=1}^{N} (\boldsymbol{I}(i) - \mu_I)(\hat{\boldsymbol{I}}(i) - \mu_{\hat{I}})$$

$$C_s(\boldsymbol{I}, \hat{\boldsymbol{I}}) = \frac{\sigma_{I\hat{I}} + C_3}{\sigma_I \sigma_{\hat{I}} + C_3} \tag{2.8}$$

式中: $\sigma_{I\hat{I}}$ 是 $\boldsymbol{I}$ 与 $\hat{\boldsymbol{I}}$ 的协方差; C_3 是为了保持稳定的一个常数。最后 SSIM 可表示为

$$\text{SSIM}(\boldsymbol{I}, \hat{\boldsymbol{I}}) = \frac{(2\mu_I \mu_{\hat{I}} + C_1)(2\sigma_I \sigma_{\hat{I}} + C_2)}{(\mu_I^2 + \mu_{\hat{I}}^2 + C_1)(\sigma_I^2 + \sigma_{\hat{I}}^2 + C_2)} \tag{2.9}$$

此外,平均结构相似度(mean structural similarity,MSSIM)[54]用来进一步进行局部评估,可以更好地满足感知评估的要求[56],也被超分辨模型广泛使用。

除了常用的上述两种评价指标之外,平均意见得分(mean opinion score,MOS)测试[57-59],多尺度结构相似度(multi-scale structural similarity,MS-SSIM)[60],信息保真度准则(information fidelity criterion,IFC)[61]和视觉信息保真度(visual information fidelity,VIF)[62],特征相似度(feature similarity,FSIM)[63]等也用于评价超分辨质量的高低。

2.5 有监督超分辨技术

目前,已经有很多种基于深度学习的超分辨模型,其中有监督学习的超分辨占据了绝大部分,即通过 LR 图像和相应的真值(ground truth,GT)图像进行训练。

这些模型通过各种模块的组合,如上采样方法、网络设计和学习策略等,构建一个集成的 SR 模型,以适合特定的用途。在本节中,将对常用的模块进行分析,并总结它们的优点和局限性以及典型的网络案例。

2.5.1 超分辨主流框架

根据超分辨网络结构的特点,可以将其分为:线性网络、多分支结构网络、混合结构网络。线性网络是其中最简单的网络,只有一条路径,没有跳跃或多个分支结构,通过多个卷积层的依次相连获得。线性网络关键的分类区别在于不同的升采样(upsampling)方式,根据升采样的位置和使用方式,可以将超分网络分为四大类[32],如图 2.4 所示:前端升采样、后端升采样、渐进式升采样和升降采样迭代式结构。

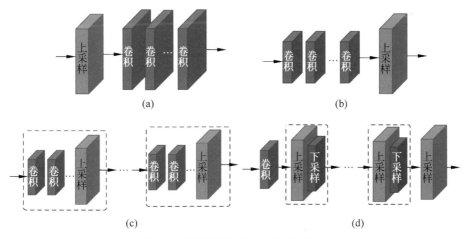

图 2.4 基于深度学习的升采样结构

(a)前端升采样结构;(b)后端升采样结构;(c)渐进式升采样结构;(d)升降采样迭代式结构

前端升采样结构如图 2.4(a)所示,一般使用双三次插值直接将低分辨率图像插值到目标分辨率,然后再进行卷积等后续操作,进行图像细节信息的高质量重建,该类方法显著降低了学习的难度,但是会引入模糊、噪声放大等问题,同时后续的卷积操作需要对升采样之后高分辨率图像进行操作,所需的存储空间和耗时很大。SRCNN[64]首次成功尝试仅使用卷积层实现超分辨,是典型的前端升采样结构。SRCNN 结构简单,由三个卷积层和两个修正线性单元(ReLU)线性叠加组成。

后端升采样结构如图 2.4(b)所示,在网络的最后一层或几层进行升采样操作,卷积操作大部分在低分辨率空间进行,显著降低了计算复杂度和空间复杂度,同时能抑制部分原始噪声的影响,目前被主流超分网络框架所使用。但是,后端上采样增加了大尺度因子的学习难度,每个尺度因子需要一个单独的超分辨模型,无法满足多尺度任务的需要。FSRCNN[38]作为一种典型的后端升采样网络,与

SRCNN 相比,其输入是未上采样的原始图像,同时选择采用更小的滤波器尺寸减少特征维数,比 SRCNN 提高了速度和质量。

渐进式升采样结构如图 2.4(c)所示,主要通过多步的上采样操作,完成大的超分倍增要求,通过逐级完成上采样操作,可以降低学习难度。但是多阶段模型一般设计复杂,训练难度大,对于结构设计训练策略方面的要求较高。LapSRN[65]采用渐进上采样网络,通过设置三个 2 倍上采样的子网络逐步预测残差图像,实现 8 倍放大。通过分级上采样设置,在不引入过多空间和时间代价的前提下,可以简化复杂任务,降低学习难度,解决了多尺度超分辨问题。

升降采样迭代式结构如图 2.4(d)所示,交替采用升采样和降采样层,融合中间层的全部信息得到最终的高分辨率图。例如 Haris 等[66]通过采用迭代上、下采样层的方式,交替连接上采样层与下采样层,将所有中间的高分辨率特征图串联起来,重构出最终的高分辨率图。这类方法的思想被引入图像超分辨领域不久,具有很好的性能和效果。

在这些超分辨上采样网络结构中,涉及的上采样方法除了传统的最近邻、双三次等上采样方法之外,还有基于学习的方法,例如转置卷积和亚像素卷积。转置卷积也就是反卷积如图 2.5 所示,与正常卷积操作相反,通过嵌入网络结构中,实现上采样,但是这种操作容易产生棋盘格效应。亚像素卷积[67]如图 2.6 所示,使用

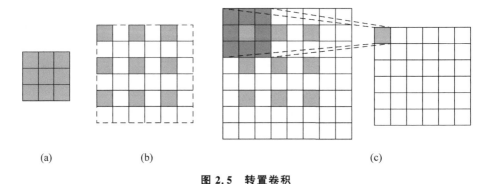

(a)　　　　　　　(b)　　　　　　　　　　　　(c)

图 2.5　转置卷积

(a) 开始;(b) 扩展;(c) 卷积

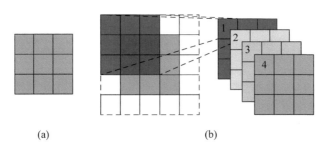 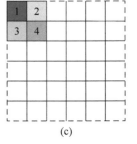

(a)　　　　　　　　　(b)　　　　　　　　　(c)

图 2.6　亚像素卷积

(a) 开始;(b) 卷积;(c) 变维

正常的卷积结构,将不同通道上的像素组合到同一通道上,从而获得更大分辨率的图像,通道数与目标分辨率有关。与转置卷积相比,该方法的神经元感受野较大,为最终的输出提供更多上下文信息,但是不同感受野的小块状区域边缘容易产生伪影。

2.5.2 典型的超分辨网络结构

目前存在着很多种类的网络结构,满足不同需求的图像超分辨,如图 2.7 所示。残差学习如图 2.7(a)所示,由于 ResNet[22] 在网络设计中使用跳跃连接来避免梯度消失,使得网络的深度可以进一步拓展,可应用于越来越多的网络结构中。通过全局残差学习中的长连接和局部残差学习的短连接,可以捕获更多细节相关信息,进一步提升超分辨性能。

增强型残差超分辨(EDSR)[68] 是典型的采用 ResNet 结构的图像超分辨网络,该网络删除了图像分类残差网络中的批量标准化层和在残差块外的 ReLU 激活层,使其适用于超分辨任务。此外,在相同的计算资源下,EDSR 可以采用更多的卷积层来获得更好的性能。EDSR 采用了 L1 损失函数,先训练低倍数的上采样模型,获得的参数用来初始化高倍数的上采样模型,从而减少模型的训练时间。基于该网络,拓展了一个能同时输出不同超分倍数的网络结构多尺度残差超分辨(MDSR)[68],MDSR 采用与 EDSR 一样的中间部分,在网络前面增加不同的预训练模型,使其适应于不同倍数的输入图片。在网络的输出部分,采用了不同倍数上采样的并行结构来获得不同倍数的输出。格式化残差超分辨(FormResNet)[69] 在去噪卷积神经网络(DnCNN)[70] 的基础上进行改进,也采用了残差结构,可以在不同的阶段对图像进行超分辨处理。该模型采用两个网络,第一个网络层去除均匀区域的高频破坏部分,第二个网络学习结构化区域。

递归学习如图 2.7(b)所示,通过递归地多次使用同样的模块,在不引入额外参数的同时,扩大网络感受野,而且可以将大的超分倍数进行多级分解,通过递归使用子结构来实现逐级上采样操作。但是,递归学习不能在深度网络中单独使用,需要结合残差学习和多级监督等策略减轻梯度消失和爆炸的问题。DRCN[71] 是一种典型的递归学习网络,由嵌入网、推理网和重构网三个较小的网络组成。嵌入网将输入转换为特征图,推理网通过递归地应用一个由卷积和 ReLU 组成的单元来执行超分辨,每次的递归可以增加感受野的大小,最后由重构网将递归网的输出特征转换成灰度或彩色的高分辨率特征图。

注意力机制网络通过将空间位置和通道位置对超分辨的重要性进行不同程度的关注,改进模型的性能,图 2.7(c)展示了空间注意力和通道注意力结构,其中上半部分为空间注意力结构,下半部分为通道注意力结构。残差通道注意力网络(RCAN)[72] 是比较经典的用于单图像超分辨的深层卷积神经网络(CNN)架构,它使用了递归残差设计,并且每个局部残差块使用了通道注意力机制,使用激活函数

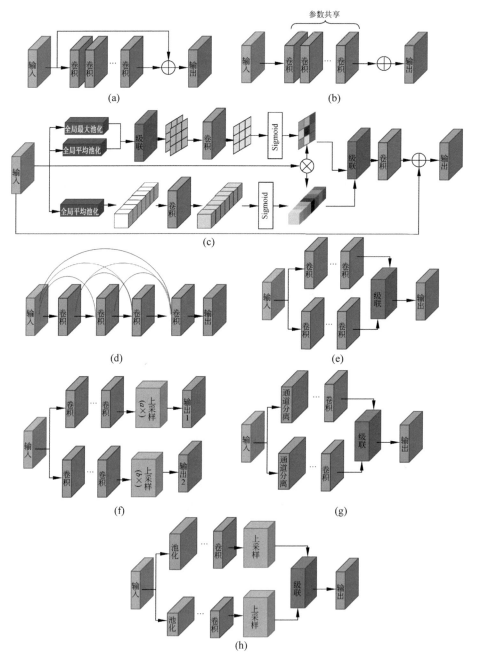

图 2.7 网络设计策略

（a）残差学习；（b）递归学习；（c）注意力机制；（d）密集连接；（e）局部多支路学习；（f）多放大倍数学习；（g）组卷积；（h）金字塔池化

将输入特征从 $h \times w \times c$ 变换到 $1 \times 1 \times c$ 尺寸的向量。第一个贡献是允许输入信息从初始层通过多种途径到最终层。第二个贡献是网络可以专注于对最终任务更为重要的特征图并进行选择,还可以有效地对特征图之间的关系进行建模。此外,与诸如图像修复卷积神经网络(IRCNN)[73]、深层超分辨网络(VDSR)[74]和残差密集网络(RDN)[35]等方法相比,它具有更好的性能,表明通道注意力机制[75]对于低水平视觉任务的有效性。空间注意力[76]更关注与任务相关的特征区域,寻找图像特征空间中最重要部位进行处理。除此之外,还有基于 transformer 的自注意力[77],空间注意力更关注与自注意力能够很好地捕获上下文之间的全局交互,对于长依赖性、全局的特征建模具有很好的效果。

生成对抗网络也是在超分领域中广泛使用的一种网络,它由两部分组成,包括一个生成网络和判别网络,ESRGAN[30]是一种经典的使用生成对抗网络来实现图像的超分辨。由于超分辨的病态性质,在高分辨率放大的时候,重构的图像往往存在细节纹理的缺失,较高的 PSNR 值不能保证好的视觉效果,生成对抗网络引入了感知损失函数,包含对抗损失和内容损失,通过判别网络实现对抗损失的约束,使结果更接近自然图像,内容损失注重于视觉上的而不是像素空间上的相似性,通过基于深度残差网络的生成网络可以恢复图像逼真的纹理。生成对抗网络有利于生成视觉感官的自然图像,使重建结果向更有可能得到真实感图像的搜索空间移动,与自然图像的流形更加接近。

利用多支路信息蒸馏网络(IDN)[78],包括全局多支路、局部多支路、尺度相关的多支路学习等,如图 2.7(e)~(h)所示,多条支路可以有效提升模型的容量和表达能力。利用 DenseNet[23]对特征进行重用,减轻梯度消失的问题并提升效果,该网络中密集块的每一层,将所有先前层的特征图作为输入,而其自身的特征图则用作所有后续层的输入,在使用小的增长率时,可以很好地控制参数量,目前越来越受到关注和使用。除此之外,利用空洞卷积扩大感受野,利用上下文信息丰富生成图像超分辨中的细节,利用组卷积减小参数数量。利用金字塔池化来聚合全局和局部上下文信息,利用小波域变换分别对高分辨图像和低分辨率图像对不同的子频带进行映射学习。

2.5.3 损失函数设计

损失函数用来衡量重建的高分辨率图像与真实图像之间的差别,并指导模型进行优化,朝着损失函数值越小的方向优化。L2 损失函数,即均方根误差损失函数,在衡量重建质量方面并不非常准确,因此后续发展了更多的损失函数,包括内容损失函数、对抗损失函数等,可以在某些场合更好地衡量重建的质量。在本节中,将介绍几类在超分辨领域中常用的损失函数。

(1)像素级损失函数,包括 L1(绝对值误差)和 L2(均方根误差)损失,用来比较两幅图像像素级的差别,L2 损失对较大的误差不利,但对较小的误差有较大的容忍度。与 L2 损失相比,L1 损失可以取得更好的性能和收敛速度,但是通常会产生过于平滑的结果[79]。

$$L_{\text{pixel\_L1}}(\boldsymbol{I},\hat{\boldsymbol{I}}) = \frac{1}{hwc} \sum_{i,j,k} |\hat{\boldsymbol{I}}_{i,j,k} - \boldsymbol{I}_{i,j,k}| \tag{2.10}$$

$$L_{\text{pixel\_L2}}(\boldsymbol{I},\hat{\boldsymbol{I}}) = \frac{1}{hwc} \sum_{i,j,k} (\hat{\boldsymbol{I}}_{i,j,k} - \boldsymbol{I}_{i,j,k})^2 \tag{2.11}$$

式中：$L_{\text{pixel\_L1}}$ 和 $L_{\text{pixel\_L2}}$ 是 L1 和 L2 损失，h,w,c 分别表示图像的高度、宽度和通道数量，i,j,k 分别表示第 i 个高度、第 j 个宽度和第 k 个通道。除此之外，另一种在超分辨中常用的扩展 L1 损失函数，Charbonnier 损失函数 $L_{\text{pixel\_Cha}}$，如式（2.12）所示：

$$L_{\text{pixel\_Cha}}(\boldsymbol{I},\hat{\boldsymbol{I}}) = \frac{1}{hwc} \sum_{i,j,k} \sqrt{(\hat{\boldsymbol{I}}_{i,j,k} - \boldsymbol{I}_{i,j,k})^2 + \varepsilon^2} \tag{2.12}$$

式中：ε 是一个较小的常数，通常取值为 1×10^{-3}，用来保持数值稳定。

由于 PSNR 的定义与像素差异高度相关，像素损失的最小化直接导致了 PSNR 的最大化，因此像素损失成为实际应用最广泛的损失函数。然而，由于像素损失实际上并没有考虑图像感知质量和纹理等，容易缺乏高频细节，产生过于平滑的纹理，导致感知质量较差。

（2）内容损失[80]，从感知层面和内容理解方面对图像质量进行评价，不强制要求图像在像素上的精确匹配，而是更侧重于图像在视觉感知上与目标图像的相似。通常使用预训练模型（如 VGG 和 ResNet 等）来提取图像的中间特征，比较中间特征中的某些特征图之间的欧式距离，内容损失 L_{content} 如式（2.13）所示：

$$L_{\text{content}}(\hat{\boldsymbol{I}},\boldsymbol{I};\phi,l) = \frac{1}{h_l w_l c_l} \sum_{i,j,k} \sqrt{(\phi_{i,j,k}^{(l)}(\hat{\boldsymbol{I}}) - \phi_{i,j,k}^{(l)}(\boldsymbol{I}))^2} \tag{2.13}$$

式中：ϕ 表示这些预训练好的网络；$\phi^{(l)}(\boldsymbol{I})$ 表示提取的第 l 层特征信息；h_l、w_l、c_l 分别表示提取的第 l 层特征图的高度、宽度和通道数。

（3）纹理损失，也称为风格重建损失，来源于风格迁移中，表示重建图像与原始图像在颜色、纹理、对比度等方面应具有相同的风格[81]，纹理损失使用不同特征通道的相关性来进行度量，用 gram 矩阵 $G^{(l)} \in R^{c_l \times c_l}$ 来表示，其中 $G_{ij}^{(l)}$ 是第 l 层向量化特征图 i 和特征图 j 之间的内积：

$$G_{ij}^{(l)}(\boldsymbol{I}) = \text{vec}(\phi_i^{(l)}(\boldsymbol{I})) \cdot \text{vec}(\phi_j^{(l)}(\boldsymbol{I})) \tag{2.14}$$

式中：$\phi_i^{(l)}(\boldsymbol{I})$ 代表图像 $\boldsymbol{I}$ 第 l 层特征图上第 i 个通道，$\text{vec}(\cdot)$ 代表向量化操作。纹理损失函数可以表示为

$$L_{\text{texture}}(\hat{\boldsymbol{I}},\boldsymbol{I};\phi,l) = \frac{1}{c_l^2} \sqrt{\sum_{i,j} (G_{i,j}^{(l)}(\hat{\boldsymbol{I}}) - G_{i,j}^{(l)}(\boldsymbol{I}))^2} \tag{2.15}$$

纹理损失有助于超分辨模型创建逼真的纹理，并产生更令人满意的视觉效果。

（4）对抗生成损失，随着 GAN[82] 在深度学习中的广泛应用，生成对抗网络中的生成器和判别器也引入了超分辨中。其中生成器主要用于执行图像生成等操作，判别器用来判别每个生成器的结果是否来自目标分布。训练时，先保持生成器

不动并训练判别器以便更好地识别,再保持判别器不动并训练生成器欺骗判别器,如此交替训练。通过不断地对抗性训练,最终的生成器可以生成与真实数据分布一致的输出,而判别器无法分辨生成数据与真实数据的区别。

在超分辨中,将原先的超分辨模型作为生成器,另外定义一个判别器 D,使用图像的高层表达来进行判断,判断输入图像是否生成。Ledig 等[83]利用基于交叉熵的对抗损失:

$$L_{gan\_ce\_g}(\hat{\boldsymbol{I}}; D) = -\log D(\hat{\boldsymbol{I}})$$

$$L_{gan\_ce\_d}(\hat{\boldsymbol{I}}, \boldsymbol{I}_s; D) = -\log D(\boldsymbol{I}_s) - \log(1 - D(\hat{\boldsymbol{I}})) \qquad (2.16)$$

式中:$L_{gan\_ce\_g}$ 和 $L_{gan\_ce\_d}$ 分别表示生成器和判别器的对抗损失。$\boldsymbol{I}_s$ 表示从真值图像中随机采集的数据。为了提高训练过程的稳定性和训练结果质量,基于最小二乘误差生成器和判别器的对抗损失 $L_{gan\_ls\_g}$ 和 $L_{gan\_ls\_d}$ 也用来作为损失函数[84]:

$$L_{gan\_ls\_g}(\hat{\boldsymbol{I}}; D) = (D(\hat{\boldsymbol{I}}) - 1)^2$$

$$L_{gan\_ls\_d}(\hat{\boldsymbol{I}}, \boldsymbol{I}_s; D) = (D(\hat{\boldsymbol{I}}))^2 + (D(\boldsymbol{I}_s) - 1)^2 \qquad (2.17)$$

此外还有分段格式生成器和判别器的对抗性损失 $L_{gan\_hi\_g}$ 和 $L_{gan\_hi\_d}$[85]:

$$L_{gan\_hi\_g}(\hat{\boldsymbol{I}}; D) = -D(\hat{\boldsymbol{I}})$$

$$L_{gan\_hi\_d}(\hat{\boldsymbol{I}}, \boldsymbol{I}_s; D) = \min(0, D(\hat{\boldsymbol{I}}) - 1) - \min(0, -D(\boldsymbol{I}_s) - 1) \qquad (2.18)$$

相对于上述公式中关注的特定形式的对抗性损失,ESRGAN 利用相对 GAN 来预测真实图像相对于假图像更真实的概率。广泛的 MOS 测试表明,生成对抗超分辨模型与直接的超分辨模型相比,尽管获得的 PSNR 更低,但显著提高了感知质量。这是由于判别器提取了一些难以获得的潜在模式,使生成的图像更符合这些模式,提升输出图像的真实性。

(5)往复一致性保持损失,来源于循环生成对抗网络(CycleGAN)[86],将 LR 图像 $\boldsymbol{I}$ 超分为 HR 图像 $\hat{\boldsymbol{I}}$,然后通过 CNN 将 $\hat{\boldsymbol{I}}$ 向下采样到另一个 LR 图像 $\boldsymbol{I}_0$,保持再次生成的图像和原始输入相同,引入循环一致性损失来约束其像素级一致性:

$$L_{cycle}(\hat{\boldsymbol{I}}, \boldsymbol{I}) = \frac{1}{hwc} \sqrt{\sum_{i,j,k} (\hat{\boldsymbol{I}}_{i,j,k} - \boldsymbol{I}_{i,j,k})^2} \qquad (2.19)$$

此外还有全变分损失,用于抑制生成图像中的噪声,使图像变得平滑,还有基于先验知识的损失,将外部已知的先验放入损失函数,例如人脸超分对关键点的约束等。

2.6 无监督超分辨技术

超分辨就是一个提高自然图像分辨率的问题。然而,这个问题缺乏用于评价和训练的自然 LR 和 HR 图像对。因此,SR 的研究长期依赖于使用已知的降阶算子(如双三次)来人为地生成一个对应的 LR 图像对。虽然这种简化在历史上促进了 SR 的发展,但它从根本上是有限制的。双三次下采样可以通过去除传感器噪声和压缩伪影等方式,改变原来图像的自然特性并且还会受到部分噪声的影响,而且丢失了很多相关的特征。因此,一个经过上述处理并训练的超分辨网络不可能推广到原始的真实世界分布。固定模式的退化太过于局限,而且实际中很少有匹配的图像对,因此无监督超分辨受到越来越多的关注。接下来将会简要介绍几种现有的无监督 SR 模型。

2.6.1 零样本超分辨

尽管基于监督学习的超分辨方法取得了成功,但由于依赖于双三次下采样操作来生成训练数据,这些方法受到了严重的限制。这种操作消除了大多数高频成分,因此显著地改变了自然图像的特征,如噪声、压缩伪影和其他破坏。因此,双三次采样很少反映现实世界的情况。对这个问题的早期尝试包括显式地估计未知点扩展函数本身[87]。另一个研究方向是通过执行特定于图像的 SR 来完全消除对外部训练数据的需求。遵循这一思想,考虑到图像自身数据就足以提供所需的统计信息,Shocher 等[88]提出零样本超分辨(ZSSR),ZSSR 通过执行广泛的数据扩充,仅使用测试图像本身来训练一个轻量级网络。首先使用核估计方法从单个测试图像中估计退化核,并使用该核对测试图像进行不同尺度因子的退化来构建一个小数据集,然后在这个数据集上训练一个小的超分辨卷积神经网络,用于最终的预测,如图 2.8 所示,为 ZSSR 的训练过程,其中图(a)是其他数据驱动 SR 方法的训练过程,可以看出 ZSSR 不需要训练数据进行预训练,它的训练和测试都是同一张图像。但是这类方法每张图像测试时都需要学习一个网络,非常耗时,并且仍然采用固定下采样操作来在测试时生成合成对,且图像特异性学习导致预测极其缓慢。

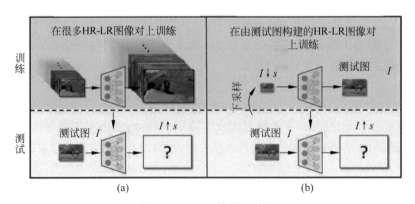

图 2.8 ZSSR 的训练过程

(a) 外部训练网络(有监督的超分);(b) 内部训练网络(基于特定图像的 CNN)

图 2.9 和表 2.1 是 ZSSR 与其他几种常用的超分辨的超分结果,ZSSR 较为接

近有监督学习的超分结果,尤其是在具有内部重复结构的图像中,ZSSR 倾向于超过 VDSR,有时也超过 EDSR+。

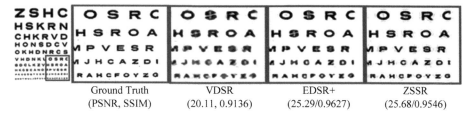

Ground Truth	VDSR	EDSR+	ZSSR
(PSNR, SSIM)	(20.11, 0.9136)	(25.29/0.9627)	(25.68/0.9546)

图 2.9　超分辨结果图

表 2.1　几种超分辨方法在三种数据集上的 PSNR 和 SSIM 结果

	数据集	Set5			Set14			BSD100		
	Scale	×2	×3	×4	×2	×3	×4	×2	×3	×4
监督学习	SRCNN	36.66/ 0.9542	32.75/ 0.9090	30.48/ 0.8628	32.42/ 0.9063	29.28/ 0.8209	27.49/ 0.7503	31.36/ 0.8879	28.41/ 0.7863	26.90/ 0.7101
	VDSR	37.53/ 0.9587	33.66/ 0.9213	31.35/ 0.8838	33.03/ 0.9124	29.77/ 0.8314	28.01/ 0.7674	31.90/ 0.8960	28.82/ 0.7976	27.29/ 0.7251
	EDSR+	38.20/ 0.9606	34.76/ 0.9290	32.62/ 0.8984	34.02/ 0.9204	30.66/ 0.8481	28.94/ 0.7901	32.37/ 0.9018	29.32/ 0.8104	27.79/ 0.7437
	SRGAN	—	—	29.40/ 0.8472	—	—	26.02/ 0.7397	—	—	25.16/ 0.6688
无监督学习	SelfExSR	36.49/ 0.9537	32.58/ 0.9093	30.31/ 0.8619	32.22/ 0.9034	29.16/ 0.8196	27.40/ 0.7518	31.18/ 0.8855	28.29/ 0.7840	26.84/ 0.7106
	ZSSR	37.37/ 0.9570	33.42/ 0.9188	31.13/ 0.8796	33.00/ 0.9108	29.80/ 0.8304	28.01/ 0.7651	31.65/ 0.8920	28.67/ 0.7945	27.12/ 0.7211

2.6.2　弱监督超分辨

基于监督学习的图像超分辨,主要是学习了人为设计的图像降质过程的逆过程,不适合实际场景中的图像超分问题。因此,针对这种双三次图像的超分辨网络很难推广到自然图像。实际中的超分问题,只有不成对的低分辨率和高分辨图像数据,弱监督学习的图像超分辨一类是通过非成对的 HR-LR 数据集,学习图像降质过程,通常利用生成对抗网络(GAN)生成成对 LR-HR 图像,然后用来训练网络。还有一类是用循环生成对抗网络同时学习 LR 到 HR、HR 到 LR 这种往复的映射关系,循环中的网络使用一个利用循环一致性损失的框架,将原始输入图像映射到一个干净的图像空间,实现目标图像域分布的匹配和生成高质量图像。目前有多篇文章涉及这种弱监督图像超分辨技术,这些网络大多仅通过在 LR 域中使用间接监督进行训练。此外,代替在训练和测试时进行输入图像的"清洗",只在训练阶段学习一个到原始输入域的映射,自然图像受到自然传感器噪声的影响,相应的双三次下采样图像并没有保留这些特征。本节主要介绍其中的一项经典工作[89]，该工作提出了一种无监督方法的图像超分辨，以克服现实世界中的挑战。在只给出非配对数据的情况下，通过使用循环一致性损失，以完全无监督的方式学习相应的逆映射操作来解决由双三次下采样引起的训练和测试分布之间的转换，以恢复数据中存在的自然图像特征。这使得生成的图像对能够反映真实世界图像的分布，从而能够在真实数据集上学习 SR 网络，而不受双三次下采样的影响，如图 2.10 所示。因此，该超分辨网络可以在高分辨率领域通过直接的像素级监督进行训练，同时对真实输入进行稳健泛化。

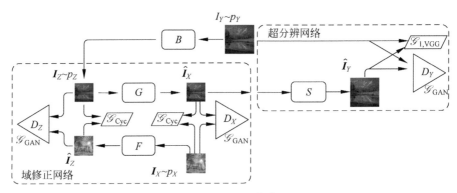

图 2.10　弱监督超分辨流程[89]（见文前彩图）

第一阶段，学习域修正网络，如图 2.10 左侧虚线框所示。鉴于来自输入 p_X 和输出 p_Y 分布的未配对数据，生成器 G 通过使用循环一致性损失在 GAN 框架中进行训练。SR 网络 S 在第二阶段进行训练，如图 2.10 右侧虚线框所示。让 I_X 表示希望进行超分辨处理的自然图像，并且这些自然图像服从 $I_X \sim p_X$ 的分布，SR 方法在这些分布 p_X 上运行。在实践中，p_X 可以定义为从特定相机或一个来自真实世界图像的数据集。目标是学习一个函数 S，该函数将一个图像 $I_X \sim p_X$ 映射到一个输出分布为 p_Y 的高分辨率图像 $\hat{I}_Y = S(I_X)$，希望图像特征在超分辨后保持不变，将这种设置称为特定领域的超分辨(DSR)。另一种方法是让 p_Y 由一组高质量的图像定义，称为干净的超分辨(CSR)设置。

对于大多数实际应用来说，收集到适用于 SR 的自然图像对(I_X, I_Y)是十分困难的，因此需要通过人工构造输入图像 $Z = B(I_Y)$ 来解决，其中 B 是双三次下采样操作。然后，任务的目标是对 I_Z 进行超分辨以匹配原始图像 $S(I_Z) \approx I_Y$。然而，双三次下采样的图像 $I_Z \sim p_Z$ 与输入分布不匹配，即 $p_Z \neq p_X$。因此，当提供真实数据 $I_X \sim p_X$ 时，以这种方式训练的方法会遇到困难。

假设给定一组不成对的输入图像样本 $\{I_{X_i}\}_{i=1}^{M} \sim p_X$ 和一组输出图像样本 $\{I_{Y_i}\}_{i=1}^{N} \sim p_Y$，然后去学习一个超分辨映射 S，使 $S(I_X) \sim p_Y$。为了从这些未配对的数据中训练 S，需要学习一个函数 $\hat{I}_X = G(I_Z)$，将双三次下采样得到的图像

$I_Z = B(I_Y)$ 从输出分布映射到输入分布 $\hat{X} \sim p_X$。这有效地构造了一个输入-输出训练对 $(\hat{I}_X, I_Y)$，使得 SR 网络可以在监督下学习，使得 $S(\hat{I}_X) \approx I_Y$。该方法的主要优点是 SR 网络可以在 HR 域直接通过像素级监督的方式进行训练。

在条件 GAN 设置下训练域修正网络的生成器 G，通过使用一个判别器网络，区分生成的图像 $\hat{I}_X = G(B(I_Y))$，$I_Y \sim p_Y$ 来自真实的输入图像 $I_X \sim p_X$。由于没有成对的输出可用，使用第二个生成器 F 将输入图像 X 映射到 $\hat{I}_Z = F(I_X) \sim p_Z$，从而强制执行循环一致性损失。至关重要的是，独立于 SR 网络 S 对域修正网络进行训练，即分阶段训练。G 的目标是将一个双三次下采样的图像 $I_Z = B(I_Y)$ 从输出分布映射到一个服从输入分布 p_X 的图像 $\hat{I}_X$，这个训练样本 $(I_X; \hat{I}_Y)$ 是为 SR 网络生成的，网络 S 的目标将服从 p_X 分布的任意图像进行超分辨处理。如果利用 $S(G(B(I_Y))) \approx I_Y$ 的周期一致性损失对两个网络进行联合训练，则网络 S 和 G 将通过相互协作使上述损失最小化，这导致严重的过度拟合和糟糕的泛化。因此使用网络 G 生成的训练对，将 SR 网络进行分阶段单独训练。

域修正学习 $\hat{I}_X = G(I_Z)$ 是将一个双三次下采样的图像从输出分布 $I_Z = B(I_Y)$ 映射到输入分布 p_X。由于没有成对的样本，只能通过无监督学习。使用一个 GAN 鉴别器 D_X，用以区分生成的 $G(I_Z)$ 和服从 p_X 分布的输入图像。GAN 的损失函数 L_{GAN} 为

$$L_{GAN}(G, D_X) = E_{I_X \sim p_X}[\log D_X(I_X)] + E_{I_Y \sim p_Y}[\log(1 - D_X(G(B(I_Y))))]$$
(2.20)

为了保持图像内容，尽管缺少图像对，使用循环一致性损失。第二个生成器 F 负责将图像从输入域 p_X 映射到双三次下采样图像 p_Z 的域，其中 $I_Z = B(I_Y)$。循环一致性损失函数 L_{cyc} 为

$$L_{cyc}(I_X, I_Y) = E_{I_X \sim p_X}[\|G(F(I_X)) - I_X\|_1] + E_{I_Y \sim p_Y}[\|F(G(B(I_Y))) - B(I_Y)\|_1]$$
(2.21)

通过 G 和 F 的映射，图像回到原始域，即图像保持不变。另外，加入判别器 D_Z，目标损失函数为

$$L_{DDL}(G, F, D_X, D_Z) = L_{GAN}(G, D_X) + L_{GAN}(F, D_Z) + \lambda L_{cyc}(I_X, I_Y)$$
(2.22)

域修正网络基于 CycleGAN 架构，生成器 G 和 F 使用带有 9 个 ResNet 块的结构。将反卷积层替换为标准卷积的双线性上采样。这对学习稳定性是有好处的，并且它有效地消除了棋盘格形式。此外，Tanh 的非线性不利于颜色一致性，因此在输出时不使用非线性激活。判别器 D_X 和 D_Y 由一个三层的网络结构组成。

在缺乏成对的真值数据的情况下，用数据对 $(\hat{I}_{X_j}, I_{Y_j})$ 进行训练，其中输入图像 $\hat{I}_{X_j} = G(B(I_{Y_j}))$ 由生成器 G 生成，采用像素级的内容损失函数 $L_1(S)$：

$$L_1(S) = E_{\boldsymbol{I}_Y \sim p_Y} \| S(\hat{\boldsymbol{I}}_X) - \boldsymbol{I}_Y \|_1 \tag{2.23}$$

另外,采用 SRGAN 中的 VGG 特征丢失,更好地与感知质量相关:

$$L_{\text{VGG}}(S) = E_{\boldsymbol{I}_Y \sim p_Y} \| \phi(S(\hat{\boldsymbol{I}}_X)) - \phi(\boldsymbol{I}_Y) \|_2^2 \tag{2.24}$$

式中:ϕ 表示 VGG 网络的特征提取函数。

为了更好地感知质量,进一步使用 ESRGAN 中使用的相对判别器 C。与传统的判别器不同,它为每幅图像提供了一个绝对真实/虚假的概率,与一组真实的虚假图像相比,它估计了真实/虚假的相对分数。

$$D_Y(\boldsymbol{I}_Y, \hat{\boldsymbol{I}}_Y) = \sigma(C(\boldsymbol{I}_Y) - E[C(\hat{\boldsymbol{I}}_Y)]) \tag{2.25}$$

式中:σ 是 Sigmoid 函数。SR 网络增加了感知损失进行训练,如下所示:

$$L_{\text{RaGAN}}(S) = -E_{\boldsymbol{I}_X \sim p_X}[\log(D_Y(S(\boldsymbol{I}_X), \boldsymbol{I}_Y))] - E_{\boldsymbol{I}_Y \sim p_Y}[\log(1 - D_Y(\boldsymbol{I}_Y, S(\boldsymbol{I}_X)))]$$
$$\tag{2.26}$$

总损失函数 $L(S) = L_{\text{VGG}}(S) + \lambda L_{\text{RaGAN}}(S) + \eta L_1(S)$,其中 λ 和 η 是对应的权重系数。

SR 网络采用了最近提出的 ESRGAN 架构,在 ESRGAN 网络中增加了一个最终的颜色调整层,以保持输入 LR 图像的色彩。该方法与基准方法和最新的方法相比取得了更好的结果,并在单反照片增强数据集(DPED)[90] 数据集上进行了定性比较,如图 2.11 所示,可以看到其他方法会在真实数据上产生大量的伪影,而该方法(DSR,CSR)可以令人满意的感知方式提升这些图像的分辨率。

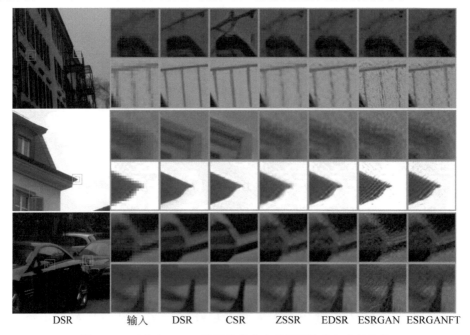

DSR　　　输入　　 DSR　　 CSR　　 ZSSR　　 EDSR　 ESRGAN ESRGANFT

图 2.11　对来自 DEPD 数据集的真实世界图像进行定性比较

2.7 特定领域超分辨技术

超分辨在一些特定领域中也起到很重要的作用,比如对稀疏的深度图进行超分辨处理,对人脸图像进行超分辨处理,从而可以提升后续的检测识别能力,另外还可以用在高光谱图像上,提升图像的分辨能力。此外,随着对视频分辨率要求的不断提升,超分辨技术可以用来增强之前画质较差的视频,包括监控视频和一些早期拍摄的影视资源。

2.7.1 深度图像超分辨重建

深度图中的信息表示视点与拍摄物体之间的距离,在姿态估计、语义分割等任务中起着非常重要的作用。然而由于深度传感器本身的限制,产生的深度图通常是低分辨率的,受到噪声、量化、缺失值等退化因素的影响,因此在深度图上进行超分辨操作是十分必要的。

深度图超分辨重建最常用的做法是利用 RGB 相机获取同一场景的 HR 图像,指导对应的低分辨深度图,利用深度图与 RGB 图像之间的局部相关来约束全局统计和局部结构,提取 HR 边缘图和预测缺失的高频分量,并与 LR 深度特征图进行融合,来预测 HR 深度图。图 2.12 展示了其中一种称为快速深度超分辨(FDSR)的方法,将高分辨率 RGB 图像和低分辨率的深度图作为输入,通过深度网络学习获得对应的高分辨率深度图。每个图像对都包含来自手机 HR 彩色图像、手机上低功耗飞行时间(ToF)相机拍摄的真实世界 LR 深度图和工业 ToF 相机拍摄的 HR 深度图。图 2.12 概述了整个架构,它由一个高频引导分支(HFGB)和一个多尺度重建分支(MSRB)组成。该框架逐步配备了四个多尺度重建块,以利用 MSRB 中不同感受野下的上下文信息,同时,从 HFGB 中提取的高频信息与多尺度上下文信息相结合,以增强深度细节恢复能力。最后,将融合的特征输入残差映射函数以生成 HR 深度图。如图 2.12 所示,HFGB 中的高频层(HFL)将 RGB 特征分解为高频和低频分量来自适应地突出高频分量并抑制低频分量,高频分量有效地用于引导深度图 SR。MSRB 侧重于有用的高频细节信息以提高性能,同时由于 MSRB 中不使用低频分量而降低了计算复杂度,通过利用多尺度上下文信息逐步恢复 HR 深度图。该结构首先使用一个 3×3 的卷积层来进行初始特征提取。然后,为了利用不同感受野下的上下文信息,将两个扩张卷积组合成一个多尺度扩张块(MSDB),一个卷积层用于整合连接的特征。MSDB 不仅扩大了感受野,而且提升了卷积的多样性,从而产生了具有不同感受区域和扩张率的卷积集合。

2.7.2 人脸超分辨重建

由于现有大部分技术在处理低分辨率的人脸图像时都会大幅退化,人脸图像超

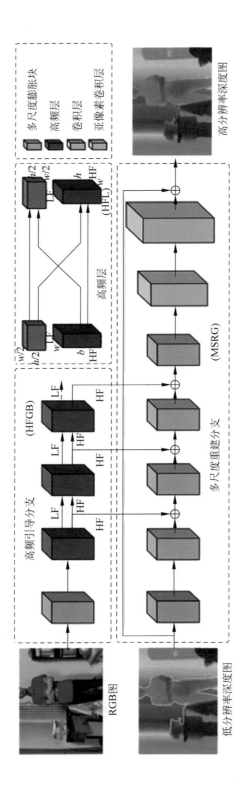

图 2.12　FDSR 架构概述。MSRB 使用输入深度图，从 RGB 图像提取高频分量来生成 HR 深度图

分辨用于提升低分辨率的人脸图像质量,从而方便与人脸相关的研究,如人脸比对、人脸解析、人脸识别以及三维人脸重建。人脸图像相比于其他图像,具有更多的结构化信息,如标记点、解析地图、身份识别等,将这些信息作为先验知识融合到人脸超分辨中是一种非常有效的方法。例如,面部标记轮廓可以帮助恢复准确的脸型,面部成分揭示丰富的面部细节。将人脸分解为人脸组件,使用特定组件的卷积神经网络对人脸组件进行 SR,对 HR 面部组件数据集使用 k 近邻法(k-NN)搜索找到相应的块,合成更小粒度的组件,最后融合到超分辨结果中。

除了上述工作外,研究者还从其他角度对人脸超分辨进行了改进。在人类注意力转移机制的驱动下,基于注意力机制的人脸超分辨[92]通过一个周期性的决策网络,对人脸块进行局部增强。采用对抗式学习,利用附加的面部属性信息[93],基于条件 GAN 对指定的属性执行人脸超分。

一种典型的人脸超分辨网络 FSRNet[94],充分利用了人脸的先验知识,使超分网络的性能指标有了很大的提升。通过构造一个粗 SR 网络和精 SR 网络实现人脸超分辨。粗 SR 网络的输出作为精 SR 编码器和一个人脸五官先验估计网络的输入,精 SR 编码器提取图像特征,而先验估计网络通过多任务学习联合估计标记点热图和解析图。然后,将图像特征和人脸先验知识输入一个精细的 SR 解码器中,以恢复最终的 HR 人脸。粗糙和精细的 SR 网络构成了基本 FSRNet,显著优于现有的技术。为了进一步提升 HR 人脸的视觉感知质量,利用生成对抗网络的优势,形成扩展的基于生成对抗网络的人脸超分辨网络(FSRGAN)将人脸的对抗损失合并到基本 FSRNet 中。FSRGAN 比 FSRNet 恢复了更多的真实感纹理,并且表现出明显的优越性。

该方法第一个利用面部几何先验知识的端到端训练的深度人脸超分辨网络,同时引入两种人脸几何先验:人脸标记点热图和解析图。对未对齐的、非常低分辨率的人脸图像进行高倍放大时(8 倍和 16 倍),依然具有最好的性能,而扩展的 FSRGAN 进一步生成更逼真的人脸。采用人脸对齐和解析作为人脸超分辨的新评价指标,进一步解决了传统指标在视觉感知上的不一致性。基于该人脸超分结构,我们提出了相应的改进模型增强的人脸超分辨网络(EFSRNet)和基于增强生成对抗网络的人脸超分辨网络(EFSRGAN),进一步提升人脸超分效果,改进模型如图 2.13 所示。

EFSRNet 由四个部分组成,即粗 SR 网络、精 SR 编码器、先验估计网络和一个精 SR 解码器,网络中特征提取和增强模块采用多残差密集模块(RRDB)。其中 x 为低分辨率输入图像,y 和 p 分别为通过 EFSRNet 恢复的高分辨率图像和估计的先验信息。由于非常低分辨率的输入图像可能过于模糊,无法进行先验估计,因此首先构造粗 SR 网络来恢复粗 SR 图像,粗 SR 网络其中一路将 LR 图像 x 经过多个 RRDB 模块映射,另一路将图像 x 通过上采样支路,两路叠加得到粗 SR 图像 y_c。然后,将 y_c 输入先验估计网络 P 和精 SR 编码器 F,编码后利用 SR 解码器 D,

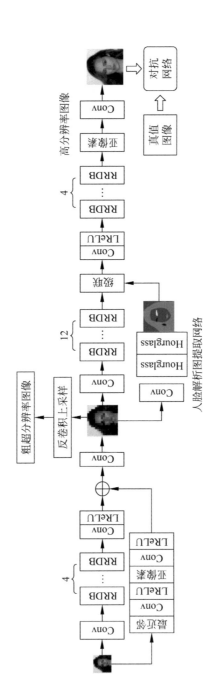

图 2.13 EFSRNet 网络结构

将 F 提取的图像特征 $\boldsymbol{f}$ 与先验估计网络 P 得到的先验信息 $\boldsymbol{p}$ 串联起来,恢复 SR 图像 $\boldsymbol{y}$。

给定包含 N 个样本的训练集 $\{\boldsymbol{x}^{(i)}, \tilde{\boldsymbol{y}}^{(i)}, \tilde{\boldsymbol{p}}^{(i)}\}_{i=1}^{N}$,$\tilde{\boldsymbol{y}}^{(i)}$ 是 LR 图像 $\boldsymbol{x}^{(i)}$ 对应的真值 HR 图像,$\tilde{\boldsymbol{p}}^{(i)}$ 是对应图像的先验信息,EFSRNet 的损失函数为

$$L_F(\Theta) = \frac{1}{2N} \sum_{I=1}^{N} \{\|\tilde{\boldsymbol{y}}^{(i)} - \boldsymbol{y}_c^{(i)}\|^2 + \alpha \|\tilde{\boldsymbol{y}}^{(i)} - \boldsymbol{y}^{(i)}\|^2 + \beta \|\tilde{\boldsymbol{p}}^{(i)} - \boldsymbol{p}^{(i)}\|^2\}$$

(2.27)

式中:Θ 表示参数集;α 和 β 分别表示粗 SR 损失和先验损失的权重,以及 $\boldsymbol{y}^{(i)}$、$\boldsymbol{p}^{(i)}$ 恢复的 HR 图像和第 i 个图像的估计先验信息。

EFSRNet 网络主要由一个粗 SR 网络和一个精 SR 网络组成,其中精 SR 网络包含三个部分:一个先验估计网络、一个精 SR 编码器和一个精 SR 解码器。

粗 SR 网络主要用来粗略地恢复一个粗糙的 HR 图像,由于直接从 LR 输入图像估计面部标记点位置并输出解析图并非易事,利用粗 SR 网络可以帮助缓解先验估计的困难。将粗糙的 HR 图像分别输入先验估计网络和精细编码器网络,分别对人脸先验进行估计和特征提取,然后解码器联合使用两个分支的结果来恢复精细的 HR 图像。

先验估计网络:任何现实世界的物体在其形状和纹理上都有不同的分布,包括人脸。比较面部形状和纹理,选择利用形状先验的模型。首先,当分辨率从高到低时,形状比纹理保存得更好,因此更有可能被提取出来以提高分辨率。其次,形状比纹理更容易表示。例如,人脸解析可以估计不同人脸组件的分段,而标记点可以提供准确的人脸关键点位置,即使在低分辨率下也是如此。两者都表示面部形状,而解析具有更高的细粒度。相比之下,对于特定的人脸,如何表示更高维度的纹理并不清楚。

受最近堆叠热图回归在人体姿态估计中的成功启发[95],在先验估计网络中采用沙漏(HG)结构来估计面部标记点热图和解析图。由于这两个先验都表示二维人脸形状,因此在该先验估计网络中,除了最后一层之外,所有特征都在这两个任务之间共享。为了有效地整合跨尺度的特征,并在不同尺度上保存空间信息,沙漏块使用了对称层之间的跳跃连接机制。然后是一个 1×1 卷积层对得到的特征进行后处理。最后,将共享的沙漏特性连接到两个独立的 1×1 卷积层,生成标记点热图和解析图。

精 SR 编码器:受残差密集网络(RDN)在 SR 中的成功启发,利用多残差密集块进行特征提取。考虑到计算量,将先验特征的大小降采样到 64×64。为了使特征尺寸一致,精 SR 编码器用一个 3×3 卷积层,步幅为 2,将特征图采样到 64×64。然后利用多个 RDN 结构提取图像特征。

精 SR 解码器:精 SR 解码器联合使用特征和先验来恢复最终的精细 HR 图像。首先,将先验特征 $\boldsymbol{p}$ 和图像特征 $\boldsymbol{f}$ 串联起来作为解码器的输入。然后,3×3 的卷积层将特征图的数量减少到 64。利用 4×4 反卷积层将特征图上采样到 128×

128 的大小。然后用 3 个残差块对特征进行解码,最后是 3×3 的卷积层用于恢复精细的 HR 图像。

EFSRGAN:GAN 在超分辨中表现出了强大的能力,可以生成比基于 MSE 的深度学习模型具有更好视觉效果的真实感图像。其核心思想是利用判别网络对超分辨图像和真实高分辨率图像进行判别,并训练 SR 网络对判别器进行欺骗。为了生成逼真的高分辨率人脸,以条件方式利用了 GAN,对抗网络 C 的目标函数表示为

$$L_C(F,C) = E[\log C(\tilde{y}, x)] + E[\log(1 - C(F(x), x))] \qquad (2.28)$$

式中:C 输出的是输入实数的概率;E 是概率分布的期望。除了对抗性损失 L_C 之外,还使用高级的特征图,以帮助评估感知相关的特征,

$$L_P = \| \phi(y) - \phi(\tilde{y}) \|^2 \qquad (2.29)$$

式中:ϕ 表示固定的预训练 VGG 模型,将图像 y 和 $\tilde{y}$ 映射到特征空间。EFSRGAN 的最终目标函数为

$$\underset{F}{\arg\min}\underset{C}{\max} x L_F(\Theta) + \gamma_C L_C(F,C) + \gamma_P L_P \qquad (2.30)$$

式中:γ_C 和 γ_P 是 GAN 和感知损失函数的权重。

将 EFSRNet 与其他方法进行比较,如图 2.14 所示,可以看到基于人脸先验结构知识的方法具有很好的效果。

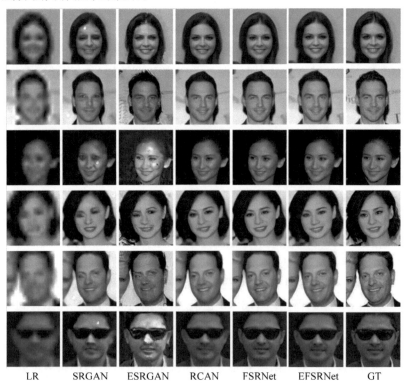

| LR | SRGAN | ESRGAN | RCAN | FSRNet | EFSRNet | GT |

图 2.14 原图和各类超分辨结果图

2.7.3　视频超分辨重建

深度学习在图像超分辨中有了显著的改善,视频作为多个时序图像的组成,更具挑战性。早期的研究将视频超分辨认为是图像超分辨的简单扩展,相邻帧间的时间冗余没有被充分利用,最近的研究[96-97]通过特征提取、对齐、融合和重建解决了上述问题。通过对多个帧进行对齐和建立精确的对应关系,以及有效地融合对齐后的特征进行重构,从而能够处理包含遮挡、大的运动和严重模糊的视频,获得高质量输出。

视频超分与图像超分相比,有了更多的时间序列上的图像,因此需要进行视频帧对齐和融合,解决参考帧和目标帧的偏差和视频中存在运动模糊和场景切换的问题。目前大多数对齐方法通过显式估计参考帧与其相邻帧之间的光流场来实现对齐,例如根据估计的运动场对相邻帧进行了翘曲处理[98]。还有通过动态滤波[99]或可变形卷积[100]实现隐式运动补偿。融合方面,有通过卷积对所有帧进行早期融合,通过递归网络进行多帧融合,利用三维(3D)卷积捕捉时域特征的功能,直接做帧间融合,利用循环结构提取帧间关系实现目标帧和参考帧的融合。

本节中,选择经典的 EDVR[31]方案进行详细的介绍,如图 2.15 所示。该方案将整个视频处理流程分为对齐、融合和重建三个部分,其中关键的是基于金字塔、级联和可变形卷积(PCD)的对齐模块和基于时空注意力(TSA)的融合模块。PCD从粗到细进行对齐处理大型和复杂的运动。其中的金字塔结构将较低尺度的特征进行初步对齐,然后将偏移量和对齐的特征传播到较高尺度,以促进精确的运动补偿。此外,在金字塔对齐操作后,将附加的可变形卷积级联,以进一步提高对齐的稳健性。为了聚合多个对齐特征之间的信息,TSA引入时间注意力,对所有帧的加权特征进行卷积和融合。通过时间注意力融合,进一步应用空间注意力对每个通道中的每个位置分配权重,从而更有效地利用跨通道和空间信息。然后将融合后的特征输入基于连续残差块的重建模块中,经过上采样操作后增加图像的空间分辨率,最后将预测图像残差和上采样图像进行相加获得目标高分辨率帧。

它是一个统一的框架,适用于视频超分辨和去模糊。首先对具有高空间分辨率的输入进行下采样,以减少计算成本。给定模糊输入,在 PCD 对齐模块之前插入预去模糊模块以提高对齐精度。

定义每一帧的特征为 $\boldsymbol{F}_{t+i}$, $-N \leqslant i \leqslant N$, N 为当前第 i 帧的前后帧数,对于一个有 K 个采样点的变形卷积核,w_k 和 $\boldsymbol{p}_k$ 是第 k 个位置的权重和偏移。例如 3×3 的卷积核则 $K=9$,$\boldsymbol{p}$ 为 $[(-1,-1),(-1,0),\cdots,(1,0),(1,1)]$。在每个 $\boldsymbol{p}_0$ 位置的对齐的特征可以由下面的公式得到:

$$\boldsymbol{F}_{t+i}^{a}(\boldsymbol{p}_0) = \sum_{k=1}^{K} w_k \cdot \boldsymbol{F}_{t+i}(\boldsymbol{p}_0 + \boldsymbol{p}_k + \Delta\boldsymbol{p}_k) \cdot \Delta m_k \tag{2.31}$$

从相邻帧和参考帧连接的特征可以获得可学习的偏移量 $\Delta\boldsymbol{p}_k$ 和调制标

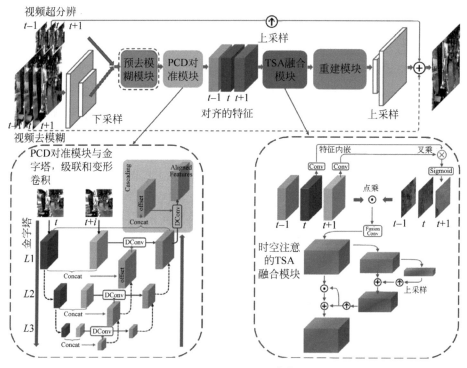

图 2.15　EDVR 框架[31]

量 Δm_k。

$$\Delta \boldsymbol{P}_{t+i} = f([\boldsymbol{F}_{t+i}, \boldsymbol{F}_t]), i \in [-N:+N] \qquad (2.32)$$

式中：$\Delta \boldsymbol{P} = \Delta p$；$f()$ 是由多个卷积层组成的通用方法；$[\cdot, \cdot]$ 表示连接操作。为了简单起见，在描述和图表中只考虑可学习的偏移值 Δp_k，忽略 Δm_k。$p_0 + p_k + \Delta p_k$ 在 DCN 中的双线性插值法提到。为了处理在对齐中的复杂的动作和视差问题，提出了基于光流中完善的原理的 PCD 模块：金字塔形处理和级联细化。在模块图中用黑色虚线展示，产生在第 l 层的特征 $\boldsymbol{F}_{t+i}^l$。使用步长为 2 的卷积核在 $l-1$ 层金字塔层级对特征降采样，在第 l 层，偏移和对齐后的特征被预测，使用 ×2 上采样的偏移和对齐特征，图 2.15 中用紫色虚线表示。

$$\Delta \boldsymbol{P}_{t+i}^l = f([\boldsymbol{F}_{t+i}, \boldsymbol{F}_t], (\Delta \boldsymbol{P}_{t+i}^{l+1})^{\uparrow 2}),$$
$$(\boldsymbol{F}_{t+i}^a)^l = g(\mathrm{DConv}(\boldsymbol{F}_{t+i}^l, \Delta \boldsymbol{P}_{t+i}^l), ((\boldsymbol{F}_{t+i}^a)^l)^{\uparrow 2}) \qquad (2.33)$$

式中：$(\cdot)^{\uparrow s}$ 是上采样 s 倍；DConv 是形变卷积；g 由数个卷积层组成，利用双线性插值进行 2 倍上采样，EDVR 中使用 3 级金字塔。

为了处理模糊、遮挡、视差问题以及不同的相邻帧不能提供相同的信息，前面帧引起的错误对齐和未对齐对随后重建的性能产生不利影响，作者提出了基于时间和空间的注意力机制的 TSA 融合模块去为每一帧分配像素级别的融合权重。时间注意力是在嵌入空间中计算帧的相似性，在嵌入空间中，一个相邻帧与相邻帧

更相似,则应该引起更多的注意。对于每一帧,相似性距离可以表示为

$$h(\boldsymbol{F}_{t+i}^a, \boldsymbol{F}_t^a) = \mathrm{Sigmoid}(\theta_{\mathrm{conv}}(\boldsymbol{F}_{t+i}^a)^T \phi_{\mathrm{conv}}(\boldsymbol{F}_t^a)) \tag{2.34}$$

$\theta_{\mathrm{conv}}(\boldsymbol{F}_{t+i}^a)$ 和 $\phi_{\mathrm{conv}}(\boldsymbol{F}_t^a)$ 可通过简单的卷积层实现,Sigmoid 为激活函数。对于每一个空间位置,时间注意力都可以用空间来描述,比如空间大小 $h(\boldsymbol{F}_{t+i}^a, \boldsymbol{F}_t^a)$ 和 $\boldsymbol{F}_{t+i}^a$ 相同。时间注意力映射在像素级别和原始对齐后的特征 $\boldsymbol{F}_{t+i}^a$ 相乘,一个额外的融合卷积层被采用去融合这些注意力化的特征 $\widetilde{\boldsymbol{F}}_{t+i}^a$ 可以计算为

$$\widetilde{\boldsymbol{F}}_{t+i}^a = \boldsymbol{F}_{t+i}^a \odot h(\boldsymbol{F}_{t+i}^a, \boldsymbol{F}_t^a)$$

$$h(\boldsymbol{F}_{t+i}^a, \boldsymbol{F}_t^a)_{\mathrm{fusion}} = \mathrm{Conv}([\widetilde{\boldsymbol{F}}_{t-N}^a, \cdots, \widetilde{\boldsymbol{F}}_t^a, \cdots, \widetilde{\boldsymbol{F}}_{t+N}^a]) \tag{2.35}$$

式中:$\odot$ 和 $[\cdot, \cdot, \cdot]$ 是元素级相乘和连接。经过融合层、重建模块和上采样之后即可得到目标分辨率的视频。

2.8　超分辨未来发展趋势

目前基于深度学习的超分网络层出不穷,提出了各种各样的网络用于单图像和视频的超分,然而目前的超分网络结构过于复杂,需要大量的图像对进行训练,泛化能力不强,仅仅适用于特定的退化模型,在实际场景下的超分性能不佳,为此,需要在网络结构设计、学习策略、评价指标、无监督学习、实际场景等几个方面开展深入的研究。

1. 网络结构和学习策略

由于现有的超分辨大多针对某一种退化,当传感器、成像对象/场景、获取条件等发生变化时,往往会产生较差的效果,如果事先知道这些信息,将其作为先验知识加入深度学习网络中来获取高分辨率的图像,则可以获得更好的泛化性能。对于多种退化因素同时存在的情况,例如噪声、模糊和低分辨率同时存在的情况,如何联合地恢复出有高分辨率、低噪声和增强细节的图像,也需要在模型的结构、损失函数和训练细节方面进行提升,适用于多个低级视觉任务中的统一模型。针对网络结构设计方面,主要从以下几部分进行考虑:融合局部和全局信息,通过大的感受野获取更多的纹理信息;融合底层和高层信息,将颜色和边缘等低层特征和纹理语义等高层次特征结合在一起,获得效果更好的 HR 图像;基于特定内容的注意力机制,对不同上下文信息区别对待;轻量化网络结构,改变模型大小,例如应用更加简洁的卷积模块进行残差局部特征学习来简化特征聚合。加快预测时间并保持性能仍然是一个研究课题,为此需要针对当前的设备性能进行网络结构的轻量化,实现端侧的超分辨。改进升采样层,使之能够有效地处理放大倍数较大的图像超分辨;学习策略方面,找到图像对的潜在联系,设计能够精确表达图像差异的损失函数;寻找适合图像超分辨的归一化方法。

2. 图像质量评价指标方面

除了像素级的评价指标,更需要研究一些衡量感知损失的方法,开发全面评价超分图像质量的主客观统一指标以及无参考图像的图像质量评价。

3. 无/弱监督超分辨重建

在实际情况下只有不成对的低分辨率和高分辨图像,人工设计好的降质过程通常无法处理实际的退化情况,由于自然低分辨率图像退化复杂多样,通常耦合了多种退化方式,因此监督学习的超分辨算法应用在自然低分辨率图像上效果会很不好。因此,在没有 LR-HR 图像对的无监督图像超分辨问题具有非常重要的实际研究价值。可以研究适应实际情况的多种多样的降质过程,模拟现实世界的退化,逼近真实世界多样化的降质过程。

4. 任意尺寸缩放的图像超分

目前大部分 SR 网络的放大尺寸是固定的,而且一般不会处理极端的超分辨问题,对于实际应用有一定局限性。研究任意倍率的超分辨方法,尤其是极端情况下(8 倍以上)的超分辨问题,使图像仍然保持精确的局部细节和高的感知质量。在实际场景中,通常不知道哪一个上采样倍数是最优的,也不知道下采样的倍数,对实际训练是一大挑战,因此利用单一模型实现任意缩放因子也具有十分重要的实际价值。

第3章

目 标 检 测

3.1 引言

目标检测长久以来一直是计算机视觉领域中的一个重要方向,许多计算机视觉任务均以此为基础,例如实例分割、目标跟踪等。近年来,随着深度学习的兴起,目标检测算法的性能得到了显著的提高,成为研究的热点。尤其是在许多实际应用中,目标检测算法已经得到广泛应用,例如安防行业的人脸检测、车辆检测、行人检测等,机器人视觉中的目标检测以及无人驾驶中道路场景的目标检测等。

具体来说,目标检测算法需要解决"是什么、在哪里"的问题,即定位出这个目标的位置并且知道目标物是什么。本章将介绍常用目标检测数据集和评价指标以及目标检测算法发展过程中的一些主流方法,并将展开介绍目标检测算法发展过程中的一些技术脉络。

3.2 目标检测常用数据集及评价指标

3.2.1 常用目标检测数据集

建立更大的数据集和更少的偏差是开发先进的计算机视觉算法的关键。在目标检测方面,近 10 年来已经发布了许多知名的数据集和基准,包括 PASCAL VOC[101]、ImageNet[102]、MS-COCO(common objects in context)[103] 等数据集。表 3.1 列出了目前通用目标检测数据集。

表 3.1　通用目标检测数据集

数据集		训练集		验证集		测试集	
		图像数量	目标数量	图像数量	目标数量	图像数量	目标数量
PASCAL VOC	VOC-2007	2501	6301	2510	6307	4952	12032
	VOC-2012	5717	13609	5823	13841	11540	27450
	20 类： 人：person 动物：bird,cat,cow,dog,horse,sheep 车辆：aeroplane,bicycle,boat,bus,car,motorbike,train 室内：bottle,chair,dining table,potted plant,sofa,tv/monitor						
ImageNet	ILSVRC-2017	456567	478807	20121	55502	65500	—
	ImageNet 数据集涵盖 2 万多个类别； 总非空 synsets 数量：21841 总图像数量：14197122 带边框注释的图像数量：1034908 带尺寸不变特征变换(SIFT)特征的 synsets 数量：1000 带 SIFT 特征的图像数量：120 万						
MS-COCO	COCO-2014	82783	604907	40504	291875	40775	—
	COCO-2017	118287	860001	5000	36781	40670	—
	COCO 包含 80 个类： ['person','bicycle','car','motorcycle','airplane','bus','train','truck','boat','traffic light','fire hydrant','stop sign','parking meter','bench','bird','cat','dog','horse','sheep','cow','elephant','bear','zebra','giraffe','backpack','umbrella','handbag','tie','suitcase','frisbee','skis','snowboard','sports ball','kite','baseball bat','baseball glove','skateboard','surfboard','tennis racket','bottle','wine glass','cup','fork','knife','spoon','bowl','banana','apple','sandwich','orange','broccoli','carrot','hot dog','pizza','donut','cake','chair','couch','potted plant','bed','dining table','toilet','tv','laptop','mouse','remote','keyboard','cell phone','microwave','oven','toaster','sink','refrigerator','book','clock','vase','scissors','teddy bear','hair drier','toothbrush']						
Open Images	OID-2018	1743042	14610229	41620	204621	125436	625282
	Open Images 是一个由约 900 万张图像组成的数据集,包含 600 个类						

3.2.2　常用目标检测评价指标

计算机视觉目标检测即在给定图像中找出属于特定目标类别的对象的准确位置,并为每个对象实例分配对应的类别标签。目标检测的评价指标包含分类的评价指标,具体介绍如下。

1. 准确率

准确率(accuracy)是分对的样本数除以所有的样本数,即

$$准确率 = 正确预测的正反例数 / 总数$$

准确率一般用来评估模型的全局准确程度,不能包含太多信息,无法全面评价一个模型性能。

2. 混淆矩阵

混淆矩阵(confusion matrix)是对精度进行评价的一种格式,其横轴统计模型预测的类别数量,纵轴统计数据真实标签的数量。对角线表示模型预测和数据标签一致的数目,所以对角线之和除以测试集总数就是准确率。

例如,假设已经训练好了一个系统用来区分马和牛。现假设共15个动物的样本,9匹马和6头牛,混淆矩阵的结果可能如表3.2所列。

表 3.2 混淆矩阵

预测/实际		预测的类别	
		马	牛
实际的类别	马	6	2
	牛	4	3

在这个混淆矩阵中,系统预测了10匹实际的马,其中系统预测的4匹是牛,而5头牛中,则预测有2头是马。所有正确的预测都位于表格的对角线上(以灰底色突出显示),因此很容易从视觉上检查表格中的预测错误,因为它们将由对角线之外的值表示。

对角线上数字越大越好,说明模型对该类的预测准确率越高。

3. 召回率与精确率

分类目标只有两类,计为正例(positive)和负例(negtive):

(1) True positives(TP):正样本被正确识别为正样本;

(2) False positives(FP):假的正样本,即负样本被错误识别为正样本;

(3) False negatives(FN):假的负样本,即正样本被错误识别为负样本;

(4) True negatives(TN):负样本被正确识别为负样本。

召回率(recall)又称为查全率,预测为正例的样本中正确的数量除以真正的正例的数量,即

$$recall = TP/(TP + FN) = TP/P \tag{3.1}$$

该值越大越好,1为理想状态。

精确率(precision)又称为查准率,被分为正例的示例中实际为正例的比例,即

$$precision = TP/(TP + FP) \tag{3.2}$$

该值越大越好,1为理想状态。

精确率召回率(precision-recall,PR)曲线一般以 recall 为 x 轴,precision 为 y 轴。改变识别阈值,阈值的变化同时会导致 precision 与 recall 值发生变化,从而得到曲线如图 3.1 所示。

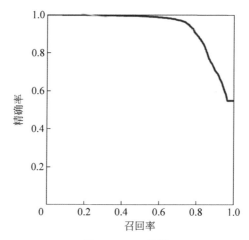

图 3.1 PR 曲线

如果一个分类器的性能比较好,那么它应该有如下的表现:在 recall 值增长的同时,precision 的值保持在一个很高的水平。而性能比较差的分类器可能会损失很多 precision 值才能换来 recall 值的提高。通常情况下,文章中都会使用 PR 曲线,来显示出分类器在 precision 与 recall 之间的权衡。

4. ROC 曲线

FP rate(FPR):FP 占整个负例的比例,就是说原本是负例预测为正例的比例,越小越好。

TP rate(TPR):TP 占整个正例的比例。

受试者工作特征(receiver operating characteristic,ROC)曲线是一种描述灵敏度的评价指标。ROC 曲线可以通过计算样本的真阳性率 TPR 和假阳性率 FPR 得到,因此 ROC 曲线也叫作相关操作特征曲线。与 PR 曲线相反,ROC 曲线的趋势是向右上角凸起的一条曲线,如图 3.2 所示。评价两条 ROC 曲线的性能优劣,通常计算曲线下面积 AUC(area under the curve),面积越大则代表检测器性能越好。

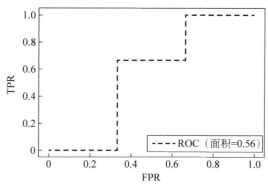

图 3.2 ROC 曲线

5. AP 与 mAP

平均精度（average precision，AP）就是 PR 曲线下面的面积，其取值范围为 $0\sim$ 100%，用来衡量算法在单个类别上的平均精度，指验证集中该类的所有精确率的和除以含有该类别目标的图像数量，$\mathrm{AP}=\dfrac{\sum precision_c}{images_c}$。一般来说，分类器越好，AP 值越高。

计算：11 点插值法和所有点插值法。11 点插值法：VOC2010 以前，选取当 recall$\geqslant 0,0.1,0.2,\cdots,1$ 共 11 个点时的 precision 最大值，AP 是这 11 个 precision 的平均值，此时只由 11 个点去近似 PR 曲线下面积。

mAP（mean average precision）是多个类别 AP 的总体平均值，$\mathrm{mAP}=$ $\dfrac{\sum\limits_{k=0}^{C}AP_k}{C}$。mAP 的大小一定在 $[0,1]$ 区间，越大越好。AP 衡量的是学出来的模型在单个类别上的好坏，mAP 衡量的是学出的模型在所有类别上的好坏，该指标是目标检测中最重要的指标之一。

6. IoU

IoU（intersection over union）表示产生的候选框（candidate bound）与真实标记框（ground truth bound）的重叠度，即二者的交集与并集的比值。IoU 越高，二者的相关度越高。其取值范围为 $0\sim100\%$。判断两个矩形框的重叠程度，值越高则重叠程度越高，即两个框越靠近。

IoU 计算公式为

$$\mathrm{IoU}=\frac{\mathrm{Box1}\bigcap\mathrm{Box2}}{\mathrm{Box1}\bigcup\mathrm{Box2}} \tag{3.3}$$

式中：Box1 与 Box2 分别是两个目标框的位置坐标；$\bigcap$ 和 $\bigcup$ 表示两个目标框的交集和并集中所包含的像素量。

7. 检测速度

目标检测技术的很多实际应用在准确度和速度上都有很高的要求，如果不计速度性能指标，只注重准确度表现的突破，其代价是更高的计算复杂度和更多内存需求，对于全面行业部署而言，可扩展性仍是一个悬而未决的问题。一般来说目标检测中的速度评价指标有：每秒帧数（FPS），检测器每秒能处理图片的帧数；检测器处理每张图片所需要的时间。

3.3　传统目标检测算法

在 2014 年 CNN 被引入目标检测之前，采用传统方法的目标检测经历了很长时间的发展。

Viola-Jones 算法是 Paul Viola 和 Michael J. Jones 在 2001 年共同提出的一种人脸检测方法[104]，该方法采用 Haar 算子提取滑动窗内的特征，图 3.3 为作者设计的四种特征，特征提取过程即是分别对白色和条纹区域的像素求和后再求两者之差，之后采用级联的 AdaBoost 分类器判断是否是人脸。

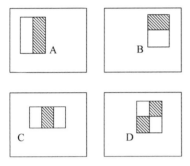

图 3.3　滑动窗内的四种特征

该方法的创新主要有以下三点。

（1）采用了积分图像，假设有一幅图像 A，它对应的积分图像的每一点(x,y)的值为$(0,0,x,y)$所表示的矩形中所有值之和，因此，对于一个滑动窗来说，对该区域内部像素求和可以转化为其右下角积分值减去左下角、右上角积分值再加上左上角积分值，这种策略可以有效减少特征提取过程中的计算量。

（2）Haar 算子在各类不同尺度上提取的特征总维数接近 18000 维，这些特征具有信息冗余，并且计算代价较大，针对这个问题，作者采用 AdaBoost 算法从中选择部分关键特征。

（3）作者采用了级联多个 AdaBoost 分类器，每一级别的分类器都需要判断当前输入特征是否为人脸，判断为非人脸背景区域则终止计算，计算量越大的分类器越靠后，因此该策略可以节省较为容易判断的背景区域的计算量，使得更复杂、能力更强的分类器专注于更像是人脸的区域的判断。

在 2005 年，方向梯度直方图（histogram of oriented gradients，HOG）[105]特征被提出，这种特征能较好地适应图像中尺度、光照等变化，在之后很长一段时间都是许多目标检测方法的基础[106-107]。这种特征提取的步骤如图 3.4 所示。

（1）采用 Gamma 校正对输入图像进行颜色空间的归一化，目的是减少光照变化所造成的影响，同时抑制噪声的干扰。

（2）计算每个像素的梯度。首先由式（3.4）得到像素点水平方向和竖直方向的梯度值，之后，该像素点的梯度幅值和方向可以由式（3.5）得到，其中$(H(x,y)$、$G_x(x,y)$、$G_y(x,y)$分别表示像素(x,y))处的像素值以及其水平、竖直方向的梯度。

$$\begin{cases} G_x(x,y) = H(x+1,y) - H(x-1,y) \\ G_y(x,y) = H(x,y+1) - H(x,y-1) \end{cases} \tag{3.4}$$

$$G(x,y) = \sqrt{G_x(x,y)^2 + G_y(x,y)^2} \tag{3.5}$$

$$\alpha(x,y) = \arctan\left(\frac{G_y(x,y)}{G_x(x,y)}\right) \tag{3.6}$$

（3）分割细胞单元，构建直方图。每(8×8)个像素作为细胞单元（cell），将其

梯度加权投影到具有 9 个箱子的直方图上面，其中 9
个箱子是根据梯度的角度范围划分得到的，由此，就
可以得到每个细胞单元的描述特征向量。

（4）前景背景对比度或光照的影响会导致一些区
域的梯度变化非常大，为了降低这类情况的影响，就
需要再进一步对梯度进行归一化，具体来说，即是将
相邻的细胞单元组成块（block），之后对每个方块进
行归一化处理。

（5）将检测窗内部的所有块的梯度特征收集，结
合形成最终的 HOG 特征向量用以进行后续的分类。

获取最终的特征后，即可采用支持向量机（SVM）
等方法进行判别是否为所需检测的目标。

此后的 DPM（deformable part model），即可变形
组件模型，是由 Felzenszwalb 在 2008 年提出[106]的一
种基于组件的检测算法，其对于 HOG 特征进行了一
些扩展。该方法的主要特点是改进了 HOG 特征，采
用一个根滤波器和多组件滤波器的策略，更好地解决
了目标本身形变的问题。

总体而言，传统的目标检测算法主要有三个步
骤：①选择待检测的区域；②对待检测的区域提取特

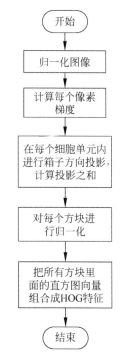

**图 3.4　方向梯度直方图特征
提取的步骤**

征；③根据特征判断该区域是否有待检测的目标。深度学习引入后的目标检测与
此是一脉相承的。

3.4　基于深度学习的双阶目标检测算法

3.4.1　双阶目标检测网络发展历程

自从 2012 年卷积神经网络显示出极大的性能优势之后，深度学习方法开始在
图像领域得到广泛的应用，2014 年，R. Girshick[108]首次将卷积神经网络引入目标
检测领域，从此之后基于深度学习的目标检测方法有了长足的发展。

1. R-CNN

R-CNN[108]相对传统方法的主要进步即是采用 CNN 替换传统的特征工程，
CNN 优异的高级语义提取能力大幅度提升了 R-CNN 相对于传统目标检测方法的
性能，在 VOC07 上，R-CNN 的 map 指标达到 58.5%，相对于传统 DPM-v5 方法的
33.7%提升显著。

R-CNN 的整体思路如图 3.5 所示。首先使用选择性搜索（selective search）方

法获取约 2000 个候选区域,将每个候选区域都缩放到特定尺度后送入 CNN 网络提取特征,最后使用 SVM 分类器判断所属的目标类别;同时,利用线性回归来进一步矫正目标框,从而最终实现目标检测。

图 3.5　R-CNN[108] 的整体思路

2. Fast R-CNN

对于每个候选区域,R-CNN 都将其缩放后送入 CNN 网络提取特征,然而约 2000 个候选区域会存在大量重叠,造成重叠区域特征的重复提取,因此,R-CNN 的速度慢是其最大的短板。

针对该问题,Kaiming He 等提出 SPP-net[109],即只对整张图像提取一次特征,将候选区域映射到最后的特征图上获取该区域的特征。问题是不同的候选区域尺度不一,如何利用不同尺度的特征图获取同样尺度的特征成为主要问题,该论文最大的改进是提出了空间金字塔池化(spatial pyramid pooling,SPP)层,这种网络层进行空间金字塔池化,具体来说,假设当前特征图的深度为 d,先将候选区域特征图分割为 4×4、2×2、1×1 的网格,每个网格内进行最大池化,从而得到 $4\times4\times d$、$2\times2\times d$、$1\times1\times d$ 维特征,连起来就得到了固定尺度的特征。

R-CNN 的作者 R. Girshick 基于类似的思路提出了 Fast R-CNN,其整体结构如图 3.6 所示,其中候选区域映射到特征图上后,利用感兴趣区域(region of interest,ROI)池化层将该区域的特征图池化为固定尺寸的特征向量,ROI 池化实际上简化了空间金字塔池化,假设当前特征图的深度为 d,将候选区域特征图分割为 $k\times k$ 的网格,每个网格内进行最大池化,则可得到 $k\times k\times d$ 的固定尺度特征。固定尺寸特征会送入全连接层中,后接两个分支,一个分支产生 softmax 的概率估计用于分类,一个分支用于精确回归目标框。

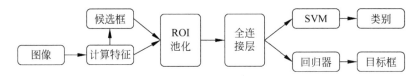

图 3.6　Fast R-CNN 整体结构

依靠 softmax 的概率估计替换原来的 SVM 分类器后,目标的类别判别和目标框的位置回归可合并到一个多任务损失函数中,由此,除了候选目标区域外,Fast R-CNN 基本实现了端到端的检测。

3. Faster R-CNN

采用传统方法进行候选区域的提取限制了目标检测网络的端到端训练。2015年,S. Ren 等提出快速区域卷积神经网络(faster R-CNN),其中的突出贡献是RPN(region proposal networks),由此实现了真正的端到端检测。如图 3.7 为Faster R-CNN 的整体结构,由两个模块组成,一是获取候选区域的 RPN;二是基于候选区域进行检测的 Fast R-CNN 检测器,它将 RPN 网络获取的候选区域映射到特征图后进行 ROI 池化,最后对各个特征进行目标分类及目标框的精细回归,两者都复用了相同的特征图。

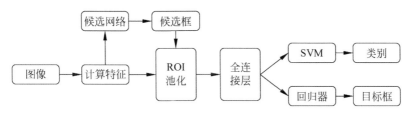

图 3.7　Faster R-CNN 的整体结构

本质上,RPN 网络即是在原图尺度的各个位置上设置了各种尺度的滑动窗,对每个滑动窗判断其中是否有前景目标,并对其进行初步的位置回归。在原论文中,这种不同尺度的滑动窗被称为锚点(anchor),作者在每个滑动窗位置上设置 9 个不同尺寸的锚点,包括 128、256、512 三种尺度和 2∶1、1∶1、1∶2 三种比例,如图 3.8 所示,对于每个滑动窗位置,假设配置了 k 种不同尺寸的滑动窗,对其前景、背景的预测可得 $2k$ 个预测值,对其位置尺度的预测可得 $4k$ 个预测值,这些预测信息实际上达成了目标区域选择的功能。

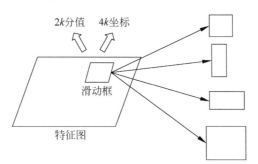

图 3.8　每个滑动窗的预测值

式(3.7)为区域生成网络(region proposal network,RPN)的损失函数,i 为单个 batch 中锚点的序号;左式为分类损失,p_i 为该锚点预测为前景目标的概率,如该锚点实际与前景目标匹配,则 p_i^* 为 1,否则为 0,L_{cls} 为前景预测的对数损失,N_{cls} 为 batch 的数量,用于归一化;右式为位置回归损失,可见 p_i^* 的加入使得只有与前景匹配的锚点才进行位置损失的计算，t_i 为该锚点预测框相对于锚点的偏移量，t_i^* 为真值目标框相对于锚点的偏移量，L_{reg} 为稳健损失函数（smooth L1），N_{reg} 为锚点的数量，用于归一化，λ 则为平衡权重。

$$L(\{p_i\},\{t_i\}) = \frac{1}{N_{cls}}\sum_i L_{cls}(p_i, p_i^*) + \lambda \frac{1}{N_{reg}}\sum_i p_i^* L_{reg}(t_i, t_i^*) \tag{3.7}$$

RPN 网络提供的候选区域映射到特征图后，ROI 池化层负责将候选区域的特征图池化为固定尺度的特征，后续经过全连接层，分为两个分支，一是通过 softmax 预测类别，二是进一步精确地回归目标框的位置。

以上是 Faster R-CNN 的整体结构，这种经典的二阶目标检测方法首次达成了基于 CNN 的端到端目标检测，在目标检测算法的发展历程中具有重要的意义。

3.4.2　双阶目标检测网络的样本不平衡处理方法

对基于滑动窗的目标检测方法来说，非目标区域与目标区域的比例为 $10^4 \sim 10^5$，如此大的差距使得训练过程中大量的负样本将主导梯度方向，覆盖少量正样本造成的损失，从而使得学习效率降低。难例挖掘（hard negative mining）技术即主要针对该训练过程中的样本不平衡问题。

R-CNN 中引用了传统的 Bootstrap 方法[110]，该方法首先使用负样本的子集训练，之后选择被错分的负样本构成新的负样本集，循环迭代，对于人脸检测来说，大体流程如下。

（1）使用训练集中一小部分没有人脸的样本构成负样本集。

（2）使用现有样本集训练模型。

（3）对于一批随机图片，使用模型进行人脸检测，会产生一批本为非人脸但是被错分为人脸的假正例样本，将这批样本加入负样本集。

（4）转至第二步。

总体而言，该策略即是不断将容易被错分的负样本加入训练集中，使得模型对于样本的区分能力逐步提高。

深度学习时期，使用 Bootstrap 方法需要交替地固定模型获取负样本难例再进行训练，从而使得训练速度受到很大影响，因此，在线难例挖掘（online hard example mining）应运而生[111]，作者以 Fast-RCNN 为实验对象，这种方法的大体流程为：计算每个 ROI 的损失，按照损失的大小排序 ROI，设 B 为一个 batch-size 中 ROI 的总数量，N 为 batch-size 的大小，为每张图选择 B/N 个损失最大的 ROI 作为难例。同时，许多位置几乎重叠的 ROI 可能都将产生很大的损失，这些样本被一同选入难例会使得其他的 ROI 被忽略，为了避免这种冗余现象的产生，使用非极大值抑制（NMS）删除一部分重合度高的 ROI 后再进行上述的难例挖掘。

正负样本的不平衡本质上也是样本难易的不平衡,在线难例挖掘方法虽然实际上增加了错分负样本的权重,但是忽视了容易分类的正样本,为了解决这个问题,Focal Loss[112]通过改进交叉熵损失函数使得模型训练过程中同时消除样本类别的不平衡以及样本难易的不平衡,在训练中更加专注于难分类的样本。

如式(3.8)为标准的交叉熵损失函数,p 为样本类别的预测置信度,y 为样本标签,当 p_t 越逼近 1 时损失越小,Focal Loss 如式(3.10)所示,其贡献即增加了 α_t 和 $(1-p_t)^\gamma$ 两项,其中 α_t 用于平衡样本类别,$(1-p_t)^\gamma$ 则用于平衡样本的难易,p_t 越接近于 0,说明该样本错分带来的损失越大,即样本越难分,因此系数项 $(1-p_t)^\gamma$ 则越大,使得该难例在总的损失中占据更大的权重。

$$CE(p_t) = -\log(p_t) \tag{3.8}$$

$$p_t = \begin{cases} p & y=1 \\ 1-p & 其他 \end{cases} \tag{3.9}$$

$$FL(p_t) = -\alpha_t(1-p_t)^\gamma \log(p_t) \tag{3.10}$$

$$p_t = \begin{cases} p & y=1 \\ 1-p & 其他 \end{cases} \tag{3.11}$$

$$\alpha_t = \begin{cases} \alpha & y=1 \\ 1-\alpha & 其他 \end{cases} \tag{3.12}$$

3.5　基于深度学习的单阶目标检测算法

3.5.1　单阶目标检测网络发展历程

图 3.9 展示了 2016 年以来基于深度学习的单阶目标检测技术的主要发展和里程碑算法。

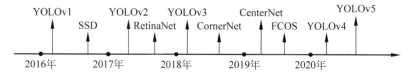

图 3.9　基于深度学习的单阶目标检测技术的主要发展和里程碑算法

单阶目标检测技术是端到端的物体检测,直接对特征图上每个位置的对象进行类别预测,不经过二阶中的区域分类步骤。单阶检测器更省时,在实时目标检测方面具备更强的适用性。

3.5.2 单阶目标检测网络关键技术

1. You Only Look Once(YOLO)

1) YOLOv1

YOLO[113]由 Joseph Redmon 等于 2015 年提出。它是深度学习时代的第一个单阶目标检测器。YOLOv1 的基本思想是将输入图像分成 $S \times S$ 个栅格,若某个物体 ground truth 的中心位置的坐标落入某个栅格,那么这个栅格就负责检测出这个物体。每个格子预测 B 个边界框(bounding box)及其置信度(confidence score),以及 C 个类别概率。bbox 信息(x,y,w,h)为物体的中心位置相对格子位置的偏移及宽度和高度,均被归一化。置信度包含两个方面,一是这个边界框含有目标的可能性大小,二是这个边界框的准确度。

YOLOv1 网络架构如图 3.10 所示,是借鉴了 GoogLeNet[114]分类网络结构。不同的是,YOLO 未使用 inception 模块,而是使用 1×1 卷积层(此处 1×1 卷积层的存在是为了跨通道信息整合)和 3×3 卷积层简单替代。网络在最后使用全连接层进行类别输出,因此全连接层的输出维度是 $S \times S \times (B \times 5 + C)$。

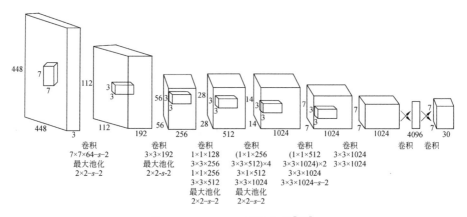

图 3.10 YOLOv1 网络架构[113]

YOLOv1 全部使用了均方和误差作为损失函数。其由三部分组成:坐标误差、IoU 误差和分类误差。

YOLOv1 采用一个 CNN 网络来实现检测,是单管道策略,其训练与预测都是端到端,所以算法比较简洁且速度快,但也存在诸多缺点:一是每个单元格仅仅预测两个边界框,而且属于一个类别,对于小物体而言表现会不尽如人意;二是在物体的宽高比方面泛化率低,也就是无法定位不寻常比例的物体;三是定位不够准确。

2) YOLOv2

为提高物体定位精准性和召回率,YOLO 作者提出了 YOLOv2[115],相比 YOLOv1 提高了训练图像的分辨率;引入了 faster rcnn 中锚框的思想,对网络结构的设计进行了改进,输出层使用卷积层替代 YOLO 的全连接层,联合使用 COCO 物体检测标注数据和 ImageNet 物体分类标注数据训练物体检测模型。相比 YOLOv1,YOLOv2 在识别种类、精度、速度和定位准确性等方面都有大幅提升。

YOLOv2 做的改进如表 3.3 所示,其中比较重要的改进有锚框的引入和网络结构的变化。

表 3.3 YOLOv2 较之 YOLOv1 的改进[115]

改进点	YOLOv1	是否使用							YOLOv2
批归一化?		√	√	√	√	√	√	√	√
高分辨率分类器?			√	√	√	√	√	√	√
卷积?				√	√	√	√	√	√
锚框?				√	√				√
新网络?					√	√	√	√	√
位置预测?						√	√	√	√
尺寸先验?						√	√	√	√
转移?							√	√	√
多尺度?								√	√
高分辨率检测器?									√
VOC2007 mAP	63.4	65.8	69.5	69.2	69.6	74.4	75.4	76.8	78.6

YOLOv2 借鉴 Faster R-CNN 的思想预测边界框的偏移,移除了 YOLOv1 的全连接层,并且删掉了一个池化层使得特征的分辨率更大一些。另外调整了网络的输入(448→416)以使得位置坐标是奇数,只有一个中心点。YOLOv1 中每张图片预测 $7 \times 7 \times 2 = 98$ 个框,而 YOLOv2 的锚框能预测超过 1000 个,很好地解决了 YOLOv1 存在宽高比泛化率低的问题。

YOLOv2 设计了一个新的分类网络 Darknet19 如表 3.4 所示,类似于 VGG 的设计。主要使用 3×3 卷积并在池化之后将通道数加倍;利用全局平均池化替代全连接做预测分类,并在 3×3 卷积之间使用 1×1 卷积压缩特征表示;使用批归一化来提高稳定性,加速收敛。值得一提的是,YOLOv2 在检测子网络中添加了跨层跳跃连接(借鉴 ResNet 等思想),融合粗细粒度的特征来提升检测性能。

表 3.4 YOLOv2 的 Darknet19 结构[115]

类　　型	卷　积　核	尺寸/步幅	输　　出
卷积层	32	3×3	224×224
最大池化层		$2 \times 2/2$	112×112
卷积层	64	3×3	112×112
最大池化层		$2 \times 2/2$	56×56
卷积层	128	3×3	56×56

续表

类　　型	卷　积　核	尺寸/步幅	输　　出
卷积层	64	1×1	56×56
卷积层	128	3×3	56×56
最大池化层		2×2/2	28×28
卷积层	256	3×3	28×28
卷积层	128	1×1	28×28
卷积层	256	3×3	28×28
最大池化层		2×2/2	14×14
卷积层	512	3×3	14×14
卷积层	256	1×1	14×14
卷积层	512	3×3	14×14
卷积层	256	1×1	14×14
卷积层	512	3×3	14×14
最大池化层		2×2/2	7×7
卷积层	1024	3×3	7×7
卷积层	512	1×1	7×7
卷积层	1024	3×3	7×7
卷积层	512	1×1	7×7
卷积层	1024	3×3	7×7
卷积层	1000	1×1	7×7
平均池化层		全局	1000
归一化指数函数			

YOLOv2 的速度很快,在 416×416 的分辨率输入下能达到 67 FPS。然而,相较于 Two-Stage 的方案,精度方面仍有所欠缺。

3) YOLOv3

YOLOv3[116] 采用了新的 Darknet53 作为基础网络。YOLOv3 在保持速度的同时,精度上有较大提升。Darknet53 设计仿 ResNet,与 ResNet-101 或 ResNet-152 准确率接近,但速度更快。YOLOv3 共有 107 层网络,其中卷积层(conv)为 75层;卷积核尺寸/步长为 3×3/1、3×3/2、1×1/1 三种;每层卷积层卷积核个数分别为 32、64、128、256、512、1024、75 七种。YOLOv3 模型结构如图 3.11 所示。

YOLOv3 较之 YOLOv1 和 YOLOv2 版本,一个重要的创新在于多尺度预测。

尺度 1:在基础网络之后添加一些卷积层再输出框信息。网络特征图的输出尺寸为输入尺寸的 1/32,比如输入尺寸为 608×608,则输出尺寸为 608/32=19,因此输出特征图的尺寸为 19×19。

尺度 2:从尺度 1 中的倒数第二层,第 84 层卷积层上采样(×2)再与第 61 层,最后一个 38×38 大小的特征图在深度维度(通道维度)上进行拼接,再经过若干卷积层(对融合的特征信息进一步处理)输出 box 信息,相比尺度 1 增大两倍,输出特征图的尺寸为 38×38。

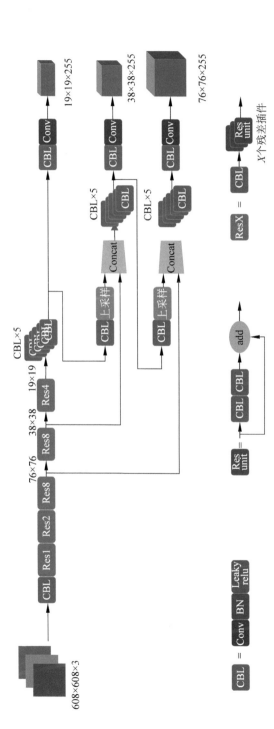

图 3.11 YOLOv3 模型结构[117]

尺度 3：与尺度 2 类似，输出特征图的尺寸为 76×76。

4）YOLOv4

在 YOLO 系列的原作者 Joseph Redmon 宣布退出计算机视觉（computer vision，CV）领域后，表明官方不再更新 YOLOv3。但在过去的几年中，AlexeyAB 继承了 YOLO 系列的思想和理念，在 YOLOv3 的基础上不断进行改进和开发，于 2020 年 4 月发布 YOLOv4[118]，并得到了原作者 Joseph Redmon 的承认。YOLOv4 可以使用传统的 GPU 进行训练和测试，并能够获得实时的、高精度的检测结果。YOLOv4 在与 EfficientDet 性能相当的情况下，推理速度比其快两倍，相比 YOLOv3 的 AP 和 FPS 分别提高了 10% 和 12%。YOLOv4 模型结构如图 3.12 所示。

YOLOv4 的结构图和 YOLOv3 相比，因为多了跨阶段部分网络（CSP）结构和路径聚合网络（PAN）结构，如果单纯看可视化流程图，会觉得很绕，不过在绘制出上面的图形后，会觉得豁然开朗，其实整体架构和 YOLOv3 是相同的，不过使用各种新的算法思想对各个子结构都进行了改进。

先整理下 YOLOv4 的五个基本组件。

（1）CBM：YOLOv4 网络结构中的最小组件，由 Conv＋Bn＋Mish 激活函数三者组成。

（2）CBL：由 Conv＋Bn＋Leaky_relu 激活函数三者组成。

（3）Res unit：借鉴 Resnet 网络中的残差结构，让网络可以构建得更深。

（4）CSPX：借鉴 CSPNet 网络结构，由卷积层和 X 个 Res unint 模块 Concate 组成。

（5）SPP：采用 1×1、5×5、9×9、13×13 的最大池化的方式，进行多尺度融合。

其他基础操作：Concat——张量拼接，维度会扩充，和 YOLOv3 中的解释一样，对应于 cfg 文件中的 route 操作。add——张量相加，不会扩充维度，对应于 cfg 文件中的 shortcut 操作。

骨干网中卷积层的数量：和 YOLOv3 一样，再来数一下骨干网里面的卷积层数量。每个 CSPX 中包含 5＋2×X 个卷积层，因此整个主干网络中一共包含 1＋(5＋2×1)＋(5＋2×2)＋(5＋2×8)＋(5＋2×8)＋(5＋2×4)＝72。

YOLOv4 本质上和 YOLOv3 相差不大，但 YOLOv4 组合尝试了大量深度学习领域最新论文的 20 多项研究成果，改进效果是非常优秀的。

5）YOLOv5

YOLOv5 官方代码[193]中，给出的目标检测网络中一共有 4 个版本，分别是 YOLOv5s、YOLOv5m、YOLOv5l、YOLOV5x。YOLOv5s 网络是 YOLOv5 系列中深度最小，特征图的宽度最小的网络。后面的 3 种都在此基础上不断加深、不断加宽。图 3.13 所示为 YOLOv5 模型结构。可以看出，YOLOv5 的结构和 YOLOv4 很相似。

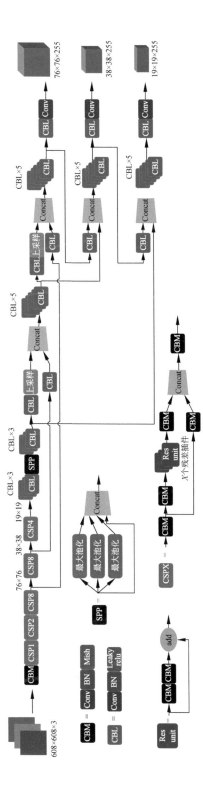

图 3.12 YOLOv4 模型结构[117]

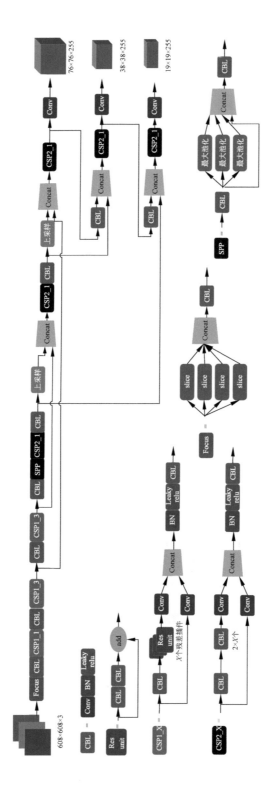

图 3.13 YOLOv5 模型结构[117]

YOLOv5 与之前 YOLO 系列的不同点如下。

(1) Focus 结构。YOLOv5 的骨干网中采用了 Focus 结构,在 YOLOv3&YOLOv4 中并没有这个结构,其中比较关键是切片操作。比如将 $4 \times 4 \times 3$ 的图像切片后变成 $2 \times 2 \times 12$ 的特征图。以 YOLOv5s 的结构为例,原始 $608 \times 608 \times 3$ 的图像输入 Focus 结构,采用切片操作,先变成 $304 \times 304 \times 12$ 的特征图,再经过一次 32 个卷积核的卷积操作,最终变成 $304 \times 304 \times 32$ 的特征图。需要注意的是:YOLOv5s 的 focus 结构最后使用了 32 个卷积核,而其他三种结构使用的数量有所增加。

(2) CSP 结构。YOLOv4 网络结构中,借鉴了 CSPNet 的设计思路,在主干网络中设计了 CSP 结构。YOLOv5 与 YOLOv4 的不同点在于,YOLOv4 中只有主干网络使用了 CSP 结构。而 YOLOv5 中设计了两种 CSP 结构,以 YOLOv5s 网络为例,CSP1_X 结构应用于骨干网络,另一种 CSP2_X 结构则应用于颈部中。

(3) 颈部结构。YOLOv5 现在的颈部和 YOLOv4 中一样,都采用特征金字塔网络(FPN)+PAN 的结构,但在 YOLOv5 刚出来时,只使用了 FPN 结构,后面才增加了 PAN 结构,此外网络中其他部分也进行了调整。YOLOv4 的 Neck 结构中,采用的都是普通的卷积操作。而 YOLOv5 的颈部结构中,采用借鉴 CSPnet 设计的 CSP2 结构,加强网络特征融合的能力。

在上面 YOLOv5 模型结构图中,画了两种 CSP 结构:CSP1 和 CSP2。如前所述,CSP1 结构主要应用于骨干网中,CSP2 结构主要应用于颈部中。图 3.14 为 YOLOv5 四种网络结构的深度和宽度分布。

如图 3.14 所示,四种网络结构中每个 CSP 结构的深度都是不同的。

以 YOLOv5s 为例,第 1 个 CSP1 中,使用了 1 个残差组件,因此是 CSP1_1。而在 YOLOv5m 中,则增加了网络的深度,在第 1 个 CSP1 中,使用了 2 个残差组件,因此是 CSP1_2。而 YOLOv5l 中,同样的位置,则使用了 3 个残差组件,YOLOv5x 中,使用了 4 个残差组件。其余的第 2 个 CSP1 和第 3 个 CSP1 也是同样的原理。

在第二种 CSP2 结构中也是同样的方式,以第一个 CSP2 结构为例,YOLOv5s 组件中使用了 $2 \times X = 2 \times 1 = 2$ 个卷积,因为 $X = 1$,所以使用了 1 组卷积,因此是 CSP2_1。而 YOLOv5m 中使用了 2 组,YOLOv5l 中使用了 3 组,YOLOv5x 中使用了 4 组。其他的 4 个 CSP2 结构也是同理。

YOLOv5 中,网络的不断加深,也在不断增加网络特征提取和特征融合的能力。

如图 3.14 表格中所示,4 种 YOLOv5 结构在不同阶段的卷积核的数量都是不一样的,因此也直接影响卷积后特征图的第三维度,即厚度,本文这里表示为网络的宽度。

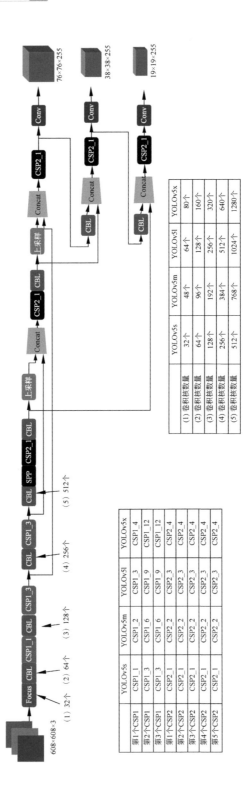

	YOLOv5s	YOLOv5m	YOLOv5l	YOLOv5x
第1个CSP1	CSP1_1	CSP1_2	CSP1_3	CSP1_4
第2个CSP1	CSP1_3	CSP1_6	CSP1_9	CSP1_12
第3个CSP1	CSP1_3	CSP1_6	CSP1_9	CSP1_12
第1个CSP2	CSP2_1	CSP2_2	CSP2_3	CSP2_4
第2个CSP2	CSP2_1	CSP2_2	CSP2_3	CSP2_4
第3个CSP2	CSP2_1	CSP2_2	CSP2_3	CSP2_4
第4个CSP2	CSP2_1	CSP2_2	CSP2_3	CSP2_4
第5个CSP2	CSP2_1	CSP2_2	CSP2_3	CSP2_4

	YOLOv5s	YOLOv5m	YOLOv5l	YOLOv5x
(1) 卷积核数量	32个	48个	64个	80个
(2) 卷积核数量	64个	96个	128个	160个
(3) 卷积核数量	128个	192个	256个	320个
(4) 卷积核数量	256个	384个	512个	640个
(5) 卷积核数量	512个	768个	1024个	1280个

图 3.14 YOLOv5 四种网络结构的深度和宽度分布[117]

以 YOLOv5s 结构为例,第一个 Focus 结构中,最后卷积操作时,卷积核的数量是 32 个,因此经过 Focus 结构,特征图的大小变成 304×304×32。而 YOLOv5m 的 Focus 结构中的卷积操作使用了 48 个卷积核,因此 Focus 结构后的特征图变成 304×304×48。YOLOv5l、YOLOv5x 也是同样的原理。

第二个卷积操作时,YOLOv5s 使用了 64 个卷积核,因此得到的特征图是 152×152×64。而 YOLOv5m 使用 96 个特征图,因此得到的特征图是 152×152×96。YOLOv5l、YOLOv5x 也是同样的原理。

后面三个卷积下采样操作也是同样的原理。

四种不同结构的卷积核的数量不同,这也直接影响网络中,比如 CSP1、CSP2 等结构,以及各个普通卷积,卷积操作时的卷积核数量也同步在调整,影响整体网络的计算量。当然卷积核的数量越多,特征图的厚度,即宽度越宽,网络提取特征的学习能力也越强。

6）YOLOv6

相较于 YOLOv4 和 YOLOv5 更注重数据增强,YOLOv6[119] 则对网络结构进行了较大幅度的修改,如图 3.15 所示。首先,YOLOv6 的骨干网络不再使用 Cspdarknet,而是采用了 EfficientRep,相较于 Rep,EfficientRep 则更加高效;其次,它的颈部也是基于 Rep 和 PAN 搭建了 Rep-PAN 的结构;最后,预测层则是借鉴了 Yolox,进行了解耦,并且加入了更为高效的结构。

YOLOv6 为了模型更便于实际部署,在骨干网络中舍弃了对硬件不友好的 CSPNet 结构,而是采用了相对友好的 EfficientRep,EfficientRep 是 Rep 结构的一种改良,如图 3.15 所示,RepVGG 为每一个 3×3 的卷积添加了一个 1×1 的卷积分支和恒等映射的分支,这种结构就构成了一个 RepVGG Block。和残差结构不同的是,RepVGG 是每一层都添加这种结构,而残差结构是每隔两层或者三层才添加。

在颈部网络层中,同样是为了降低计算延迟,YOLOv6 采用了 Rep-PAN 结构,这是将 PAN 结构中的 CSP-Block 替换为 RepBlock。最后在预测层,YOLOv6 采用了对不同尺度目标更友好的 anchor-free 方法。

7）YOLOv7

在 YOLOv6 提出后仅两个星期,YOLOv4 的原创团队就提出了 YOLOv7[120],这个版本的 YOLO 又回到了 anchor-base 的目标检测框架中,并且在精度和速度等综合性能上均优于其他所有网络。如图 3.16 所示,YOLOv7 的网络框架和 YOLOv5 大致相同,不同之处在于 YOLOv7 提出了一个高效层聚合网络（ELAN）层,并且也采用了对硬件计算更友好的 Rep 层。

ELAN 层是在 VoVNet 的基础上融入了 CSPNet 分割梯度流的思想提出的,由多个 CBS（Conv＋BN＋SiLU）模块组成,每个 CBS 模块由一个卷积操作与批归

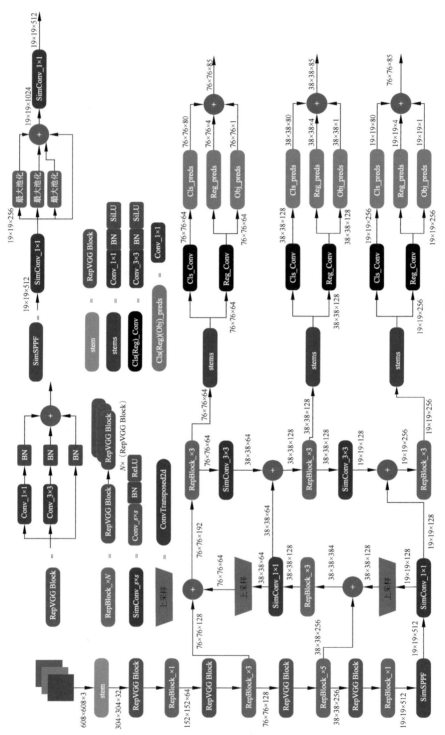

图 3.15 YOLOv6 模型结构[119]

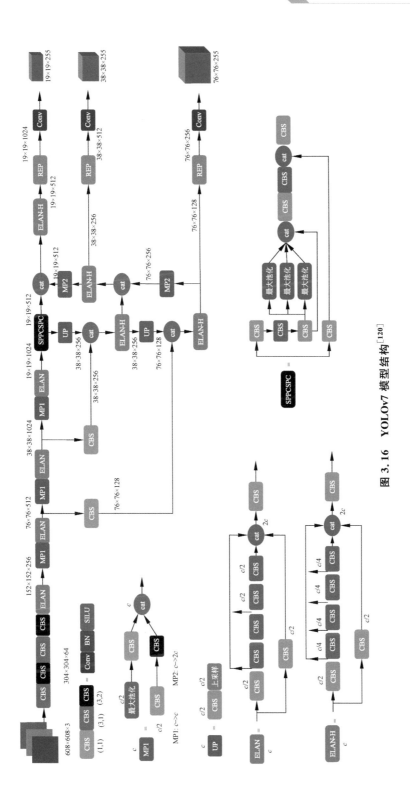

图 3.16 YOLOv7 模型结构[120]

一化、激活组成,这里的 CBS 模块其实是沿用 YOLOv5 的卷积套件组。如图 3.16 所示,ELAN 层为特征层经过多个 CBS 模块降采样然后拼接组成。ELAN 结构的一个优势就是在每个分支的操作中,输入通道都与输出通道保持一致,仅仅是最开始的两个 1×1 卷积有通道上的变化。在多年的检测网络发展中,我们早已得知保持特征层输入输出通道相等是一条设计网络的高效准则。YOLOv7 在 ELAN 层的基础上设计一个 E-ELAN 层,即在 ELAN 层的基础上增加了更多的 Block 模块,但是在官方代码 v0.1 版本中暂时未用到。

2. SSD(single shot multi box detector)

SSD[121] 由 W. Liu 等于 2015 年提出。这是深度学习时代的第二个单阶目标检测器。SSD 和 YOLO 一样都是采用一个 CNN 网络来进行检测,但是采用了多尺度的特征图,其基本架构如图 3.17 所示。

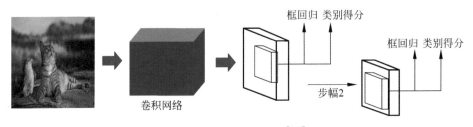

框回归 类别得分　　框回归 类别得分

步幅2

卷积网络

图 3.17　SSD 基本架构[121]

相比 YOLO,SSD 采用 CNN 来直接进行检测,而不是像 YOLOv1 那样在全连接层之后做检测。采用卷积直接做检测只是 SSD 相比 YOLO 的其中一个不同点,另外还有两个重要的改变,一是 SSD 提取了不同尺度的特征图来做检测,大尺度特征图(较靠前的特征图)可以用来检测小物体,而小尺度特征图(较靠后的特征图)用来检测大物体;二是 SSD 采用了不同尺度和长宽比的先验框。YOLOv1 算法的缺点是难以检测小目标,而且定位不准,但是这几点重要改进使得 SSD 在一定程度上克服了这些缺点。

SSD 采用 VGG16[21] 作为基础模型,然后在 VGG16 的基础上新增了卷积层来获得更多的特征图以用于检测。SSD 算法中不同层的特征都是独立作为分类网络的输入,容易出现相同物体被不同大小的框同时检测出来的情况,还有对小尺寸物体的检测效果比较差的情况。

3. RetinaNet

RetinaNet[112] 由 T. Y. Lin 等于 2017 年提出。他们认为,虽然 one-stage 检测器的速度更快,但是其精度往往比较低。究其原因,主要有两个方面:①正样本(positive example)和负样本(negative example)的不平衡,负样本的数量过多,导致正样本的 loss 被覆盖,就算正样本的损失非常大也会被数量庞大的负样本中和掉,而中和掉的这些正样本往往是我们要检测的前景区域;②难样本(hard example)和易样本(easy example)的不平衡,难样本往往是前景和背景区域的过渡部分,因为这些样本很难区分,所以叫作难样本。剩下的那些易样本往往很好计算,导致模型非常容易就收敛了,但是损失函数收敛了并不代表模型效果好,因为我们其实更需要把那些难样本训练好。

为了解决上述问题,提出了一种新的损失函数"focal loss",它通过重新定义标准的交叉熵损失,使检测器在训练过程中将更多的注意力放在困难的、分类错误的例子上。focal loss 使得单阶段检测器在保持极高的检测速度的同时,可以达到与两阶段检测器相当的精度。为了验证 focal loss 的有效性,设计了 RetinaNet 进行评估。

RetinaNet 的卷积过程用的是 ResNet,上采样和侧边连接采用 FPN 结构。通过主干网络,产生了多尺度的特征金字塔。然后后面连接两个子网,分别进行分类和回归。总体来看,网络结构是非常简洁的。整体网络结构如图 3.18 所示,RetinaNet 通过修改损失可以达到与两阶段检测器相当的精度,但是其速度比不上YOLOv3。

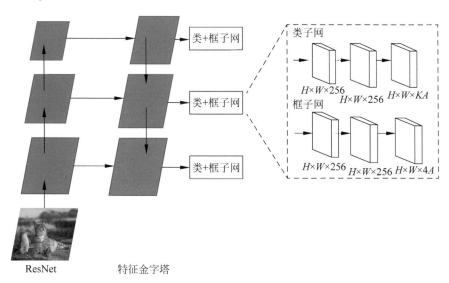

图 3.18 RetinaNet 网络结构[112]

3.5.3 基于 Anchor-free 的新型检测技术

基于锚框的检测器在特征图的每个位置设置锚框。该网络预测每个锚框中有对象的概率,并调整锚定框的大小以匹配对象。基于 Anchor-free 的方法,锚框的形状应仔细设计以适合目标对象。与基于锚框的方法相比,Anchor-free 检测器不再需要预先设置锚框。主要提出了两种 Anchor-free 检测器。第一种类型通过预测关键点并将其分组以获得边界框,如 CornerNet[122],CenterNet[123]。第二种类型直接预测了目标的中心,如 YOLOv1,FCOS[124]。

1. CornerNet

CornerNet 由 Hei Law 等于 2018 年提出。CornerNet 舍弃传统的锚框思路,提出了一种叫作角点池化的操作帮助网络更好地定位目标。他们认为,传统的锚框检测算法有两个缺点:①需要大量的锚框,如 RetinaNet 中需要 100000 个。大量的锚框中只有少部分和真值的 IoU 较大,参与正样本训练,其他都是负样本,这样就带来了正负锚框的比例不均衡,也降低了网络的训练速度;②锚框引入了许多超参数,需要进行细致设计,其包括锚框的数量、尺寸、长宽比,使得单一网络在多尺度预测时变得复杂,每个尺度都需要独立设计。

基于上述原因,首先,CornerNet 作者基于多人姿态估计的自底向上思想,同时预测定位框的顶点对(左上角和右下角)热点图和嵌入向量(embedding vector),根据嵌入向量对顶点进行分组。其次,提出了角点池化用于定位顶点。因为自然界的大部分目标是没有边界框也不会有矩形的顶点。最后,CornerNet 模型基于沙漏网络架构,使用焦点损失的变体训练神经网络。

CornerNet 整体模型架构如图 3.19 所示。在 MS COCO 测试验证,mAP 达到了 42.1%。

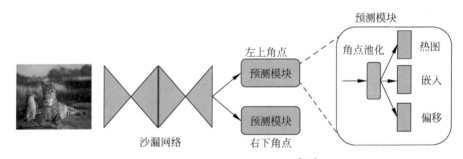

图 3.19　CornerNet 模型架构[122]

2. CenterNet(Kaiwen Duan 等)

本节介绍的 CenterNet 由 Kaiwen Duan 等于 2019 年提出,是中国科学院、牛津和华为诺亚方舟实验室的一个联合团队的作品。

本算法的基线用的是 CornerNet,核心思想是通过中心点抑制误检。由于角点和物体的关联度不大,CornerNet 发明了角点池化操作,用以提取角点。但是由于没有锚框的限制,任意两个角点都可以组成一个目标框,一旦准确度差一点,就会产生很多错误目标框。鉴于此,CenterNet 除了角点之外,还添加了中心点的预测分支,即网络结构图 3.20 中的中心点池化+中心点热图。本算法认为,如果目标框是准确的,那么在其中心区域能够检测到目标中心点的概率就会很高,反之亦然。因此,首先利用左上和右下两个角点生成初始目标框,对每个预测框定义一个中心区域,然后判断每个目标框的中心区域是否含有中心点,若有则保留该目标框,若无则删除该目标框。为了和 CornerNet 做比较,CenterNet 同样使用了沙漏网络作为骨干网络。在 MS COCO 测试验证,mAP 达到了 47%。

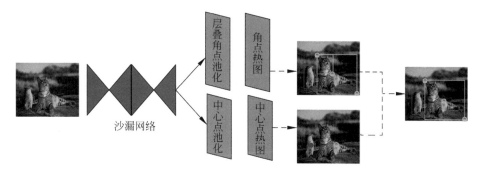

图 3.20　CenterNet 网络结构[123]

3. CenterNet(Xingyi Zhou 等)

本节介绍的算法也叫 CenterNet[125],由来自得克萨斯大学奥斯汀分校的 Xingyi Zhou 等于 2019 年提出。可以说,本章的 CenterNet 是关键点估计用于目标检测的集大成者。抛开了传统的边框目标表示方法,将目标检测视为对一个点进行的关键点估计问题。相比于基于边界框的方法,该模型可端到端训练,其简单高效且实时性高。在主流的 OD 数据集上超越了大部分最先进的水平(state of the art, SOTA)方法,且论文称在速度上超越了 YOLOv3。在 COCO 上用 Resnet18 作为骨干网可以使精度 mAP 达到 28.1%,速度 142FPS;用沙漏网络[126]做骨干网可以达到精度 45.1%,速度 1.4FPS。可谓是实现了速度和精度的平衡。

CenterNet 通过中心点来表示目标,然后在中心点位置回归出目标的其他属性,这样,目标检测问题变成了一个关键点估计问题。只需要将图像传入全卷积网络,得到热力图,热力图的峰值点就是中心点。这里可以把中心点看作形状未知的锚点。但是该锚点只在位置上,没有尺寸框,没有阈值进行前后景分类;每个目标只有一个正的锚点,因此不会用到 NMS;而且,CenterNet 与传统目标检测相比,下采样倍数较低,不需要多重特征图。

那 CenterNet 相比于之前的单阶和两阶的目标检测有什么区别?区别主要来自两个方面。

(1) CenterNet 没有锚框这个概念,只负责预测物体的中心点,所以也没有所谓的框重叠大于多少算正锚框,小于多少算负锚框这一说,也不需要区分这个锚框是物体还是背景,因为每个目标只对应一个中心点,这个中心点是通过热图中预测出来的,所以不需要 NMS 再进行筛选。

(2) CenterNet 的输出分辨率的下采样因子是 4,比起其他的目标检测框架算是比较小的(Mask-Rcnn 最小为 16、SSD 为最小为 16)。之所以设置为 4 是因为 CenterNet 没有采用 FPN 结构,因此所有中心点要在一个特征图上出,因此分辨率不能太低。

4. FCOS

FCOS(fully convolutional one-stage object detection,一阶全卷积目标检测)由 Zhi Tian 等于 2019 年提出。提出 FCOS 的原因是:①锚框会引入很多需要优化的超参数,比如锚框数量、锚框大小、锚框率等;②为了保证性能,需要很多的锚框,存在正负样本类别不均衡问题;③在训练的时候,需要计算所有锚框同真值框的 IoU,计算量较大。

FCOS 的主要思想是分割,不需要锚框也不需要区域提议。这样,避免了锚框在模型训练中涉及的重叠计算和性能敏感的参数设计环。按照 FCOS 的说法,如图 3.21 所示,它是把每个定位点都当作一个样本,如果一个点在框内,则这个点的真值实际上是该点到框的四个边缘的距离以及框的目标类别,所以最后预测出来的输出是 $H \times W \times C$ 以及 $H \times W \times 4$,C 和 4 分别代表每个特征图的每个定位点要预测的该点所属于的类别和该点到框的边界距离。在通过这种方式得到框后,FCOS 会和基于锚框的方法一样进行 NMS 等。

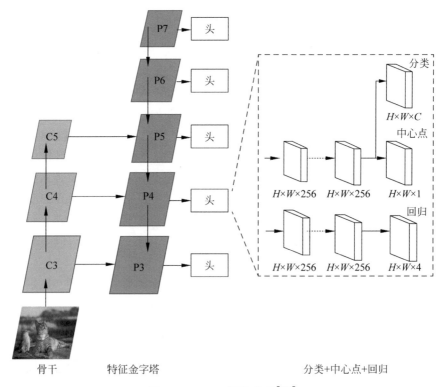

图 3.21 FCOS 网络结构[124]

实际上如果不考虑分类下面的中心点分支,则 FCOS 和 Retinanet 的网络图非常相似。可以发现,两者最大的差别是最后输出的通道,Retinanet 输出的是 KA

和 4A(A 代表锚框数量,K 代表类别数量),是对每个位置的 A 个锚框预测它们的类别和相对偏移量,而 FCOS 则直接对格子所在的类别和产生框进行预测,完全没有框的概念,整体上也非常接近语义分割的分割思想。这样做的方法会有一个问题,就是框里面越接近中心的位置往往效果越好,靠近框边缘的,虽然理论上应该仍然是正类,但是因为往往落在目标外,预测效果不佳,对此,FCOS 的解决方法是引入一个新的分支中心点,它的真值计算如下:

$$\text{centerness}^* = \sqrt{\frac{\min(l^*,r^*)}{\max(l^*,r^*)} \times \frac{\min(t^*,b^*)}{\max(t^*,b^*)}} \tag{3.13}$$

可以看到,如果定位点距离 box 的左边界距离和右边界距离相同,则根号内第一项应该是 1,同理,当距离上下边界距离一样时,根号内第二项是 1,此时,真值为1,定位点恰好处于中心位置。而如果定位点非常接近边缘,则真值会非常小。这个分支训练以后,在推理阶段将会和分类预测的值相乘作为最终得分,从而抑制接近中心点的位置。此外,FCOS 还引入了多尺度的概念,如果在 FPN 的某个层级上,$t/b/l/r$ 中的最大值大于某个阈值,则认为这个框不适合当前层级的特征,从而进行排除。

3.6 目标检测难点与前沿问题

3.6.1 域自适应目标检测

域自适应学习是迁移学习的一个子类。在域自适应学习的定义中,源域和目标域的任务相同,数据不同但相关。这类学习的核心任务是解决两个域数据分布的差异问题,是迁移学习最基本的形式。

目前通用的目标检测算法是在有监督的数据集上训练而成的,其在类似分布的图像上已达到较高的性能。然而当迁移到其他目标域的图像时,性能往往会出现急剧下降,这是源域和目标域之间的数据分布差异造成的。比如当光照条件不同或者在极端天气下的场景,检测的效果往往会大幅降低。为提高样本缺乏域的检测性能,深度域自适应目标检测(deep domain adaptive object detection)概念被提出。其旨在使用源域丰富的标签数据和目标域标签不可知或标签贫乏数据来学习稳健的目标检测器。训练有素的目标检测器有望在目标领域中有良好的表现。

从技术机制角度出发,深度域自适应目标检测方法主要分为以下几类。

1. 基于差异的深度域自适应目标检测

基于差异的深度域自适应目标检测方法通过使用标记或未标记的目标数据对基于深度网络的检测模型进行微调来减少域偏移。Khodabandeh 等[127]提出了一种稳健的领域自适应对象检测学习方法。其将问题定义为一种带有噪声标签的训练方式。通过在源域中训练得到的检测模型获得目标域中带噪声的标签,基于该噪声对最终的检测模型进行训练。

为了解决从合成图像到真实图像的域转移,Cai 等[128]提出一种中间教师范式用于跨域检测,并提出了具有对象关系的中间教师(MTOR)。该方法基于 Faster R-CNN 的骨干网络,通过将对象关系整合到一致性损失的度量中,新颖地重塑了中间教师网络。Cao 等[129]提出了一种自动标注框架,其在视觉通道和热通道中迭代地标记行人实例,从而充分地利用了多光谱数据中的信息。自动标注框架包括迭代标注、时间跟踪和标签融合。为了学习用于稳健行人检测的多光谱特征,获得的标签将被用于双流区域提议网络(TS-RPN)。

2. 基于对抗的深度域自适应目标检测

基于对抗的深度域自适应目标检测方法利用域判别器进行对抗训练,以实现源域和目标域之间的域混淆。域判别器可以判别数据属于源域或是目标域。基于域自适应的 Faster RCNN[130]是处理目标检测领域自适应问题的第一项工作。其使用 H 散度来度量源域和目标域的数据分布之间的散度,并对特征进行对抗训练。网络主要包括三个适配组件:图像级适配、实例级适配和一致性检查。

根据检测自身的特性,Zhu[131]等提出了一个基于区域层面的自适应框架。为了有效地解决"在哪里看"和"如何对齐"的问题,该方法设计了两个关键组件,区域挖掘和可调节的区域级别对齐。第二个组件使用两个生成器和两个鉴别器对抗性地对齐源域与目标域。

Wang 等[132]提出了一种称为 FAFRCNN 的少样本自适应 Faster-RCNN 框架。它由两个级别的适应模块组成:图像级别和实例级别。同时设计了一个域分类器和正则化网络用于实现稳定的域适应。

3. 基于重建的深度域自适应目标检测

基于重建的深度域自适应目标检测假定源域样本或目标域样本的重建有助于提高域自适应目标检测的性能。Arruda 等[133]提出了一种使用无监督的图像到图像转换的跨域汽车检测方法。通过探索 CycleGAN,可以将图像从白天域转换为夜间域来生成人工数据集(伪数据集)。在伪数据集上利用源域的标签训练最终检测模型。Lin 等[134]介绍了一种多模态结构一致性图像到图像转换模型,以实现领域自适应车辆检测。图像翻译模型可以生成多样化且保留原有结构的跨复杂域图像。

4. 多机制混合的深度域自适应目标检测

多机制混合的深度域自适应目标检测同时使用两个或多个上述机制以获得更好的性能,适用于跨域弱监督对象检测。为了解决跨域弱监督对象检测的问题,一种两步式渐进域自适应技术被提出。此方法用人工和自动生成的两种类型的样本微调检测器。通过 CycleGAN 的图像到图像转换技术用于人工生成样本,而通过伪标记获得自动生成的样本。Shan 等[135]提出了一种基于像素和特征水平的域自适应对象检测器。该方法包括两个模块：基于 CycleGAN 的像素级域自适应（PDA）和基于 Faster RCNN 的特征级域自适应（FDA）。这两个模块可以集成在一起并以端到端的方式进行训练。

5. 其他机制

有些深度域自适应目标检测方法不能归为上述四个类别,例如通过域对齐实现自适应的方法,典型的有图诱导原型对齐和分类正则化。为了解决在本地实例级别上对齐源域和目标域以及跨域检测任务中类不平衡的问题,Xu 等[136]提出了图诱导原型对齐(GPA)框架,并将其嵌入两阶段检测器 Faster R-CNN 中。实验结果表明,GPA 框架在很大程度上优于现有方法。

考虑到以前的工作仍然忽略了匹配跨域图像的关键区域以及重要实例,研究者提出了一个分类正则化框架,它可以作为即插即用组件嵌入许多领域自适应 Faster R-CNN 方法中。两个正则化模块被提出：第一个模块利用了分类 CNN 的弱定位能力,而第二个模块利用图像级和实例级预测之间的分类一致性。

总的来说,多机制混合的深度域自适应目标检测在性能方面表现最佳,其次是基于对抗学习的方法,而其他方法则不尽如人意。结果表明,利用对抗训练和融合多适应机制能取得更好的效果。尽管近年来已经提出了各种域适应目标检测方法,但是其性能与在标记的目标数据上训练的检测器相比,仍然存在明显的差距。

一个潜在的解决方案是进一步结合不同类别适应方法的优点,将风格迁移和健壮的伪标记相结合从而获得了更好的性能。另一个解决方案采用的组合是对抗训练检测器,并使用该检测器生成目标样本的伪标签。此外,探索检测的本质特点也能带来工作进展。例如,在实例级别生成与目标域样本相似的模拟样本,然后使用生成的实例级图像补丁和目标域的背景图像合成训练样本进行模型训练。

3.6.2 基于小样本学习的目标检测

人类非常擅长通过极少量的样本识别一个新物体,比如小孩子只需要书中的一些图片就可以认识什么是"斑马",什么是"犀牛"。在人类的快速学习能力的启发下,研究人员希望机器学习模型在学习了一定类别的大量数据后,对于新的类别,只需要少量的样本就能快速学习,这就是 few-shot 学习,也称为 one-shot 学习或 low-shot 学习。

小样本目标检测任务 T 要求在一张图像中准确地定位并识别属于目标域的物体,只允许使用目标域的少量监督信息。和小样本图像分类任务一样,训练数据可以分为数据丰富的源域数据集 dsource 和少量数据的目标域数据集 dtarget。在源域训练集中,每一张图片 x 会给定属于源域的所有物体的位置标定 1 和类别标定 y。目标域的训练集中每一张图片,会提供属于目标域类别相关的少量位置标定和类别标定。同样地,给目标域每一个类别只提供一个物体标定时,这种场景下的小样本检测称为单样本检测;当目标域每一个类别不提供任何物体标定,只提供每个类别的属性标定时,这种场景下的小样本检测问题称为零样本检测问题。

现有的小样本学习相关研究大多集中在图像分类任务上,对于目标检测领域涉及的研究相对较少。小样本学习应用于检测任务比分类任务往往更加具有挑战性,其难点在于:目标检测本身的难度,包括背景和目标之间的语义混淆、背景和目标之间的类别不平衡、回归部分的难以迁移性等。现有的小样本检测算法解决的问题可以与小样本学习问题对应起来,分为单样本目标检测、零样本目标检测以及小样本目标检测。与图像分类不一样,目标检测问题是在只提供测试类别少量的图片和定位框的前提下,要求算法完成在测试图像中对目标进行类别和位置的预测。下面对近两年出现的具有代表性的小样本目标检测成果进行阐释。

基于度量学习的方法[137]:RepMet 提出了一个新式的深度度量学习方法来同时应用到分类以及检测任务上:该方法以一种端到端的训练过程同时学习骨干网络参数,嵌入空间,以及每一个物体类别的多模态分布。之后论文在几个任务和数据集上都做了实验和对比,证明这个新的深度度量学习方法在少样本的目标检测上面的有效性 并在 ImageNet-LOC 数据集上取得了目前为止最好的成绩。

基于正则化微调的方法[138]:LSTD 是一种基于正则化微调的方法。在小样本学习领域,由于目标域类别的监督信息比较少,如果直接将源域的预训练好的模型在目标域数据上微调,很容易造成模型的过拟合,严重影响目标检测模型的精度。LSTD 将两种正则化约束用于微调的过程,来防止模型的过拟合,从而提高模型的泛化性。首先,LSTD 引入了知识迁移约束,为了充分地利用源域的知识,该方法将源域的分类头部得出的信息用于正则化目标域的分类头部信息。通过拉近两种输出之间的距离,LSTD 可以将源域里与当前任务相关的特征迁移到目标域类别中。此外,LSTD 引入了背景抑制约束项,在训练的过程中,通过将特征图像中与目标无关的激活区域的值降低,来降低语义混淆对精度的影响,从而使得微调过程中可以学习到更多的与目标类别相关的知识。

Kang 等[139]提出的模型首先从基类中学习元特征,这些基类可泛化为检测不同的对象类。然后利用一些支持样例有效地识别出对检测新类有重要区别意义的元特征,并相应地将检测知识从基类转移到新类。其检测框架包含两个模块,即元特征学习器和轻量级特征权重调整模块。给出一个检索图像和一些新类的支持图像,特征学习器从检索图像中提取元特征。权重调整模块学习捕获支持图像的全局特征,并将其嵌入权重调整系数中,以调整检索图像的元特征。因此,检索图像的元特征能够有效地接收支持信息,并适应于新类的检测。然后自适应的元特征被送入检测预测模块中预测检索图像的类和边界框。为了解决检测学习中的困难(例如,存在分散注意力的对象),它引入了一个新的损失函数。

基于特征匹配的方法[140]:匹配网络将目标跟踪框架和目标检测框架相结合,

将目标检测问题转化为一个目标追踪问题。匹配网络将改造传统的 Faster RCNN,它将图像的特征利用全局池化的方式,在区域提取网络的特征图和区域池化模块上进行了融合,使得网络可以检测出和给定图片一样的类别的区域。这种方法只需要直接在已有的 Faster RCNN 上加入特征融合模块,修改网络的监督信息,就可以搭建完整的训练框架。通过在源域上实现图像检索所获取的知识,可以很自然地从源域迁移到目标域,从而完成目标域的小样本目标检测任务。

Wang 等[132]探索了仅仅依靠少量目标域标记数据来训练一个检测器完成区域适应的可能性,提出了名为 FAFRCNN(few-shot adaptive faster R-CNN)的网络结构,这个新的框架由图像与实例个体两层级的适应模块组成,并搭配一个特征配对机制,与一个强力的正则化,配对机制的引入,使得图像层级的模块能够均衡地抽取并对齐成对的多粒度特征,最终更好地捕捉全局的域变换,例如说光照,在个体对象层级上,语义上成对匹配的个体特征能够更好地提供不同物体类别之间的区分度,消除不确定性。另外,强化的正则引入,能够使得适应过程训练更加稳定并且避免过度适应问题的发生。

Meta-SSD[141]是一种基于元学习的小样本目标检测方法,框架包含元学习器和一个目标检测器,将有监督学习 SSD 转换为元学习 SSD。

近期,腾讯 Qi 等[142]提出了新的少样本目标检测算法,创新点包括 Attention-RPN、多关系检测器以及对比训练策略,另外还构建了包含 1000 类的少样本检测数据集(few-shot object detection,FSOD),在 FSOD 上训练得到的论文模型能够直接迁移到新类别的检测中,不需要精调即可获得较佳的性能。

3.6.3 基于零样本学习的目标检测

有监督的图像定位与识别方法在研究中已经获得了许多突破性进展,并开始应用在许多领域之中。然而这类方法存在一些明显的限制,即需要大量有标签的训练数据,并且模型只能识别已知类别的目标,而无法对未曾见过的样本进行定位与识别。在实际应用中,我们常常会面临需要识别一些从未在训练样本中出现过的目标的情况。针对这个问题,零样本学习 zero-shot learning 被 Lampert 团队[143]于 2009 年提出,也就是一开始的传统零样本学习(conventional ZSL)。

为了使读者更好地理解零样本学习(ZSL),我们通过一个简短通俗的例子来解释。假设小亮和爸爸到了动物园,看到了马,爸爸告诉他这就是马。之后又看到了老虎,爸爸告诉他这是老虎。最后,又带他去看了熊猫,对他说:"你看这熊猫是黑白色的。"然后,爸爸给小亮安排了一个任务,让他在动物园里找一种他从没见过的动物,叫斑马,并告诉了他有关于斑马的信息:"斑马有着马的轮廓,身上有像老虎一样的条纹,而且它像熊猫一样是黑白色的。"最后,小亮根据爸爸的提示,在动物园里找到了斑马。

上述例子是一个人类推理的过程,利用已有的知识推理出抽象对象的形态,并对未知对象进行辨认。ZSL便是模仿人类的这个推理过程,使得计算机具有辨认未知事物的能力,如图3.22所示。

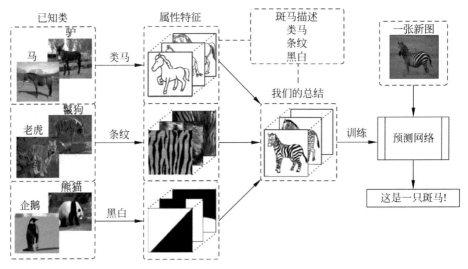

图 3.22　ZSL 推理过程[143]

在零样本学习中,通常未知类和已知类会被映射到同一个语义空间,表达为语义向量的形式。语义向量可以是手动定义标记的属性向量,如颜色、形状、纹理等,也可以是经过大量文本训练出的词向量。早期的传统零样本学习聚焦于通过学习语义空间和视觉空间之间的映射函数构建出嵌入空间,主要分为以下三种方式。①将视觉空间映射到语义空间,著名的算法有 Frome 在 2013 年提出的 DeViSE,Akata 于 2015 年提出的属性标签嵌入(ALE),Kodirov 于 2017 年提出的语义自编码器(stacked auto-encoders,SAE);②将语义空间和视觉空间映射到同一个潜在空间(latent space),比如 2016 年提出的 SSE,通过一个嵌入函数将语义向量和视觉向量映射到同一空间后进行相似度比较从而进行分类;③将语义空间映射到视觉空间,其中 Zhang 在 2017 年提出的 DEM[144] 缓解了零样本学习中的枢纽度问题(hubness problem)。

尽管传统零样本学习(CZSL)发展迅速,其自身却缺少实际应用价值,于是广义零样本学习(GZSL)在 2012 年被 Scheier[145] 提出。传统零样本学习只对未知类进行分类,广义零样本学习针对传统方法实际应用性不足的缺陷进行了重新定义,同时对已知类和未知类进行分类。Xian 团队[146] 在 2017 年发表一篇论文,指出所有的 CZSL 算法在迁移到 GZSL 时会发生严重的偏移问题,即模型会倾向于将未知类识别为已知类。

传统的零样本学习只识别未知目标,而在实际应用中目标往往存在于一个完整的场景图像中。Rahman 于 2018 年首次发表论文提出了零样本目标检测概念,即对目标同时进行定位和识别。零样本目标检测是一个相对新颖且未经深入探索的领域,相较于零样本图像分类问题更具有挑战性。目前其存在许多问题,比如正负样本失衡、未知类与背景类难以判别,未知类与已知类存在领域漂移,未知类在广义零样本目标检测(GZSD)设置下的偏向性(biased problem)。针对零样本目标检测(ZSD)的各种问题,近几年来研究者尝试了从各种不同的角度去解决。Rahman[147]在 2018 年提出了新的损失函数(polarity loss)。2019 年该团队首次提出直推式零样本目标检测[148],通过对测试数据标注伪标签辅助模型训练。Bansal 在 2018 年提出了针对零样本目标检测新的数据分割方式,分别在 MS COCO 和 VisualGenome 上训练和测试。

研究人员在实验中分别比测了 MS COCO 在 20/20、40/20、60/20 分割比例下的实验结果,发现已知类与未知类类别的具体划分方式会对实验结果产生很大影响。比如挑选出的已知类的多样性是否可以覆盖未知类的属性。目前,零样本目标检测在 MS COCO 数据集主要采用两种分割方式作为模型性能的评估标准:已知类/未知类的类别分割比例是 48/17 以及 65/15。

一般来说,零样本目标检测在性能上通常可以超越归纳式零样本目标检测,但是它本身具有局限性,因为在实际应用中通常测试数据集是无法预先获得的。65/15的分割方式比 48/17 的分割方式对于模型性能有较大幅度的提升,说明不同的类别分割方式对实验结果影响很大。因此在零样本检测方向推出一个统一且具有公信力的评估标准是一大挑战。目前零样本检测中未知类的 mAP 大概超过 14%,远远未达到实际应用场景的需求,且一直未有重大突破性成果。近年来少样本目标检测开始崭露头角,并且被认为是一个更具有实际应用价值和意义的研究方向。

3.7 目标检测应用场景与展望

3.7.1 目标检测在安防领域的应用

目标检测在安防领域的应用主要包括人脸检测、行人检测、指纹识别、异常检测等。人脸检测旨在检测图像中的人脸,如图 3.23 所示。由于图像中人物体态、光照、像素、角度等因素各不相同,人脸检测任务存在许多难点。Ranjan[149]等通过多任务学习(人脸检测、人脸关键点定位、头部姿态估计和性别识别)来提升单个任务的性能。He[150]等提出一种新型 Wasserstein 卷积神经网络来学习近红外(NIR)和可见光(VIS)脸部图像之间的特征变化。此外,设计正确的损失函数可以提升基于深度卷积网络的人脸识别器的判别能力。其中基于 cosine 距离的交叉熵损失函数在深度学习人脸识别上取得了很大的成功。Deng[151]等提出 Additive Angular Margin Loss(ArcFace)来获得人脸识别更高的判别特征。Guo[152]等提出一种自编码器实现单张图像的人脸识别。在复杂的安防环境下,人脸检测与识别受环境影响较大,目前仍有较大的提升空间。

图 3.23　人脸检测结果[149]

　　行人检测也是安防领域的一项应用,其旨在检测自然环境下的行人目标。EuroCity Persons 数据集包括在城市交通场景下的行人、自行车骑手和其他骑手。联级行人检测在实时行人检测上取得了一定成功。异常检测在欺诈检测、气候分析和健康检测中都发挥着重大作用。目前的异常检测技术通常采用逐点数据分析。Barz[153]等提出了一种新的无监督方法,称为最大化发散间隔(MDI),用于搜索时间和空间的连续间隔。

3.7.2　目标检测在军事领域的应用

　　在军事领域,遥感物体检测、地形勘测和飞行物检测等是典型的应用场景。遥感物体检测旨在检测遥感图像或视频上的物体,其极具挑战性。

　　首先,这些检测极大的输入量但是极少的目标物使得现有的检测技术在实际应用时速度过慢,检测难度高。其次,庞大复杂的背景会导致严重的误检。为了解决这些问题,研究人员采用了数据融合的方法。由于缺乏信息和一些小的偏差造成的不准确,他们专注于小目标检测。遥感图像与自然图像的特征相差较大,导致一些强大的模型如快速区域提案网络(faster R-CNN)、全卷积网络(FCN)、单次多盒检测器(SSI)、YOLO无法很好地迁移到新的数据域。因此设计适合遥感数据集的检测器成为这个领域的一个研究热点。

　　Cheng[154]等提出一种基于 CNN 的遥感图像(RSI)目标检测模型,通过设计一个旋转不变层来解决数据的旋转问题。此外,一种旋转和缩放稳健性结构被提出用来解决在 RSI 目标检测中缺乏旋转和缩放不变性的问题;一个可旋转区域候选网络以及一个可旋转检测网络被证明可解决交通工具的方向问题。另有研究人员采用一种用于小物体检测的精确车辆候选网络(AVPN),并利用语义分割方法来获得更精确的车辆检测结果。Li[155]等利用多尺度深度特征嵌入方法解决了海洋船舶检测中目标尺度范围过大的问题(从十几个像素到千量级像素)。Shahzad[156]

等提出了一个包含自动标记和递归神经网络的新型框架进行检测。目前典型方法都利用深度神经网络来完成遥感数据检测任务,其中有 NWPU VHR-10,HRRSD,DOTA,DLR 3KMunich 和 VEDAI 等作为遥感目标检测的基准。

3.7.3 目标检测在医学领域的应用

在医学领域,医学图像检测、癌症检测、皮肤疾病检测和医疗保健监测等已成为医疗的补充手段。计算机辅助诊断(computer aided design,CAD)系统可以帮助医生对不同类型的癌症进行分类。一般来说,在通过适当途径获取图像后可利用 CAD 做图像分割、特征提取、对象分类和目标检测。然而由于个体差异性大,数据稀缺和隐私等局限性,训练数据通常存在较大的数据分布差异,也就是源域和目标域之间存在较大的领域鸿沟。域适应框架在医学图像检测中可以在一定程度上缓解这个问题。

Li[157]等建立了大规模基于注意力的青光眼数据集,并将注意力机制纳入 CNN 用于青光眼的检测。Liu[158]提出一种 DeepMod 模型,是基于 LSTM 改进的。另有研究人员采用细胞形态神经网络(CMN)用于自动神经元重建和突触自动检测。为了引起更多人对智慧医疗的关注,相关专家机构组织了一项针对黑色素瘤检测的皮肤病变分析挑战,获得了较大的反响。

3.7.4 目标检测在交通领域的应用

众所周知,车牌识别、自动驾驶和交通标志识别等技术为人类生活带来了极大的便利。随着汽车的普及,车牌识别成为实现犯罪跟踪、智能道闸、交通违章追踪等场景的重要技术手段之一。边缘信息、数学形态、纹理特征等可以使车牌识别系统更加稳健与稳定。最近,基于深度学习的方法为车牌识别提供了多种解决方案。

最近,Lu[159]等利用包含 3D 卷积和 RNN 的新型架构来实现在现实世界中不同驾驶场景下的厘米级定位。Song[160]等发布了一个 3D 汽车实例理解的基准。利用传感器融合的方法被证明可以获得更好的性能。无人驾驶和自动驾驶系统都需要解决交通标志识别的问题。出于安全考虑,实时准确的交通标志识别在自动驾驶过程中至关重要。

自动驾驶汽车(automated vehicle act,AV)需要通过对周围环境的准确感知来保证安全运行。感知系统通常使用机器学习(例如深度学习)将感知数据转换为语义信息以实现自动驾驶功能。目标检测是该感知系统的基本功能。3D 目标检测方法涉及的第三维可以携带更详尽的目标大小和位置信息,可分为单目、点云和融合三类方法。首先,基于单目图像的方法可以预测出 2D 边界框,当将其转换为 3D 时,由于缺乏深度信息其定位的准确率会下降。其次,基于点云的方法可以投影点云到 2D 图像进行处理,但这会造成信息损失;也可以生成 3D 图像,然而却很耗时。最后,基于融合的方法融合了前视图像和点云来生成稳健的检测器,该方法可以取得较高的性能,但计算量很大。

第4章

视频多目标跟踪

4.1 引言

什么是跟踪？跟踪即是预测或者计算得到某个目标的运动轨迹,这个目标可以是人、车或者是飞机等。对于目标跟踪,基于不同的传感器有不同的处理方法,本章仅介绍基于视频的目标跟踪方法。在视频中,跟踪任务就变得相对具体起来,视频是由一帧帧画面组成的,每一帧画面都有自己的时间戳,于是跟踪任务可以这样描述,已知某个目标在时间 $t=0$ 时刻的位置,而求 $t=k$ 时刻该目标位置的过程则就叫作视频跟踪。当 k 时刻未发生时,则称为轨迹预测,当 k 时刻已经发生时,则称为轨迹关联。当然,现在越来越多的学者把轨迹关联当作非跨镜的目标重识别任务。在具体的研究中,视频跟踪主要可以分为两种场景,即仅关注视频中的某一个目标或者仅关注某几类目标;因此视频跟踪又可以分为两类:单目标跟踪和多目标跟踪。由于本章的重点是介绍多目标跟踪,所以在下一节将简要介绍单目标跟踪。

4.1.1 单目标跟踪简介

单目标跟踪在更多的文献中直接就叫作视觉目标跟踪,其研究背景在于应用场景仅关注某一个特定的目标,且需要获取其轨迹。与多目标跟踪相比,单目标跟踪同样拥有广泛的应用场景,下面简要介绍单目标的评价体系和发展现状。

为了公平地评估单目标跟踪的性能,视觉跟踪基准数据集先后被提出和完善[161]。这些基准数据集不但包含一系列的视频帧序列,而且还针对不同的时间长度和不同的挑战属性。这些挑战属性包括光照变化(IV)、尺度变化(SV)、遮挡(OCC)、变形(DEF)、运动模糊(MB)、快速运动(FM)、平面旋转(IPR)、出平面旋转(OPR)、超出视场(OV)、背景杂波(BC)、低分辨率(LR)、纵横比变化(ARC)、摄像机运动(CM)、完全遮挡(FOC)、部分遮挡(POC)、类似目标(SOB)、视场角变化(VC)、明亮(LI)、表面覆盖(SC)、镜面反射(SPR)、透明度(TR)、形状(SH)、运动平滑(MS)、运动一致性(MCO)、混乱(CON)、低对比度(LC)、变倍相机(ZC)、长时间跟踪(LD)、阴影变化（SHC)、闪光（FL)、微光（DL)、相机抖动（CS)、旋转（ROT)、背景快速变化(FBC)、运动变化（MOC)、物体颜色变化（OCO)、场景复杂性(SCO)、绝对运动（AM)、尺寸（SZ)、相对速度（RS)、干扰项（DI)、长度（LE)、相机快速移动(FCM)、大小目标(SLO)。这些挑战属性基本上涵盖了所有的实际应用场景,下面简单介绍这些基准数据集。

目标跟踪数据集 OTB2013[162] 被提出于 2013 年,这也是最早的单目标跟踪领域相对比较标准的公共数据集,该数据集包含 51 段全部被标注的视频序列数据。为了进行目标跟踪的无偏性比较,在 OTB2013 的基础上,OTB2015 数据集将其扩展至 100 个视频序列数据。TC128 数据集则是专门评估跟踪在颜色转变方面的性能,里面包含了 129 段全部被标准的视频序列。后面随着研究的高速发展,越来越多的标准数据集先后被提出,这里整理了一个基本的表格,表格也反映了每个数据集专门针对的哪几种属性,如表 4.1 所示。

表 4.1　目标跟踪公开数据集

年份	数据集	视频个数	视频帧数	属性个数	类别数	平均时长	属性
2013	OTB2013	51	29K	11	10	19.4s	IV, SV, OCC, DEE, MB, FM, IPR, OPR, OV, BC, LR
2013—2019	VOT2013—2019	16~60	6~21K	12	12~24	12s	IV, SV, OCC, DEF, MB, BC, ARC, CM, MOC, OCO, SCO, AM
2014	ALOV++	314	89K	14	64	16.2s	OCC, BC, CM, LI, SC, SP, TR, SH, MS, MCO, CON, LC, ZC, LD
2015	OTB2015	100	59K	11	16	19.8s	IV, SV, OCC, DEF, MB, FM, IPR, OPR, OV, BC, LR
2015	TC128	129	55K	11	27	15.6s	IV, SV, OCC, DEF, MB, FM, IPR, OPR, OV, BC, LR
2016	UAV123	123	113K	12	9	30.6s	IV, SV, FM, OV, BC, LR, ARC, CM, FCM, FOC, POC, SOB, VC
2016	NUS-PRO	365	135K	12	17	12.6s	SV, DEF, BC, FOC, POC, SOB, SHC, FL, DL, CS, ROT, FBC
2017	NfS	100	383K	9	17	15.6s	IV, SV, OCC, DEF, FM, OV, BC, LR, VC
2017	DTB	70	15K	11	15	7.2s	SV, OCC, DEF, MB, IPR, OPR, OV, BC, ARC, FCM, SOB

续表

年份	数据集	视频个数	视频帧数	属性个数	类别数	平均时长	属性
2018	TrackingNet	30643	14.43M	15	27	16.6s	IV, SV, DEF, MB, FM, IPR, OPR, OV, BC, LR, ARC, CM, FOC, POC, SOB
2018	OxUvA	366	1.55M	6	22	144s	SV, OV, SZ, RS, DL, LE
2018	BUAA-PRO	150	8.7K	12	12	2s	SV, DEF, BC, FOC, POC, SOB, SHC, FL, DL, CS, ROT, FBC
2018	GOT10k	10000	1.5M	6	563	16s	IV, SV, OCC, FM, ARC, SLO
2019	LaSOT	1400	3.5M	14	70	84.3s	IV, SV, DEF, MB, FM, OV, BC, LR, ARC, CM, FOC, POC, VC, ROT

为了在以上公共数据集上对比单目标跟踪的性能,目前主要是通过两种方式进行比较:性能指标和性能图。性能指标主要是强调某些性能的具体指标,而性能图则是为了更直观地展示不同阈值下的性能对比。

1. 性能指标

(1) 中心坐标错误(CLE):表征预测目标与真实目标的坐标平均欧氏(欧几里得)距离。

(2) 精确度:表征预测目标与真实目标的平均交并比。

(3) 稳健性:表征跟踪器在跟踪任务期间丢失(漂移)可视目标时所需的重新初始化的数量。

(4) 平均重叠(EAO):由精确度和稳健性得分的组合计算得到。

2. 性能图

(1) 精度图:对于每个不同阈值下的中心坐标错误。

(2) 成功预测图:对于不同阈值下,认定为成功预测的分布图。

目前主流的单目标跟踪研究均是基于深度学习展开,可以大致分为基于网络结构的、基于网络利用的、基于网络输出的、基于网络训练的以及结合相关滤波器的方法。基于深度学习的方法的一个主要动机是希望利用融合深层次特征、挖掘上下文信息或运动信息来选择更具有鉴别能力和稳健性能的深层特征来更有效地表征一个目标。因此,这种方法一般是围绕使用不同的网络训练或处理一些训练数据问题来展开的。无监督训练是最近出现的另一种使用大量未标记样本的方法,它可以根据上下文信息对这些样本进行聚类,将训练数据映射到一个多空间,或者利用基于一致性的目标函数。如果根据学习过程来看,基于深度学习的跟踪器又可以分为在线更新方案、长径比估计、规模估计、搜索策略和提供长期记忆。目前的主要工作是设计用于单目标跟踪的自定义神经网络,使其能够同时提供稳健性、准确性和效率。这些跟踪器主要是通过集成分类和回归分支的网络架构来开发的,这些分支不仅在大型数据集上训练,而且还学会了对最具挑战性的可视属性的健壮表示,但是它们在场景理解上仍然有很大的不足。目前最先进的单目标跟踪方法仍然不能有效地解释动态场景,不能立即识别全局结构,不能推断现有对象,不能感知不同对象或事件的基本类别。尽管所有的研究都集中在努力设计复杂的方法和耗时的训练过程上,但这些方法在现实场景中并没有良好的泛化性能。深度神经网络的在线训练可以使网络滤波器很好地适应目标外观的显著变化。然而,它需要更有效的策略来降低实时应用中的计算复杂度。

4.1.2　多目标跟踪研究的背景与意义

多目标跟踪研究一直都是计算机视觉领域一项重要的研究分支,由于其涉及图像处理、模式识别、机器学习、深度学习等多个前沿交叉学科,因此一直都是国内外学者和机构研究和关注的热点。由于多目标跟踪是一些高层次的视频理解(如群体行为分析、视频异常事件分析)的基础,因此国际上计算机视觉顶级会议(CVPR、ICCV、ECCV、AAAI)和顶级计算机视觉的期刊(IJCV、TPAML)每年都会发表多目标跟踪相关的论文。多目标跟踪任务在计算机视觉中也一直扮演着重要的角色。从视频监控到自动驾驶汽车,从动作识别到人群行为分析,这些问题中的很多方面均是基于一个高质量的跟踪算法。

1. 军事领域

必须承认,军事需求一直是驱动科学技术发展的原动力之一。多目标跟踪技术也一直是精确制导领域的一项核心技术,不管是无人机的自主侦察、自主导航还是导弹制导的目标跟踪任务,其均离不开多目标跟踪技术。而且,针对特定场景跟踪技术也被很好地应用在了相关的领域。美军在海湾战争中大显身手的"战斧式导弹"可以进行低空的掠地飞行,自动导引攻击目标,其应用的一个关键技术就是目标跟踪技术。

2. 安防监控领域

随着"智慧城市""安防人工智能"(AI)等概念的提出,国内的视频监控迎来了高速发展。小到生活小区的安全监控、大到道路交通监控、道路违规检测,多目标跟踪技术完美地与视频监控融合。有关文献显示,截止到2017年,中国街道安装的视频摄像头已经超过2000万个,由此而产生的海量的视频数据单纯依靠人工分析是不现实的。因此,高效的视频数据分析技术,特别是场景分割、目标检测、目标跟踪、异常分析等技术的发展成为迫切需求。

3. 智能驾驶

随着深度学习等技术的突破性发展,无人驾驶渐渐变得不那么遥不可及,而一个稳定可靠的自动避障系统一直都是无人驾驶面向实用的关键。对于无人驾驶的场景,我们需要跟踪每一个移动目标,并需要预测其运动轨迹,这个似乎对单纯的视频多目标跟踪提出了更高的要求,但高效且稳定的多目标跟踪技术仍然是一切的基础。

虽然多目标跟踪技术已经广泛地应用在了关乎国计民生的各个领域,但是仍然有大量的问题尚未解决。在真实环境中,光照、目标遮挡、目标过小、背景快速变化等原因,让目前的多目标跟踪技术的效果大打折扣。而且由于实际安装的摄像头分别来自多家或者几十家厂商,每个厂商的摄像头在相同的光照情况下获取的图像数据都会有一定的差别。所以,研究一种或者多种针对不同场景的多目标跟踪技术一直是学术界和工业界共同努力的方向。

4.1.3　多目标跟踪的评价指标

在一个多目标跟踪方法被提出之后,如何量化该方法的性能呢? Keni Bernardin 和 Rainer Stiefelhagen 于 2008 年提出一种衡量多目标跟踪性能的标准评价体系[163]。该评价体系也迅速被广大研究多目标跟踪学者采用,下面介绍这个评价体系。该评价体系称为多目标跟踪度量标准(the clear mot metrics),后面我们也将这一评价体系简称为 TCMM。TCMM 认为评价一个多目标跟踪算法性能必须满足如下要求:一个评价体系应该能评估多目标算法预测目标的位置的精确度;一个评价体系应该能反映多目标跟踪算法在跟踪目标时随时间产生的轨迹的一致性能力。也就是说,一个目标只有一个轨迹,且轨迹是正确的。

一个优秀的多目标跟踪评价体系还应该满足如下性质:尽量少的自由参数,以及需要可配置的阈值让评价更直观和具备可比性;清晰明了,易于理解;以较少的性能指标参数来表征所有的跟踪性能。

基于上述标准,TCMM 提出了他们的评价指标。对于视频中的某一帧 t,算法预测得到目标集合 $\{h_1, h_2, \cdots, h_m\}$,而视频的真实目标集用 $\{o_1, o_2, \cdots, o_n\}$ 表示。则我们评价的步骤如下。

(1) 对预测集与真实集进行最优匹配。

(2) 对每一个匹配的目标计算其坐标误差。

(3) 计算漏掉的目标与误检的目标。

(4) 计算与前一帧目标中发生错误匹配的目标,这也是我们评价多目标跟踪的一个重要指标,即错接率(IDS)。错接率又叫跟踪轨迹改变目标标号的次数。

如图 4.1 所示,实线表示真实轨迹,虚线表示预测轨迹;其中 o_8 为漏检,而 h_5 为误检。

根据上面的评价步骤,(TCMM)定义了两个比较直观的指标,即多目标跟踪精度(multiple object tracking precision,MOTP)、多目标跟踪准确度(multiple object tracking accuracy,MOTA)。

1. MOTP

定义:多目标跟踪精确度,体现在确定目标位置上的精确度,用于衡量目标位

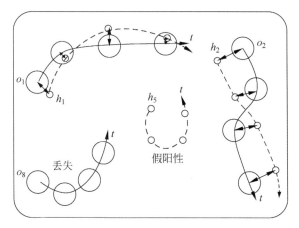

图 4.1　多目标跟踪轨迹[163]

置确定的精确程度,其取值范围为$[0,1]$。d 为算法输出与目标真值的度量距离,若使用 IoU 进行度量则 MOTP 越大越好,若使用欧式距离来度量则 MOTP 越小越好。

$$\text{MOTP} = \frac{\sum\limits_{i,t} d_t^i}{\sum\limits_{t} C_t} \tag{4.1}$$

式中:d_t^i 为检测目标 i 和给它分配的 ground truth 之间在所有帧中的平均度量距离,在这里使用 bounding box 的 overlap rate 来进行度量(此处 MOTP 是越大越好,若使用欧氏距离进行度量则 MOTP 越小越好,这取决于度量距离 d 的定义方式);C_t 为在当前帧匹配成功的数目。

2. MOTA

定义:多目标跟踪准确度,体现在确定目标的个数,以及有关目标的相关属性方面的准确度,用于统计在跟踪中的误差积累情况,其取值范围为$[0,1]$。其用来评估算法的综合漏检率、误检率以及 ID 跳变率来评估跟踪准确度。

$$\text{MOTA} = 1 - \frac{\sum\limits_{t}(m_t + fp_t + mme_t)}{\sum\limits_{t} g_t} \tag{4.2}$$

式中:m_t 是 FP,缺失数(漏检数),即在第 t 帧中该目标没有假设位置与其匹配;fp_t 是 FN,误判数,即在第 t 帧中给出的假设位置 h_j 没有跟踪目标与其匹配;mme_t 是 IDS 的个数,即误配数,即在第 t 帧中跟踪目标发生身份识别号(ID)切换的次数,多发生在这种情况下。g_t 是 ground truth 物体的数量。

漏检率:

$$\bar{m} = \frac{\sum\limits_{t} m_t}{\sum\limits_{t} g_t} \tag{4.3}$$

误检率：

$$\overline{fp} = \frac{\sum\limits_t fp_t}{\sum\limits_t g_t} \tag{4.4}$$

错接率：

$$\overline{mme} = \frac{\sum\limits_t mme_t}{\sum\limits_t g_t} \tag{4.5}$$

因此，漏检率和误检率以及错接率之和可以比较综合地表征一个多目标跟踪的准确度。虽然 MOTP 和 MOTA 可以很好地评价多目标跟踪的综合性能，但是在实际的研究当中，如果需要对某一个算法进行改进，还是需要分析其在各种场景下的性能表现。因此，还可以用如下指标来评价多目标跟踪在某一个方面的性能。

recall(↑)：正确匹配的检测目标数/真值（ground truth）给出的目标数。

precision(↑)：正确匹配的检测目标数/检测出的目标数。

MT(↑)：目标的大部分被跟踪到的轨迹占比（大于 80%）。

ML(↓)：目标的大部分跟丢的轨迹占比（小于 20%）。

PT(↓)：目标部分跟踪到的轨迹占比（1-MT-ML）。

MT(mostly tracked)(↑)：满足目标真值至少在 80% 的时间内都匹配成功的轨迹在所有追踪目标中所占的比例。其与当前轨迹的 ID 是否发生变化无关，只要算法输出与目标真值匹配上即可。

ML(mostly lost)(↓)：满足目标真值在小于 20% 的时间内匹配成功的轨迹，在所有追踪目标中所占的比例。其与当前轨迹的 ID 是否发生变化无关，只要算法输出与目标真值匹配上即可。

FM(fragmentation)(↓)：计算的是跟踪有多少次被打断，换句话说每当轨迹将其状态从跟踪状态改变为未跟踪状态，并且在稍后的时间点跟踪相同的轨迹时，就会对 FM 进行计数。此处需要注意的是，FM 计数时要求真值的状态需要满足 tracked->untracked->tracked。

IDS(↓)：表示一条跟踪轨迹改变目标标号的次数，MOTA 的主要问题是仅仅考虑跟踪器出错的次数，但是有一些场景（比如航空场景）更加关注一个跟踪器是否尽可能长地跟踪一个目标。这个问题通过构建二分图来解决，主要计算对象是 IDTP、IDFP、IDFN。

$IDP = \dfrac{IDTP}{IDTP + IDFP}$，识别精确度（identification precision）是指每个行人框中行人 ID 识别的精确度。

其中，IDTP、IDFP 分别代表正确的正样本 ID 数和错误的正样本 ID 数，类似于混淆矩阵中的 P，只不过现在是计算 ID 的识别精确度。

$$IDR = \frac{IDTP}{IDTP+IDFN}$$，识别回召率(identification recall)是指每个行人框中行人 ID 识别的回召率，其中 IDFN 是假负 ID 数。

$$IDF1 = \frac{2IDTP}{2IDTP+IDFP+IDFN}$$：识别 F 值(identification f-score)是指正确识别的检测与真实数和计算检测的平均数之比。

其中(↑)表示数值越高性能越好，(↓)则相反。

至此，我们得到了一套相对客观的评价标准，但是要对比两个算法的优劣必须让它们处理相同的一批数据，所以还需要一个标准的公共数据集。在过去的几年，一系列的多目标跟踪公共数据集被发布，其也促进了多目标跟踪技术的快速发展。下面简要介绍目前比较主流的几个公共数据集。

MOTChallenge：MOTChallenge 是使用最广泛的多目标跟踪公开测试集，里面包含大量的行人数据[164]。数据中还提供了目标检测标注信息，因为目前大量的跟踪算法均是基于检测的跟踪，因此多目标跟踪的效果与检测效果关系密切。上面讲到的 MOTA 评分标准即是该数据集的主要评分标准。由于我们目前大部分的多目标跟踪是针对行人的，而该数据集是目前公开的最全面的行人数据集，所以它也就成为目前使用最广泛的数据集。

MOT15：MOT15[165] 是最早发布的 MOTChallenge 数据集，其包含 22 段视频，11283 个不同分辨率的画面，1221 个身份标识和 101345 个目标框，11 段视频可用于训练，11 段则用于测试。为了更好地测试评估模型的泛化性能，该数据集还包含相机运动、光照变化、不同场景等不利于跟踪的因素。需要注意的是里面的检测结果均是通过用于多视点人脸检测的聚合通路特征(ACF)检测器[166] 得到的。

MOT16/17：MOTChallenge 数据集的新版本于 2016 年发布，因此取名MOT16[167]。该数据集的真实值是从头开始创建的，因此它在整个数据集中都是一致的。由于其拥有更高的行人密度，因此这个数据集也更具挑战性。MOT16总共包含 14 个视频，一半用于训练，一半用于测试。在对比了很多公共的检测模型效果后，数据集的作者发现 DPMv5[168-169] 模型获得了较好的性能，因此 MOT16也是采用该模型作为公共检测器来获取检测结果。MOT16 数据集一共包括11235 帧，1342 个身份标识和 292733 个目标框。MOT17 数据集包含与 MOT16相同的视频，但具有更准确的真实值，并为每个视频提供三组检测：一组来自Faster R-CNN[170]，一组来自 DPM，一组来自 SDP[171]。

MOT19：CVPR 2019 发布了追踪挑战赛的数据集[172]，其中包含 8 个视频(4个用于训练，4 个用于测试)，其具有极高的行人密度，在最拥挤的视频中，每帧平均达到 245 个行人。数据集包含 13410 帧，6869 条轨迹，共计 2259143 个目标框，远远超出之前的数据集。MOT19 也是在该数据集的基础上发布的。

KITTI：当 MOTChallenge 数据集关注行人跟踪时，KITTI 数据集[173-174] 则

同时包含人和车辆数据。该数据集是在一个城市开车时收集的,并于 2012 年发布。它由 21 个训练视频和 29 个测试视频组成,总计约 19000 帧(32min),而且还可用于三维跟踪,不再只关注二维领域。

除了上述的数据集之外,还有一些相对较老的数据集,现在使用得较少。在这些数据中,UA-DETRAC[175] 主要针对交通摄像头跟踪的车辆,TUD[176] 和 PETS2009[177] 数据集则主要针对行人。而且,这些数据集里面的视频现在都是 MOTChallenge 数据集的一部分。

4.2 经典的传统多目标跟踪技术

4.2.1 基于轨迹预测的多目标跟踪算法

基于轨迹预测的多目标跟踪主要是利用概率模型通过目标以往的轨迹坐标来预测目标在未来时刻的位置。卡尔曼滤波算法、粒子滤波算法、均值漂移算法均属于基于轨迹预测的多目标跟踪算法,下面我们来一一介绍。

1. 卡尔曼滤波算法

当我们只知道目标某个一时刻以前的位置与速度而需要预测下一时刻位置时,我们首先想到的就是卡尔曼滤波算法。卡尔曼滤波适用于大部分线性变化的系统,而对于需要在视频场景中预测低速运动的行人这一问题来说,卡尔曼滤波似乎就是为此而生的。卡尔曼滤波只需要状态信息,不需要图像信息,因此计算量较小,非常适用于视频的实时处理需求。

我们把目标集合定义为 $\{x_1, \cdots, x_m\}$,其中某个目标的状态可以用 $x_i = \begin{bmatrix} p_i \\ v_i \end{bmatrix}$ 来表示,p_i 表示目标的二维坐标,v_i 则是目标在该时刻的速度。很容易得出场景中所有的目标状态概率分布是相互独立的,因此我们只需要研究其中一个目标即可。我们可以假设某个目标的状态服从独立同分布,即服从高斯分布,则在 k 时刻该目标的估计为 $\hat{x}_k = \begin{bmatrix} p_k \\ v_k \end{bmatrix}$,均值与方差用 μ_k 和 σ_k 表示,其状态的协方差矩阵表示为 $P_k = \begin{bmatrix} \sum_{pp} & \sum_{pv} \\ \sum_{vp} & \sum_{vv} \end{bmatrix}$。然后我们需要通过目标在 $k-1$ 时刻观察到的状态来预测目标在时刻 k 的状态。对于非高速目标,对于在极短的时间内,目标的运动状态是可以视为匀速运动的,因此可以用下述公式表达目标在 k 时刻的状态:

$$p_k = p_{k-1} + \Delta t \times v_{k-1}$$

$$v_k = v_{k-1} \tag{4.6}$$

用矩阵来表达就是 $k-1$ 时刻的状态左乘一个状态变化矩阵:

$$\hat{\boldsymbol{x}}_k = \begin{bmatrix} 1 & \Delta t \\ 0 & 1 \end{bmatrix} \times \hat{\boldsymbol{x}}_{k-1} = \boldsymbol{F}_k \times \hat{\boldsymbol{x}}_{k-1} \tag{4.7}$$

那我们该如何根据 $k-1$ 时刻的状态来更新 k 时刻的协方差矩阵呢？在协方差矩阵中有如下公式：

$$\mathrm{Cov}(\boldsymbol{x}) = \sum$$

$$\mathrm{Cov}(\boldsymbol{Ax}) = \boldsymbol{A} \sum \boldsymbol{A}^{\mathrm{T}} \tag{4.8}$$

既然上面提到，k 时刻的状态是由 $k-1$ 时刻的状态左乘一个状态变化矩阵得到，因此 k 时刻的协方差矩阵可以写成

$$\hat{\boldsymbol{x}}_k = \boldsymbol{F}_k \times \hat{\boldsymbol{x}}_{k-1}$$

$$\boldsymbol{P}_k = \boldsymbol{F}_k \boldsymbol{P}_{k-1} \boldsymbol{F}_k^{\mathrm{T}} \tag{4.9}$$

如果目标系统是封闭的，那么就可以直接用式(4.9)来表征目标 k 时刻的状态，然而真实情况永远不是单一的，因此，还需要考虑目标系统的外部控制因素和干扰因素。以外部的控制因素为例，一个真实场景中的运动目标是很难以匀速运动的形式运动的，可以将外部加入的干预视为外部的控制因素，因此目标的运动需要一个加速度 a。所以目标的状态应该写成

$$p_k = p_{k-1} + \Delta t \times v_{k-1} + \frac{1}{2} a \Delta \Delta^2$$

$$v_k = v_{k-1} + a \Delta \Delta \tag{4.10}$$

以矩阵表达则是

$$\hat{\boldsymbol{x}}_k = \boldsymbol{F}_k \times \hat{\boldsymbol{x}}_{k-1} + \begin{bmatrix} \dfrac{\Delta t^2}{2} \\ \Delta t \end{bmatrix} a = \boldsymbol{F}_k \times \hat{\boldsymbol{x}}_{k-1} + \boldsymbol{B}_k \boldsymbol{u}_k \tag{4.11}$$

式中：$\boldsymbol{B}_k$ 为控制矩阵；$\boldsymbol{u}_k$ 为控制变量。

最后加入干扰因素，根据之前的假定，目标的状态概率是服从高斯分布的，因此目标在状态更新之后，仍然是服从高斯分布的，只是服从另一个高斯分布。可以将这一干扰因素当作协方差的噪声 $\boldsymbol{Q}_k$ 来处理，需要注意的是目标的状态均值是没有变化的。所以最终目标在 k 时刻的表达式为

$$\hat{\boldsymbol{x}}_k = \boldsymbol{F}_k \times \hat{\boldsymbol{x}}_{k-1} + \boldsymbol{B}_k \boldsymbol{u}_k$$

$$\boldsymbol{P}_k = \boldsymbol{F}_k \boldsymbol{P}_{k-1} \boldsymbol{F}_k^{\mathrm{T}} + \boldsymbol{Q}_k \tag{4.12}$$

从式(4.12)可以看出 k 时刻的最优估计由 $k-1$ 时刻的估计得到，并且加入了外部控制因素来进行修正，从而让其更符合实际目标的运动状态。

众所周知，由于累计误差的问题，仅仅对系统进行估计会导致估计值越来越偏离真实值，所以需要不停地用实际的观测值来更新系统。那么该如何来通过 $k-1$ 时刻的状态来更新预测 k 时刻呢？其实可以知道，在实际场景中，观测到的状态值和系统的数学表达仍然有一定差别，甚至观测到的数值都是有系统误差的。以视

频跟踪为例,目标的坐标状态是以像素为单位的,其数值本身是整形,且目标本身的尺寸会随着距离相机的远近不停地变化。所以可以采用矩阵 $\boldsymbol{H}_k$ 来表示观测得到的数值,则系统估计和观测空间之间的关系可以用如下式表达:

$$\boldsymbol{\mu}_{\text{expected}} = \boldsymbol{H}_k \hat{\boldsymbol{x}}_k$$
$$\Sigma_{\text{expected}} = \boldsymbol{H}_k \boldsymbol{P}_k \boldsymbol{H}_k^{\mathrm{T}} \tag{4.13}$$

假设观测值用 z_k 表示,观测空间的噪声也服从高斯分布,该分布的协方差用 $\boldsymbol{R}_k$ 来表示,则观测值(z_k, $\boldsymbol{R}_k$)与估计值($\boldsymbol{\mu}_{\text{expected}}$, Σ_{expected})处于同一空间,仅仅是服从不同的概率分布。我们认为那些同时落在以上两个分布的值应该具有更高的可信度,也就是这两个事件同时发生。两个事件同时发生概率可以通过两个概率分布相乘来计算,下面先讨论简单的一维情况。

假设事件 1 发生概率密度与事件 2 的概率密度分别服从高斯分布 $N(x_1, \mu_1, \sigma_1)$, $N(x_2, \mu_2, \sigma_2)$,则事件 1 与事件 2 同时发生的概率密度分布表示为 $N(x', \mu', \sigma')$,且满足

$$\mu' = \mu_1 + \frac{\sigma_1^2(\mu_2 - \mu_1)}{\sigma_1^2 + \sigma_2^2}$$
$$\sigma'^2 = \sigma_1^2 - \frac{\sigma_1^4}{\sigma_1^2 + \sigma_2^2} \tag{4.14}$$

式(4.14)又可以写成

$$k = \frac{\sigma_1^2}{\sigma_1^2 + \sigma_2^2}$$
$$\mu' = \mu_1 + k(\mu_2 - \mu_1)$$
$$\sigma'^2 = \sigma_1^2 - k\sigma_1^2 \tag{4.15}$$

将一维扩展到 n 维矩阵形式可以写成

$$\boldsymbol{K} = \boldsymbol{\Sigma}_1(\boldsymbol{\Sigma}_1 + \boldsymbol{\Sigma}_2)^{-1}$$
$$\boldsymbol{\mu}' = \boldsymbol{\mu}_1' + \boldsymbol{K}(\boldsymbol{\mu}_2 - \boldsymbol{\mu}_1)$$
$$\boldsymbol{\Sigma}' = \boldsymbol{\Sigma}_1 - \boldsymbol{K}\boldsymbol{\Sigma}_1 \tag{4.16}$$

式中:K 称为卡尔曼增益。我们将观测值与估计值代入式(4.16)可得

$$\boldsymbol{K} = \boldsymbol{H}_k \boldsymbol{P}_k \boldsymbol{H}_k^{\mathrm{T}}(\boldsymbol{H}_k \boldsymbol{P}_k \boldsymbol{H}_R^{\mathrm{T}} + \boldsymbol{R}_k)^{-1}$$
$$\boldsymbol{H}_k \hat{\boldsymbol{x}}_k' = \boldsymbol{H}_k \hat{\boldsymbol{x}}_k + \boldsymbol{K}(z_k - \boldsymbol{H}_k \hat{\boldsymbol{x}}_k)$$
$$\boldsymbol{H}_k \boldsymbol{P}_k' \boldsymbol{H}_k^{\mathrm{T}} = \boldsymbol{H}_k \boldsymbol{P}_k \boldsymbol{H}_k^{\mathrm{T}} - \boldsymbol{K}\boldsymbol{H}_k \boldsymbol{P}_k \boldsymbol{H}_k^{\mathrm{T}} \tag{4.17}$$

将 $\boldsymbol{H}_k$ 约掉可得

$$\boldsymbol{K}' = \boldsymbol{P}_k \boldsymbol{H}_k^{\mathrm{T}}(\boldsymbol{H}_k \boldsymbol{P}_k \boldsymbol{H}_R^{\mathrm{T}} + \boldsymbol{R}_k)^{-1}$$
$$\hat{\boldsymbol{x}}' = \hat{\boldsymbol{x}}_k + \boldsymbol{K}'(z_k - \boldsymbol{H}_k \hat{\boldsymbol{x}}_k)$$
$$\boldsymbol{P}_k' = \boldsymbol{P}_k - \boldsymbol{K}'\boldsymbol{H}_k \boldsymbol{P}_k \tag{4.18}$$

至此,我们得到了卡尔曼滤波的所有过程,其一共包含两个步骤:预测、更新。通过式(4.12)进行预测,通过式(4.18)用观测值进行更新。

2. 粒子滤波算法

上面讲述的卡尔曼滤波主要处理以高斯噪声加线性运动为模型的运动场景,但是在实际场景中,由于我们研究的行人运动轨迹往往带有自主智能行为目的,所以其运动模型往往是非线性的。而粒子滤波本身是一种基于贝叶斯估计的非线性的滤波方法,而正由于这一特点,粒子滤波被广泛地应用于行人跟踪。在介绍粒子滤波之前,我们先必须搞明白以下几个基本概念:贝叶斯滤波、蒙特卡洛随机模拟。

与卡尔曼滤波类似,贝叶斯估计也是通过 k 时刻之前的状态来估计 k 时刻的先验概率分布,贝叶斯滤波同样包含两个步骤:预测、更新。下面我们直接给出贝叶斯滤波的基本公式:

$$p(S_k \mid O_{1:k}) = \frac{p(O_{1:k} \mid S_k)p(S_k)}{p(O_{1:k})} \tag{4.19}$$

式中: S_k 表示系统在 k 时刻的状态; $O_{1:k}$ 表示从时刻 1 到时刻 k 的观测值; $p(S_k|O_{1:k})$ 表示从时刻 1 到时刻 k 观测值发生的后验概率分布。在处理视频跟踪的时候,我们往往可以进行如下假定,即目标在 k 时刻的运动状态只与上一个时刻 $k-1$ 的状态有关,也就是说系统的状态转移服从一阶马尔可夫模型。有了以上假定,事情似乎就相对简单起来了,我们假设目标在 $k-1$ 时刻的概率密度表示为 $p(S_{k-1}|O_{1:k-1})$,要从 $p(S_{k-1}|O_{1:k-1})$ 得到 $p(S_k|O_{1:k-1})$,可以进行如下推导:

$$p(S_k \mid O_{1:k-1}) = \int p(S_k \mid S_{k-1})p(S_{k-1} \mid O_{1:k-1})\mathrm{d}S_{k-1} \tag{4.20}$$

式(4.20)表示的是贝叶斯滤波的预测过程,在已知 $k-1$ 时刻的后验概率时,通过状态传递函数可得到 k 时刻的先验概率。状态传递函数用 $p(S_k|S_{k-1})$ 表示。当 k 时刻的观测值已知时,可以根据下式得到 k 时刻的后验概率:

$$p(S_k \mid O_{1:k}) = \frac{p(O_{1:k} \mid S_k)p(S_k)}{p(O_{1:k})} = \frac{p(O_k \mid O_{1:k-1},S_k)p(O_{1:k-1} \mid S_k)p(S_k)}{p(O_k \mid O_{1:k-1})p(O_{1:k-1})}$$
$$= \frac{p(O_k \mid O_{1:k-1},S_k)p(S_k \mid O_{1:k-1})}{p(O_k \mid O_{1:k-1})} \tag{4.21}$$

观测值的后验概率可以写为

$$p(O_t \mid O_{1:k-1}) = \int p(O_k \mid S_k)p(S_k \mid O_{1:k-1})\mathrm{d}S_k \tag{4.22}$$

综上,最终贝叶斯滤波的后验概率密度表示为

$$p(S_k \mid O_{1:k}) = \frac{p(O_k \mid S_k)p(S_k \mid O_{1:k-1})}{\int p(O_k \mid S_k)p(S_k \mid O_{1:k-1})\mathrm{d}S_k} \tag{4.23}$$

式(4.23)给出了在服从一阶马尔可夫过程的视频跟踪中,如何通过 $k-1$ 时刻的观测值和估计值积分得到 k 时刻的后验概率密度。之前我们提到,在视频行人跟踪场景中,目标的运动往往是非线性的,而我们又无法用一般的非线性函数去描述该运动模型,所以只能用一种近似的过程去模拟逼近,这也是下面我们要讲述的蒙特卡罗随机模拟。

蒙特卡罗随机模拟方法,又称随机抽样或统计试验方法。传统的经验方法由于不能逼近真实的某些物理过程,很难得到满意的结果,而蒙特卡罗方法由于能够真实地模拟实际物理过程,因此该方法在各种物理过程的研究中被广泛应用。该方法也是以概率和统计理论方法为基础的一种计算方法,是使用随机数来解决很多计算问题的方法。将所求解的问题同一定的概率模型相联系,用计算机实现统计模拟或抽样,以获得问题的近似解。为象征性地表明这一方法的概率统计特征,故借用赌城蒙特卡罗命名。

假设某一个随机变量 Q,它的数学期望是 $E(Q)$,而该随机变量无法用一个具体的数学表达式表示时,则可以用蒙特卡罗方法对其求近似解。从 Q 中随机抽取 N 个样本组成集合 $\{q_1, q_2, \cdots, q_N\}$,则可以用该集合的平均值去近似 Q 的期望 $E(Q)$:

$$E(Q) \approx \frac{1}{N} \sum_{i=1}^{N} q_i \tag{4.24}$$

值得注意的是抽取过程一定是随机的,且当 N 越大时,近似值越接近真实值,否则近似值会和真实值有较大的偏差。粒子滤波就是根据蒙特卡罗方法的原理,以一个随机抽样的样本经过加权平均来替代系统状态的后验概率分布,而这些抽取的样本就是所谓的"粒子"。下面介绍粒子滤波的两个主要步骤:序贯重要性采样、重要性重采样。

根据蒙特卡罗方法原理,我们通过一个随机抽样的样本来近似一个系统状态的后验概率分布。然而,在实际情况下,由于无法得知一个系统状态的真实后验分布到底是怎样的,所以很难从中进行随机抽样。序贯重要性采样则是在随机采样时,尽量采样容易采样的且接近真实的分布的重要性密度函数,以一个有限的粒子分布来模拟真实分布。假设在易采样的重要性密度函数中随机抽取 N 个粒子样本 s_k^i,则该重要性密度函数的估计值可以表示为

$$q(S_k \mid O_{1:k}) = \sum_{i=1}^{N} \omega_k^i \delta(S_k - s_k^i) \tag{4.25}$$

式中:ω_k^i 为归一化后的权值,权值由下式计算得到:

$$\omega_k^i = \frac{\tilde{\omega}_k^i}{\sum_{i=1}^{N} \tilde{\omega}_k^i} \tag{4.26}$$

$$\tilde{\omega}_k^i = \frac{p(O_{1:k} \mid s_k^i) p(s_k^i)}{q(s_k^i \mid O_{1:k})} \tag{4.27}$$

根据上面贝叶斯估计中所述的原理,当前时刻的系统状态仅和前一时刻有关,和未来时刻无关,测量值亦是如此,所以

$$q(S_k \mid O_{1:k}) = q(S_k \mid S_{k-1}, O_{1:k}) q(S_{k-1} \mid O_{1:k-1}) \quad (4.28)$$

再依据之前的贝叶斯估计方程,将式(4.28)代入式(4.27)可得

$$\tilde{\omega}_k^i = \tilde{\omega}_{k-1}^i \frac{p(O_k \mid s_k^i) p(s_k^i \mid s_{k-1}^i)}{q(s_k^i \mid s_{k-1}^i, O_k)} \quad (4.29)$$

式(4.29)就是序贯重要性采样的权值更新公式,根据式(4.25)即可近似估计系统状态的后验概率分布。然而随着权值的不断迭代更新,某些粒子的权值方差会逐渐接近于1,这就导致我们采样的一直都是某些粒子,从而丢失了随机性。这个问题又叫作退化现象,为了解决这一问题,我们需要进行重采样,也就是重要性重采样。

如图4.2所示,我们以一个圆表示一个随机抽取的样本"粒子",其中每个粒子的权重以它的面积表示,面积越大表示权重越大。在序贯重要性采样中,随着不停地更新迭代,某些粒子的权重会越来越大,而有些粒子则会趋近于0,这样我们就需要对其重要性进行重采样。显然根据序贯重要性采样得到的结果是那些权重大的粒子更能够表征真实的分布,因此我们只需要对那些重要的粒子分布进行繁衍,如此重采样的粒子就能够尽可能地接近真实分布。重采样后,每个粒子的权重重新进行归一化操作,如此采样得到每个粒子不再会导致某些粒子过大而趋近于1。针对重要性重采样的方法有残差重采样、分层重采样、系统重采样等[178],这里不再一一介绍。

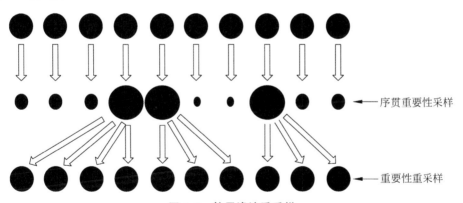

图 4.2　粒子滤波重采样

3. 均值漂移算法

均值漂移属于一种基于密度梯度的无参数估计方法,其于1975年被提出[179],1995年Cheng[180]对其进行了推广,从而引入计算机视觉领域。均值漂移算法在聚类、分割、跟踪方面拥有广泛的应用,这里仅介绍其原理和在视频跟踪算法中的应用。

正如上面提到的,在实际的目标跟踪中,我们很难找到一个确切的概率密度函数去表征一个系统的运动状态,而当传统的参数密度估计难以求解时,我们可以考虑非参数密度估计。Parzen E 于 1962 年提出核密度估计方法[181],该方法仅从数据本身出发,不做任何的先验假设,将数据样本分成若干个区间,把数据落在区间内的个数作为每个区间的概率值。对于一个数据集合 $\{x_1, x_2, \cdots, x_n\}$,假设其概率密度函数为 $f(x)$,核函数为 $K_H(x)$,则在 x 点的核密度估计为

$$\hat{f}(x) = \frac{1}{n} \sum_{i=1}^{n} K_H(x - x_i) \tag{4.30}$$

$$\boldsymbol{K}_H(x) = |\boldsymbol{H}|^{-\frac{1}{2}} K(|\boldsymbol{H}|^{-\frac{1}{2}} x) \tag{4.31}$$

其中 x 是核函数的中心点,式(4.31)核密度估计其实是计算了以每个数据样本点为中心基于中心点的漂移加权平均值。$\boldsymbol{H}$ 为带宽矩阵,常用的核函数 $\boldsymbol{K}_H(x)$ 有:均匀核、三角核、双权核、高斯核、余弦核。

均值漂移的本质是一个利用式(4.31)迭代寻找局部极值的过程。我们以视频跟踪为例,在图像提取的 D 维特征空间中,任选一个点,以这个点为中心,r 为半径形成一个 D 维的高维球。任何一个落在高维球的特征点与该球心可以产生一个高维向量,则所有的高维向量的加权平均则为该中心的均值向量,如图 4.3 所示为第 1 次迭代,然后中心点加上均值向量得到新的中心点,以新的中心点重复上述步骤可以得到第 2 次迭代的中心点,如图 4.4 所示。经过 n 次迭代后,最终得到特征的密度中心,如图 4.5 所示。根据 Comaniciu[182] 与文志强等[183] 的证明,均值漂移必然收敛,且收敛于概率密度最大的点。

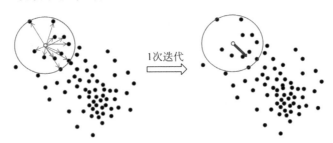

图 4.3 均值漂移第 1 次迭代

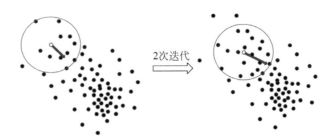

图 4.4 均值漂移第 2 次迭代

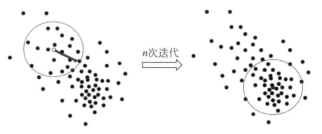

图 4.5　均值漂移第 n 次迭代

综上所述,根据均值漂移的原理,我们该如何把均值漂移运用在目标跟踪上呢? 基于检测的均值漂移目标跟踪主要分为四大步骤:①运用检测算法将目标与背景分割开来;②对这个目标进行反向投影,获取反向投影图;③根据反向投影图和物体的轮廓(也就是输入的方框)进行均值漂移迭代,由于它是向重心移动,即向反向投影图中概率大的地方移动,所以始终会移动到物体上;④下一帧图像用上一帧输出的方框来迭代即可。图像的反向投影图是用输入图像的某一位置上像素值(多维或灰度)对应在直方图的一个区间上的值来代替该像素值,所以得到的反向投影图是单通的。用统计学术语,输出图像像素点的值是观测数组在某个分布(直方图)下的概率,我们可以将反向投影理解为一种特征。我们还可以用其他特征如HOG 特征、SIFT 特征来替代反向投影图。事实上,针对多目标跟踪场景,能够区分不同目标的多维特征更适合应用在均值漂移中,而不是简单地使用反向投影特征。

4.2.2　基于数据关联的多目标跟踪算法

1. 匈牙利算法

在多目标跟踪中,如果当前时刻已经发生,那么如何把已经检测到的目标与已经存在的多目标跟踪轨迹关联上呢? 常用的办法是把检测到的目标的图像特征与之前的跟踪轨迹的图像特征做匹配。因此,以怎样的特征匹配算法来进行匹配将直接影响多跟踪的性能。下面我们来介绍图论中的经典数据匹配算法——匈牙利算法。匈牙利算法是一种在多项式时间内求解任务分配问题的组合优化算法。此算法之所以被称作匈牙利算法,是因为此算法很大一部分是基于匈牙利数学家Dénes König 和 JenöEgerváry 的工作创建起来的。

设 $G=(V,E)$ 是一个无向图。如顶点集 V 可分割为两个互不相交的子集 V_1,V_2,选择这样的子集中边数最大的子集称为图的最大匹配问题。如果一个匹配中,$|V_1|\leqslant|V_2|$ 且匹配数 $|M|=|V_1|$,则称此匹配为完全匹配,也称作完备匹配。特别地当 $|V_1|=|V_2|$ 时称为完美匹配。如果图中每条边所关联的两个顶点分别属于互不相交的顶点集,则这个图 G 称为二分图,或二部图。匈牙利算法就是要找到一个二分图能使得图中的点尽可能多地找到对应的匹配点。

下面我们通过一个具体的例子来说明匈牙利算法。如图 4.6 所示,给两个互

不相交的集合 V 与 Y 寻找配对。

　　首先,我们给集合 V 中的第一个元素 $V1$ 寻找配对,寻找配对的原则可以自己设定,对于视频多目标跟踪领域,我们常常将两个元素的特征相似度作为配对的衡量标准。假设在 Y 集合中找到特征距离相对最近的元素 $Y2$,则将 $Y2$ 与 $V1$ 进行配对,如图 4.7 所示。

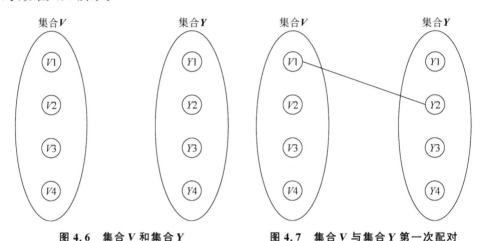

图 4.6　集合 V 和集合 Y 　　　　　　图 4.7　集合 V 与集合 Y 第一次配对

　　其次,我们给 $V2$ 寻找配对,当我们发现 $V2$ 在 Y 集合中距离最近的也是 $Y2$,并且存在 $d(V_1,Y_2)>d(V_2,Y_2)$ 时,我们将 $Y2$ 配给 $V2$,而 $V1$ 则需要重新寻找配对,最终找到 $Y4$ 距离是仅次于 $Y2$ 的,则我们将 $Y4$ 配给 $Y2$,如图 4.8 所示。

　　再次,如果 $V3$ 与 $Y1$ 距离相对最近,则将 $V3$ 与 $Y1$ 连接起来,如图 4.9 所示。

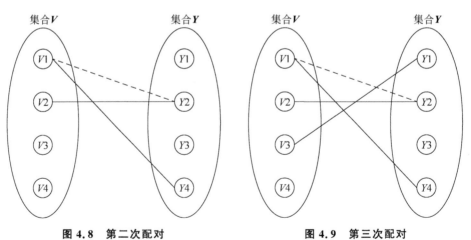

图 4.8　第二次配对 　　　　　　　　图 4.9　第三次配对

　　最后,我们给 $V4$ 配对,发现 $Y4$ 是相对最近的,但是存在 $d(V_4,Y_4)>d(V_1,Y_4)$,最后 $V4$ 只能和相对距离次较近的 $Y3$ 配对,如图 4.10 所示。

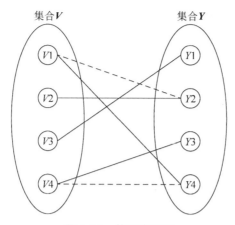

集合 V　　　　　集合 Y

图 4.10　第四次配对

当然,如果 V4 与 Y3 的距离没有满足自己所设定的阈值,则 V4 和 Y3 可以没有任何匹配对象。以上就是匈牙利算法在一个实例中的应用。匈牙利算法的思路是不停地找增广轨,并增加匹配的个数,增广轨顾名思义是指一条可以使匹配数变多的路径。

2. 相关滤波器算法

相关滤波器算法(KCF)[184-185]是目标跟踪领域最重要的算法之一,其特点:实现简洁、效果好、速度快。并且该算法解决了一个跟踪问题的难点,就是样本过少,而该算法通过循环矩阵位移产生大量样本来解决这个问题,并且通过离散傅里叶变换的推导,在频域计算速度极快。相关滤波器算法被提出来后,后面大量的跟踪算法都是以相关滤波器为基础来构建的。相关滤波器算法不但适用于单目标跟踪,在多目标跟踪中与检测器结合同样可以获得较好的效果,因此我们下面介绍该算法。

我们仍然用时间来区分视频中的图像帧,相关滤波器的主要思想可以描述为:假设我们在时刻 k 中的图像中已经知道目标的坐标 p,则在该坐标附近进行采样,用该采样得到的样本训练一个回归器,这个回归器可以计算任何一个滑动窗口的响应值;那么在时刻 $k+1$ 的图像中,在 k 时刻的目标坐标附近进行采样,用之前训练的回归器计算每一个采样窗口的响应值,最后认为响应值最大的窗口是目标在 $k+1$ 时刻的坐标。

在深度学习中,我们需要成千上万个各种场景的样本才能得到较好的效果,即使在传统的机器学习中样本数也是决定一个算法性能的关键指标之一。而相关滤波器算法采用的是在线学习、在线预测的方式,而相关滤波器的所有训练样本均是通过目标样本循环位移得到的。下面介绍 KCF 算法的具体流程,可以把 KCF 要求解的回归器用一个目标函数表示:

$$f(z) = \boldsymbol{w}^{\mathrm{T}} z \tag{4.32}$$

我们需要使得采样数据 x 与下一帧的真实目标位置 y 尽可能地接近,即求解如下公式：

$$\min_{w} \sum_{i} (f(x_i) - y_i)^2 + \lambda \|w\|^2 \tag{4.33}$$

将式(4.32)代入并求一阶导数等于 0 可以得到

$$w = (\boldsymbol{X}^{\mathrm{T}} \boldsymbol{X} + \lambda \boldsymbol{I})^{-1} \boldsymbol{X}^{\mathrm{T}} y \tag{4.34}$$

$$w = (\boldsymbol{X}^{\mathrm{H}} \boldsymbol{X} + \lambda \boldsymbol{I})^{-1} \boldsymbol{X}^{\mathrm{H}} y \tag{4.35}$$

式中：$\boldsymbol{X}$ 矩阵的每一行代表一个样本；y 的每一个元素是其对应的一个回归分布的值。对式(4.35)进行简化可以得到

$$\hat{w} = \frac{\hat{x}^* \otimes \hat{y}}{\hat{x}^* \otimes \hat{x} + \lambda} \tag{4.36}$$

式中：$\hat{x}$ 表示对 x 进行了傅里叶转换。但是在实际场景中，大部分的问题都是非线性的，因此 KCF 算法引入了核的技巧。在上面的算法也提到了，在实际场景中由于大部分的问题都是非线性的，因此很难找到一个对应模型函数的确定的形式。基于以上情况，可以通过将低维的数据映射到高维，以此达到将非线性计算转换成线性计算的目的，并且实验表明这个操作还会给跟踪带来更好的准确性。可以将 w 用一个高维的表达式表示：

$$w = \sum \alpha_i \varphi(x_i) \tag{4.37}$$

式中：$\varphi(x_i)$ 表示将 x 映射到高维空间的函数。将式(4.37)代入式(4.32)可得

$$f(z) = \boldsymbol{w}^{\mathrm{T}} z = \sum_{i=1}^{n} \alpha_i \kappa(z, x_i) \tag{4.38}$$

式中：κ 表示核函数，其定义运算如下：

$$\varphi^{\mathrm{T}}(x) \varphi(x') = \kappa(x, x') \tag{4.39}$$

由式(4.38)可知，求最小 w 的问题，其实就是求解最小的 α。根据文献[186]可以求得

$$\alpha = (\boldsymbol{K} + \lambda \boldsymbol{I})^{-1} y \tag{4.40}$$

对其进行傅里叶变换可得

$$\hat{\alpha} = \frac{\hat{y}}{\hat{k}^{xx} + \lambda} \tag{4.41}$$

最终目标函数可以表达为

$$f(z) = (\boldsymbol{K}^z)^{\mathrm{T}} \alpha \tag{4.42}$$

$$\hat{f}(z) = \hat{k}^{xz} \otimes \hat{\alpha} \tag{4.43}$$

KCF 算法采用的高斯核函数，表达式如下：

$$k^{xx'} = \exp\left(-\frac{1}{\sigma^2}(\|x\|^2 + \|x'\|^2 - 2F^{-1}(\hat{x}^* \otimes \hat{x}'))\right) \tag{4.44}$$

KCF 算法的公式推导比较复杂，但是在实际使用的时候，情况要简便得多。算法可以主要分成两个大的步骤：检测、模板更新。

（1）检测。在检测过程中,算法使用已经训练好的跟踪器对 padding 窗口区域进行滤波计算,得到输出的分布图,将其中最大响应位置作为预测目标的中心位置。根据上述定义的核相关向量的概念,输入样本和模板样本在高维空间的核矩阵形式为

$$K^z = C(k^{xz}) \tag{4.45}$$

那么检测过程中的输出响应方程为

$$\hat{f}(z) = \hat{k}^{xz} \otimes \hat{\alpha} \tag{4.46}$$

（2）模板更新。由之前的公式推导可以知道,我们在更新跟踪器的过程中只需要对 α 和训练样本集 x 进行更新即可。因此,在算法执行完检测部分之后,得到了新的目标预测位置,并得到了新的基样本,以此生成循环矩阵得到新的样本集 new_x,然后训练得到新的 new_α,最后利用上一帧的模型参数,使用线性插值的方法设定好更新步长 β 后对跟踪器进行更新,具体更新公式如下:

$$\alpha = (1-\beta)\alpha' + \beta \text{new\_}\alpha \tag{4.47}$$

$$x = (1-\beta)x' + \beta \text{new\_}x \tag{4.48}$$

4.3　基于深度学习的多目标跟踪技术

随着深度学习技术的发展,越来越多的学者热衷于基于深度学习的多目标跟踪算法研究。得益于深度学习中目标检测算法性能的大幅提高,基于检测的多目标跟踪也慢慢地变成目前研究的主流。其基本想法是先通过基于深度学习的目标检测方法提取一系列目标框,再根据前后帧间的关系,将含有相同目标的框分配相同的身份。目前目标检测的质量已经比较好,因此基于深度学习的多目标跟踪算法常被认为是一种数据关联的问题,即如何匹配对应的目标框。

基于以上思想,跟踪算法可以大致归结为四个步骤。

（1）通过检测网络得到目标框。

（2）对检测框提取特征,有些算法会增加一个运动预测模块。

（3）通过特征计算相似度。

（4）根据相似度匹配目标框。

由于检测网络已经在别的章节有所介绍,下面主要根据上面的四个步骤分别介绍近些年提出的一些技术与方法。

4.3.1　基于深度学习的特征提取与运动预测

目前,广泛使用的特征提取方法均是基于卷积神经网络的方法。Kim 等[187]最早将视觉特征纳入经典算法,即多假设跟踪算法,使用预训练的 CNN 从检测框中提取 4096 维度的视觉特征,然后使用主成分分析算法（PCA）将其减少到 256 维。这个改进使得该算法 MOTA 在 MOT15 上的得分提高了 3 分以上,截止到论

文提交时,它也成为该数据集当时排名最高的算法。Yu 等[188]则使用了 GoogLeNet 的修改版本,在一个定制的重识别数据集上进行预训练,通过结合经典的行人识别数据集将视觉特征与空间特征相结合,利用卡尔曼滤波得到的目标框提取特征,然后计算出关联矩阵,从而进行多目标跟踪。

结合 CNN 特征提取与运动预测比较经典的算法当属 DeepSort 算法[189],由于其代码开源,且性能优异,很快就应用在很多算法中。该算法在 Sort 算法[190]的基础上加上了一个行人重识别(Re-ID)的模型[191]用于提取目标的外观特征,并计算目标之间的相似度。该 Re-ID 模型融合了自定义残差 CNN 提取的视觉信息并且提供了一个具有 128 维特征的归一化向量作为输出,并将这些向量之间的余弦距离添加到 Sort 算法中使用的亲和力得分中。实验结果表明,该算法克服了 Sort 算法的主要缺点,即身份互换比较多的问题。下面具体介绍 DeepSort 算法。

DeepSort 是在 Sort 目标追踪基础上的改进。引入了在行人重识别数据集上离线训练的深度学习模型,在实时目标追踪过程中,提取目标的表观特征进行最近邻匹配,可以改善有遮挡情况下的目标追踪效果。同时,也减少了目标 ID 跳变的问题。其算法的核心思想还是用一个传统的单假设追踪方法,方法使用了递归的卡尔曼滤波和逐帧的数据关联。

利用卡尔曼滤波算法对目标的运动进行预测在上一节已经详细阐述,这里不再描述。下面我们主要介绍 DeepSort 算法的指派问题。解决检测结果与追踪预测结果关联的传统方法是使用匈牙利算法,DeepSort 同样也采用匈牙利算法,但是其同时考虑了运动信息的关联和目标外观信息的关联。

对于运动信息的关联:算法使用了对已存在的运动目标的运动状态的卡尔曼滤波预测结果与检测结果之间的马氏(马哈拉诺比斯)距离进行运行信息的关联,数学表达式如下:

$$d^{(1)}(i,j) = (d_j - y_i)^{\mathrm{T}} \boldsymbol{S}_i^{-1}(d_j - y_i) \tag{4.49}$$

式中:d_j 表示第 j 个检测框;y_i 表示第 i 个跟踪器对目标的预测位置;$\boldsymbol{S}_i$ 表示检测位置与平均跟踪位置之间的协方差矩阵。马氏距离通过计算检测位置和平均跟踪位置之间的标准差来解决状态测量的不确定性。如果检测框与跟踪器的马氏距离小于某一阈值,则认为是同一轨迹。

对于外观信息的关联:算法对每个检测框求一个特征向量,其特征向量满足二范数为 1;算法对每一个跟踪器构建一个特征缓存队列,每个跟踪器最多可以缓存最近 100 帧的特征向量。利用外观信息进行关联则是计算每个跟踪器最近 100 帧特征与当前检测结果的最小余弦距离,该计算公式可以表达为

$$d^{(2)}(i,j) = \min\{1 - r_j^{\mathrm{T}} r_k^{(i)} \mid r_k^{(i)} \in R_i\} \tag{4.50}$$

式中:r_j^{T} 表示第 j 个检测框的特征矩阵的转置矩阵;$r_k^{(i)}$ 表示第 i 个跟踪器的第 k 个特征矩阵。DeepSort 采用 ResNet 作为网络的主框架,在一个大规模 Re-ID 数据集上进行训练,最终网络提取目标的 128 维特征作为目标的外观特征。

$$c_{i,j} = \lambda d^{(1)}(i,j) + (1-\lambda)d^{(2)}(i,j) \tag{4.51}$$

如式(4.51)所示,算法最终采用两种信息的融合来作为关联的最终度量,其中 λ 为 0 到 1 的实数,根据目标的运动情况而定。

当一个目标长时间被遮挡之后,卡尔曼滤波预测的不确定性就会大大增加,状态空间内的可观察性就会大大降低。假如此时两个追踪器竞争同一个检测结果的匹配权,往往遮挡时间较长的那条轨迹因为长时间未更新位置信息,追踪预测位置的不确定性更大,即协方差会更大,马氏距离计算时使用了协方差的倒数,因此马氏距离会更小,因此使得检测结果更可能和遮挡时间较长的那条轨迹相关联,这种不理想的效果往往会破坏追踪的持续性。也就是说,假设本来协方差矩阵是一个正态分布,那么连续的预测不更新就会导致这个正态分布的方差越来越大,那么离均值欧氏距离远的点可能和之前分布中离得较近的点获得同样的马氏距离值。基于以上原因,算法采用了级联匹配来对更加频繁出现的目标赋予更高的优先级。级联匹配的核心思想就是由小到大对消失时间相同的轨迹进行匹配,这样首先保证了对最近出现的目标赋予最大的优先权,也解决了上面所述的问题。在匹配的最后阶段还对未确认的轨迹和仅出现一次的未匹配轨迹和检测目标进行基于目标框交并比的匹配。这可以缓解表观突变或者部分遮挡导致的较大变化,但是也导致一些新产生的轨迹被连接到了一些旧的轨迹上。

除了直接在一张图像上提取外观特征,另一种比较常用的办法是结合不同图像的融合信息,这样可以学习到不同目标的前后的差别,这些网络通常被称为孪生网络。

4.3.2　检测与跟踪融合的深度学习网络

随着基于深度学习的多目标跟踪算法的逐渐成熟,越来越多的多目标跟踪算法被应用在工业领域。由于深度学习网络其固有的超大计算量,使得其在边缘侧难以达到实时处理,因此对多目标跟踪技术的研究从性能指标转移到性能指标与耗时兼顾上来。得益于目标检测方面的长足发展,大量的学者提出了将检测和跟踪融合的多目标跟踪算法。

1. JDE 网络

Wang 等[192]首先提出 JDE 模型,该网络是直接在实用性良好的 YOLOv3 网络上增加一个外观特征提取层而得到。在此之前大部分多目标跟踪方法均是基于检测的结果,基于检测结果进行截取目标区域然后提取特征或者进行运动估计等。该方法效果得益于检测领域和目标重识别领域的长足发展,在多目标跟踪性能指标上取得了很好的成绩。但是由于其属于两阶段算法,处理耗时较高,因此在实际运用中并不理想。Wang 等提出了使用单个共享模型同时完成目标检测和目标表观特征提取任务,即将目标特征任务合并到一个单阶段的目标检测模型中,这样该模型可以同时输出目标检测框和表观特征。这样就形成了一个多任务学习问题,即同时完成目标分类、目标框回归和表观特征学习,损失函数则是三个子任务的加权和。最终该算法得到了当时最优的追踪效果,并且根据不同分辨率的输入图像,处理帧率最高达到了 24 帧/s。下面我们来具体介绍下该网络,图 4.11 所示为该网络的主要框架。

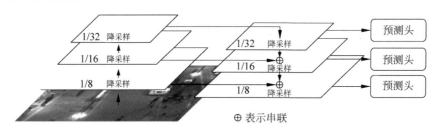

图 4.11 网络的主要框架[192]

图 4.11 所示网络的主要框架是一个经典的检测网络,其后嫁接了一个表观特征提取层。基于 FPN 的检测网络主要是为了使用多尺度特征对不同尺度大小的目标进行检测。这样一个多目标跟踪网络的学习主要分为检测任务的学习和表观特征的学习。检测任务的学习在其他章节已经有详细介绍,因此这里不再赘述。

学习表观特征的目的是使得同一目标表观特征的差异比不同目标的表观特征的差异小。而学习检测的目的是使得统一目标表观特征的差异比不同目标的表观特征的差异大,与其恰恰相反。作者认为可以使用三元组损失达到这一目的。假设 f^{T} 表示在训练中最小组选为锚定框的实例,f^{+} 表示其对应的正样本,f^{-} 表示其对应的负样本,则三元组损失可表示为 $L_{\mathrm{triplet}} = \sum_{i} \max(0, f^{\mathrm{T}}f^{-} - f^{\mathrm{T}}f^{+})$,由于三元组损失的数值跳动范围较大收敛较慢,这里对其去对数进行平滑。因此损失函数可表达为式(4.52)。

$$L_{\mathrm{upper}} = \log\left(1 + \sum_i \exp(f^{\mathrm{T}}f_i^- - f^{\mathrm{T}}f^+)\right) = -\log\left(\frac{\exp(f^{\mathrm{T}}f^+)}{\exp(f^{\mathrm{T}}f^+) + \sum_i \exp(f^{\mathrm{T}}f_i^-)}\right)$$

(4.52)

如果一个锚定框被标记为前景,对应的特征向量提取自特征图。提取的特征被送入一个共享的全连接层输出各类的概率,基于该概率值可以计算交叉熵损失。具有目标框的疑似目标但被识别为前景目标在计算表观特征距离损失时会被忽略。基于式(4.53)我们可以再次发现 JDE 是一个多任务学习模型,其总的损失函数可以视为检测的损失函数与重识别的损失函数的加权和。

$$L_{\mathrm{total}} = \sum_{i=1}^{M} \sum_{j=\alpha,\beta,\gamma} \omega_j^i L_j^i$$

(4.53)

式中:M 表示检测头的个数,在 JDE 中为 3;L_j^i 表示各输出层的损失函数;ω_j^i 表示加权系数。JDE 网络采用 Alex Kendall 等[193]提出的基于任务的不确定性独立去计算加权系数,因此最终损失函数表示为式(4.54),值得注意的是其中的 s_j^i 均是在训练中可学习的参数。

$$L_{\text{total}} = \sum_{i=1}^{M} \sum_{j=\alpha,\beta,\gamma} \frac{1}{2} \left(\frac{1}{e^{s_j^i}} L_j^i + s_j^i \right) \tag{4.54}$$

获取目标的坐标和表观特征之后,我们需要将当前帧检测得到的目标与已存在的轨迹进行匹配,而 JDE 算法则直接借鉴 DeepSort 算法的思想,使用简化的运动距离和表观特征的距离进行加权得到目标与轨迹的距离。

长久以来,工业界一直希望通过一个模型能够一劳永逸地解决检测和跟踪两个任务,JDE 网络算是第一个比较实用的融合检测和跟踪的网络。在 JDE 之后,大量的学者投入了检测与跟踪融合网络的研究中,先后有大量的优秀网络被提出。通常情况下,我们将 JDE 这种将检测和提取目标重识别特征融合的网络归属于单阶段多目标跟踪算法,而将 DeepSort 算法归属于两阶段多目标跟踪算法。下面我们给出在线多目标跟踪单阶段算法和两阶段算法的基本定义。所谓两阶段算法,即使用两个单独的模型,首先用检测模型获取图像中目标的边界框位置,然后用特征提取模型对每个目标框提取重识别(Re-identification,Re-ID)特征,并根据这些特征定义的特定度量将目标框与现有的一个跟踪轨迹匹配起来。其中检测模型中的目标检测是为了获取当前图像帧中所有的目标,Re-ID 则是将当前帧内的所有目标与之前帧的目标建立关联,然后可以通过 Re-ID 特征向量的距离比较和目标区域交并比(IoU)来通过使用卡尔曼滤波器和匈牙利等匹配算法建立关联。单阶段算法,即在进行目标检测的同时也进行 Re-ID 特征提取,核心思想是在单个网络中同时完成目标的检测和身份表观体征的提取(Re-ID 功能),以通过共享大部分计算来减少推理时间。两阶段算法的两个模型相对独立,检测模型仅需要关注检测性能,并且可以大量借鉴目标检测领域的优秀成果,而 Re-ID 模块在近几年来也有了长足的发展。但是两阶段算法的缺点也是很明显的,其两个模型会消耗大量的计算资源,且 Re-ID 模块的计算量与图像中的目标数成正比,导致实际运用中耗时较大且耗时不稳定。单阶段算法则共享检测和 Re-ID 模型的大部分计算,且 Re-ID 模型的计算量固定,其与目标数没有太大关系。似乎单阶段跟踪算法是一个更易于投入实际应用的方法,但是其也有固有的缺陷。前面已经说过检测任务和跟踪任务是有先天矛盾的,两者的学习目标完全相反,前者是希望学到一个特征能够很好地表达类间距离,该特征可以使得同一类目标距离更越小,不同类目标距离越大,而后者则是希望能得到一个表达类内距离的特征,这一特征使得类内的不同目标距离更大。单阶段算法直接将检测和跟踪网络融合的这一方法也直接导致了该算法在身份错接率方面表现较差。

2. CSTrack

基于 JDE 的成功,Liang 等[194]针对检测与 Re-ID 学习任务冲突问题提出了他们的解决方案——CSTrack。

为了避免检测和 Re-ID 网络在学习过程中存在的过度竞争问题,Chao Liang 等提出了一种新的交叉相关网络(cross correlation net,CNN)来解决单阶段跟踪框架下检测和重识别任务之间的学习冲突问题。作者首先将检测网络和重识别网络解耦为两个分支,进行独立学习;然后两个任务的特征通过自注意力方式获得自注意力权重图和交叉相关性权重图;自注意力图主要是为了促进各自任务的学习,交叉相关图则是为了促进两个任务的协同学习。而且,为了解决多目标跟踪过程中目标的尺度忽大忽小问题,作者设计了一个尺度感知注意力网络(scale-aware attention network,SAAN)用于对提取到的 Re-ID 特征进一步优化,SAAN 分别使用了空间和通道注意力,该网络能够获得目标不同尺度的外观信息,最后将不同尺度下的外观特征进行融合输出。

我们重新回顾 JDE 网络的主要结构,如图 4.12 所示,JDE 网络检测和 Re-ID 模块几乎共享了所有层的权重,而 CSTrack 则在 YOLO 头之前将三个特征层复制了两份,分别用于检测和提取 Re-ID 特征,后面的几个层相互独立。值得注意的是,CSTrack 采用的检测网络是性能更好的 YOLOv5 网络[195]。

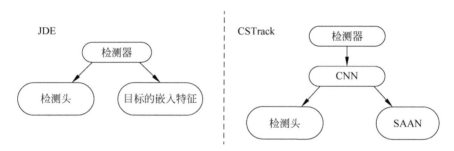

图 4.12　JDE 算法与 CSTrack 算法框架比较[194]

交叉相关网络的加入主要是为了在保留用于检测和 Re-ID 任务的共性特征的同时,各自模块更多地关注那些与自有任务强相关的特征。如图 4.13 所示,CNN 网络主要是将 YOLOv5 的三个输出特征层 F 复制两份,然后分别连接一个自相关网络和互相关网络。自相关网络更多的是放大那些在自有任务中关键特征的权重,而互相关网络则是希望保留那些检测和 Re-ID 共有的部分特征,同时可以防止学习无法收敛的情况出现。

如图 4.14 所示,尺度感知注意力网络连接交叉相关网络 Re-ID 模块的输出,分别以三种尺度连接空间注意力网络和通道注意力网络。具体地,首先,将 CNN 模块的 1/16 尺度和 1/32 尺度(与输入图像的大小相比)的特征采样到 1/8,然后使用一个 3×3 的卷积层对重塑的特征映射进行编码;其次,为了增强目标相关特征,同时抑制背景噪声,SAAN 引入空间注意力机制来处理特征,如图 4.14(b)所示,该操作是对每一个尺度学习一个空间注意力图,对每一个尺度的特征图在空间上做权重调制,使得每一个目标在不同尺度下获得的关注不同,以缓解多目标跟踪

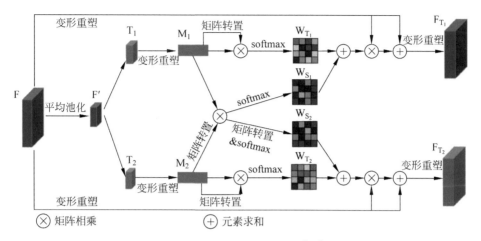

图 4.13　交叉相关网络结构[194]

过程中目标尺寸变化大和目标重叠的问题；再次，将不同尺度的特征在通道方向连接在一起，通过通道注意力机制学习对每一个特征语义通道的注意力权重，实现对通道关注度的调节，如图 4.14(c)所示；最后，将点乘上注意力权重的特征图通过卷积操作获得的最后的目标的表观特征。

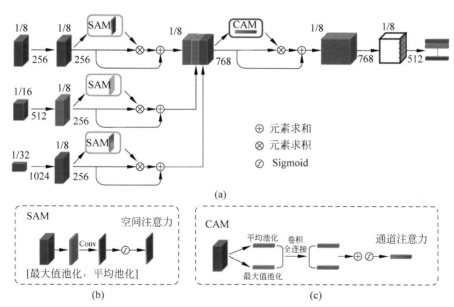

图 4.14　尺度感知注意力网络结构[194]

　　CSTrack 将检测和重识别的部分特征分开学习并加入表观特征多尺度学习这一机制确实较 JDE 算法性能有较大提升，在一定程度上缓解了 JDE 网络出现的检测与重识别学习的竞争问题，但是由于其共享权重占比较大，因此其在身份错接率方面的性能仍然不如同时期的两阶段跟踪算法。

3. FairMOT

相对于 CSTrack 的分开学习,Zhang 等[140] 则从另一个角度出发来解决 JDE 网络在身份错接率方面表现差的问题并提出一个新的多目标跟踪框架——FairMOT。Zhang 等认为目前的 JDE 网络有三个方面影响了跟踪性能的提升。

首先,JDE 的检测方式是同时提取检测框和检测框内物体的目标重识别的特征(低维的向量信息)。而基于锚定框的检测器产生出来的锚定目标框并不适合去学习合适的目标重识别的特征。原因在于,一个物体可能被多个锚定框负责并进行检测,这会导致严重的网络模糊性;并且,实际物体的中心可能与负责对该物体进行检测的锚定框中心有较大偏差。如图 4.15 所示,红色和橙黄色的锚定框均负责检测奔跑中的蓝色运动员,两个锚定框都未能很好地涵盖整个目标,且目标中心点和锚定框中心点距离较大。红色锚定框提取的重识别特征更是同时包含蓝色运动员和绿色运动员两个人的重识别信息,如此必然会加剧在跟踪过程中身份交换。

图 4.15 基于锚定框的特征提取[140]（见文前彩图）

其次,JDE 的表观特征仅是采用了高层网络中的语义特征,而未使用底层网络中的语义特征(比如纹理、颜色)。因此,要想提升跟踪性能必须融合多层次的特征。

最后,Zhang 等多目标跟踪领域不同于目标重识别领域,多目标跟踪领域更多是单镜头追踪,不存在换装问题,且多目标跟踪的训练数据量级远小于目标重识别,因此不应该提取高维度的表观特征,而应该降低特征维度;同时,高维度的特征在小数据量的训练过程中极易导致过拟合。

基于上述三种问题,Zhang 等提出了一个新的不需要锚定框的多目标跟踪框架。如图 4.16 所示,首先将输入图像送入编码-解码网络,通过对特征层的降采样和升采样获取多层次的融合特征,然后添加两个简单的并行预测头,分别预测边界框和重识别特征;最后提取预测目标中心处的特征进行边界框时序联结。FairMOT 是一个多目标跟踪框架,大部分不基于锚定框的检测网络均可以应用在这个框架中,而在作者自己开源的代码中则是以 CenterNet[123] 为检测框架。

CenterNet 以特征热力图来预测目标中心,如此很好地避免了锚定框不准确和未对齐导致的表达不准确问题。为了适应不同尺度的目标,FairMOT 将深层聚合(DLA)的一种变体应用于主干网络。与原始 DLA 不同,它类似于特征金字塔网络(FPN),能够提取多种尺度下的目标信息。此外,升采样模块中的所有卷积层都由可变形的卷积层代替,以便它们可以根据目标的尺寸和姿势动态调整感受野。针对高维度重识别特征反而容易出现过拟合问题,FairMOT 将重识别特征压缩到了 128 维,而传统的重识别特征一般为 512 维甚至更高。获取到目标左边和目标的重识别特征后,FairMOT 与 JDE 的流程基本一致,这里不再赘述。

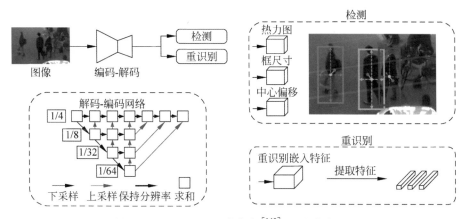

图 4.16　FairMOT 网络框架[140]（见文前彩图）

由于 FairMOT 不但集成了检测领域优秀的成果,还避免了锚定框带来的特征歧义性问题,因此在主流的 MOT16、MOT17 数据集上均取得了单阶段算法的最优效果,并且也好于大部分两阶段算法,但是其并没有很好地解决检测和重识别学习竞争的问题。

4. Trackor＋＋

在检测与重识别融合网络多目标跟踪方法的研究如火如荼时,Bergmann 等[196]则另辟蹊径,认为跟踪并不需要如此复杂,所有的事交给检测就好了。Bergmann 等提出将目标检测器转换为追踪器,不特意去对当前存在的遮挡、目标重识别和运动预测进行优化就能完成跟踪任务。甚至模型不需要特意进行训练和优化。

如图 4.17 所示,假设在 $t-1$ 时刻检测器检测到一个目标,而在 t 时刻则直接在 $t-1$ 时刻的目标位置进行目标框回归,利用目标检测器的边界框回归来预测对象在下一帧中的新位置,通过简单的重新识别和相机运动补偿对其进行扩展。具体的,Trackor＋＋跟踪主要分为三方面。目标跟踪:如图 4.17 所示,按照蓝色箭头指向,利用目标框回归将 $t-1$ 帧的活动轨迹扩展到第 t 帧,即通过将 $t-1$ 的目标边界框回归第 t 帧该目标的新位置。目标的身份号将从前一帧的边界框自动转移到新回归的边界框,从而有效地创建一个目标轨迹。目标轨迹剔除:在通过检测网络创建轨迹之后,当目标离开当前帧窗口或者新的分类 score 低于阈值时,则停用该轨迹。目标轨迹初始化:为了创建新的目标轨迹,如图 4.17 红色箭头所示,检测器对当前帧的所有目标进行检测,如果新检测到的目标没有覆盖任何轨迹部分(之前帧的目标与当前帧其他目标的交并比小于阈值),则认为该检测出来的目标为新目标。

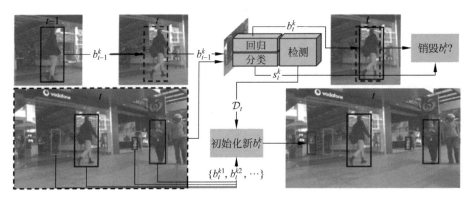

图 4.17 Trackor＋＋算法流程图[196]（见文前彩图）

Trackor＋＋的提出主要是基于两个前提,一是对于行人这类运动速度较低的目标,其前后帧的坐标位移相对较小;二是对于任何一个目标其在短时间内出现在画面的尺寸变化较小。基于这两大前提,Trackor＋＋针对行人跟踪确实获得了很好的结果,而且其计算量主要消耗在目标检测和回归上,一个棘手的多目标跟踪问题变成了目标检测问题。但是该方法在目标拥挤的场景中表现较差,这是由于当目标被同类目标遮挡时,检测器会一定概率地回归到同类其他目标上,这就导致了较高的身份错接率。多目标跟踪的大部分场景并不会是拥挤场景,该方法的提出给那些简单场景提供了一个简单高效的解决方案,并为多目标跟踪的研究提供了一个新的思考方式。

受启发于 Trackor＋＋的将跟踪问题看成一个检测的问题,Zhou 等[197]提出一个基于非锚框的检测器 CenterNet[123]的全新跟踪模型结构 CenterTrack,它通过在一对图像上进行检测,并结合前一帧的目标检测结果来估计当前帧的目标运动情况。

5. ByteTrack

沿着多目标跟踪(MOT)中 tracking-by-detection 的范式,Zhang 等[198]提出了一种简单高效的数据关联方法 ByteTrack。利用检测框和跟踪轨迹之间的相似性,在保留高分检测结果的同时,从低分检测结果中去除背景,挖掘出真正的物体(遮挡、模糊等困难样本),从而减少漏检并提高轨迹的连贯性。ByteTrack 能轻松嵌入 9 种 state-of-the-art 的 MOT 方法中,并取得 1～10 个点的 IDF1 指标的提升。

ByteTrack 跟踪的整个流程如下：首先,将每个检测框根据置信度得分分成两类,即高分框和低分框,使用所述高分框和之前的跟踪轨迹进行匹配。其次,使用所述低分框和第一次没有匹配上高分框的跟踪轨迹(例如在当前帧受到严重遮挡导致得分下降的物体)进行匹配。最后,对于没有匹配上跟踪轨迹,得分又足够高的检测框,算法对其新建一个跟踪轨迹,对于没有匹配上检测框的跟踪轨迹,将会保留 30 帧,在其再次出现时再进行匹配。

ByteTrack 使用当前性能非常优秀的检测器 Yolox[199] 得到检测结果。在数据关联的过程中,和 Sort 算法[190]一样,只使用卡尔曼滤波来预测当前帧的跟踪轨迹在下一帧的位置,预测的框和实际的检测框之间的 IoU 作为两次匹配时的相似度,通过匈牙利算法完成匹配。这里值得注意的是该算法并没有使用 Re-ID 特征来计算外观相似度,基于以下原因：第一是为了尽可能做到简单高速；第二是通过实验发现在检测结果足够好的情况下,卡尔曼滤波的预测准确性非常高,能够代替 Re-ID 进行物体间的长时刻关联。并且实验中也发现加入 Re-ID 特征对跟踪结果没有提升。

ByteTrack 能够表现出如此优异的性能的原因在于：遮挡往往伴随着检测得分由高到低地缓慢降低：被遮挡物体在被遮挡之前是可视物体,检测分数较高,建立轨迹；当物体被遮挡时,通过检测框与轨迹的位置重合度就能把遮挡的物体从低分框中挖掘出来,保持轨迹的连贯性。ByteTrack 是一个很好的嵌入式算法,它可以嵌入任何基于 tracking-by-detection 范式的多目标跟踪算法,代码简便且带来的计算负担极小,并对原算法的性能均有一定的效果。

6. PermaTrack

继 CenterTrack[197] 取得优异的性能之后,基于多帧输入的多目标跟踪的研究进入白热化,PermaTrack 算法于 2021 年被 Pavel 等[200] 提出。作者认为,目前在线多目标跟踪的主流方法是通过检测进行跟踪,算法效果很大程度上取决于瞬时观测的质量即单帧检测的效果,在物体不完全可见的情况下往往会失败。当物体不完全可见时,人类的认知会认为：物体是存在永久性概念的,一旦一个物体被识别,我们就会意识到它的物理存在,甚至在完全遮挡的情况下也能大致定位它。基于上述知识和 CenterNet[123] 主干网络,PermaTrack 用如下方案来解决目标的长时间遮挡导致的 ID 变换问题。

(1) 将两张图像输入改为序列图像输入。

(2) 增加一个门控卷积网络(ConvGRU)[201]模块。

(3) 增加一个预测目标是否可见的预测头 P 和 V。

将两张图作为序列图像输入可以利用先前帧的检测结果改善当前帧的检测；可以在时间轴上建立检测结果之间的联系；ConvGRU 模块可以更好地保存时序上的检测信息。上述的 V 和 P 是两种类型的目标的二分类结果,V 表示确实存在的目标并且是没有被完全遮挡的目标,P 则表示真实存在但是被完全遮挡的目标。

$$L = \frac{1}{N} \sum_{t=1}^{N} L_P^t + L_V^t + \lambda_{off} L_{off}^t + \lambda_s L_s^t + \lambda_d L_d^t \qquad (4.55)$$

其中相较于 CentTrack[197]，式(4.55)PermaTrack 的损失函数增加了 P 和 V 两种类型分类结果的损失用于分类目标被遮挡的状态。由此就引出了两个问题：假设 P 将所有遮挡的目标看成是正样本，那么对于一直处于相机盲区的目标，通过网络学习会出现目标没出现之前就会猜测一个轨迹出来，这个猜测有些类似无中生有，从直观上讲不合理；一开始观测到一个目标之后，在 t 时刻出现遮挡，然而在遮挡过程中目标出现了停顿，不符合人类和神经网络对于遮挡目标的假设：遮挡目标会保持恒定的速度，并且对于运动相机来说，这种问题就更没法解决了。

对应的 PermaTrack 提出的解决方案是：增加预处理，在 $t=0$ 时刻假定所有的目标(包括可见和完全遮挡)都是不可见的，接着当接连出现两次可见状态时，我们认定该目标是可见的，这种处理方式能够将完全遮挡的目标去除掉；按照人类或者神经网络的普通思路，遮挡目标应该保持恒定的速度。因此该算法是利用遮挡前的目标的速度和在 3D 空间中位置来计算下一个帧的位置，并投影到图像坐标系下。值得注意的是，为了构造符合该算法的训练数据集，作者使用了平台的合成数据。PermaTrack 提供了一种如何解决对不可见目标的轨迹通过在线的方式进行学习的方法，并在一定程度上解决了怎么弥补合成数据和真实数据之间 gap 的问题以及提升了算法的抗遮挡能力。

4.4 多目标跟踪技术的未来展望

基于上述章节的介绍，由于深度学习的长远发展以及其优异的性能，多目标跟踪的主流方向越来越多地集中到了深度学习这个领域。目前主流的基于深度学习的多目标跟踪方案可以分为以下几个步骤：目标检测、特征提取、相似度计算、轨迹匹配关联。深度学习在这四个步骤中都有不同程度的应用，也获得了较为理想的效果。我们不难从中发现一些很重要的特点：检测效果直接影响多目标跟踪的效果；在特征提取方面，深度学习技术不可或缺。

多目标跟踪技术的研究可能未来在以下几个方面会有较大突破。

(1) 如何尽可能地降低目标的误检率。

(2) 如何通过一个网络来跟踪不同类别的目标。

(3) 如何使用深度学习技术来提升目标匹配关联的性能。

(4) 如何通过时序图像的结果来矫正之前的错接问题。

第5章

跨镜行人重识别

5.1 引言

行人重识别(person Re-ID,以下简称 Re-ID),是在跨摄像机、跨场景下利用计算机视觉技术判断图像或视频序列中是否存在特定行人的技术,是计算机视觉领域的一个重要研究方向。Re-ID 的目标是在给定特定行人信息,包含图片、视频等,从其他摄像机甚至是同一摄像机的不同时间查询该人物是否出现。作为人脸识别技术的重要补充,该技术能够根据行人的穿着、体态、发型等信息认知行人,在实际监控场景下对无法获取清晰拍摄人脸的行人进行跨摄像头连续跟踪,增强数据的时空连续性。

21 世纪初,传统的行人重识别研究主要集中在两个层面:①如何设计更好的行人特征;②如何度量特征相似度。前者涉及的方式有 HOG 特征、局部最大概率 (local maximal occurrence, LOMO) 特征,后者比较有代表的是 KISSME 和 XQDA 等。但是传统的手工提取特征与相似度度量的方法无法应对复杂的真实环境。2015 年,郑良等在 ICCV 发布了 Market1501 数据集,Re-ID 和大量计算机视觉任务一样,开始进入深度学习时代。

在现有的技术研究过程中,Re-ID 与行人检测技术独立,注重对检测到的行人进行识别的阶段,其识别的过程可总结为如下四个主要步骤(图 5.1)。

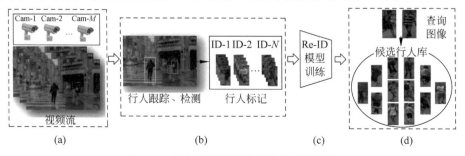

图 5.1 行人重识别系统的四个主要步骤

(a) 数据采集;(b) 数据处理;(c) 模型训练;(d) 行人检索应用

（1）数据采集：一般来源于监控摄像机的原始视频数据，或者从原始视频中抽取包含行人的视频帧画面得到。

（2）数据处理：包含行人的检测与标记。首先从图像和视频数据中裁剪出行人框，再标注相机标签和行人标签信息，其中属于同一个人的所有行人框归属于同一类。可使用人工或者人体检测与跟踪方式获取行人框信息。

（3）模型训练：设计模型挖掘训练数据集中不同行人的特征表达模式，使行人不同类间的差异扩大，并减小同类间的差异性，目前主要使用的方法为基于深度学习技术的模型。

（4）行人检索应用：将模型应用到实际场景中，检验模型的实际效果。其中，查询的行人数据集命名为 query，抓拍行人库命名为 gallery。

现如今，公共安全已成为人们日益关注的焦点和需求。大学校园、主题公园、医院、街道等公共卫生区域的监控摄像机不断增加，为行人重识别的研究与发展创造了良好的客观条件。Re-ID 已经在学术界研究多年，随着深度学习的发展取得了非常巨大的突破，其中研究的难点是在不同摄像机设备下，相机参数、角度等不可抗因素所带来的行人的空间形态变化，以及光照、遮挡、模糊等引起的行人外观变化，如何学习到行人细粒度的可区分信息、提高识别率是当前的研究热点。跨摄像机、跨场景下的行人外观变化如图 5.2 所示。

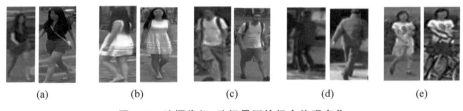

    (a)   (b)   (c)   (d)   (e)

图 5.2　跨摄像机、跨场景下的行人外观变化
(a) 低分辨率/模糊；(b) 角度/姿态变化；(c) 成像色差；(d) 光照变化；(e) 遮挡

现有的行人重识别的数据集和研究内容，分为针对单帧图片行人重识别和针对视频的行人重识别两种，本章内容前 4 节主要介绍基于单帧图片的行人重识别技术，5.5 节重点介绍针对视频序列的行人重识别。其中，5.1 节为引言，简要介绍 Re-ID 的研究背景及研究过程与方法。5.2 节介绍基于局部特征的 Re-ID 方法，此技术为 Re-ID 提供了细粒度的信息，对提升 Re-ID 的识别准确率非常有效。5.3 节介绍基于表征学习的 Re-ID 方法，这类方法使用 CNN 自动从原始图像中提取出表征特征，是目前最广泛使用的技术。以上几节都是介绍单域行人重识别（single-domain person Re-ID），5.4 节介绍跨域行人重识别（cross-domain person Re-ID）技术，通过弱监督、无监督的学习方法实现模型优化和域自适应，提高模型在目标域的泛化能力。5.5 节介绍基于视频序列的 Re-ID 方法，将 RNN、LSTM 等用于对视频序列中的时间维度、空间位移等信息序列建模，增加信息维度，提升识别性能。5.6 节介绍随着 GAN 网络的兴起而涌现的基于造图的 Re-ID 方法，此技术可解决 Re-ID 获取数据难的问题。

5.2 基于局部特征的 Re-ID 方法

由于深度神经网络最初应用于图像分类[8,21-22]，最早将深度学习技术应用到行人重识别领域时同样使用的是全局特征学习。采用全局特征的方法一般是将主干网络的输出作为行人图片的特征，主要研究方向集中于如何设计网络的损失函数和提取行人特征。Wu[202]等设计了一种使用小尺寸卷积滤波器的 PersonNet 来捕获图像中的细粒度线索。Qian[203]等提出了一种多尺度深度表征学习模型，用于捕获不同尺度上的区分线索，并自适应地挖掘适合行人检索的尺度。但是上述方法忽略了局部特征的重要性，存在一定的局限。近几年基于全局特征的性能遇到瓶颈，研究比较少，局部特征的方法成为研究热点。局部特征表示通常学习部分或区域聚集特征。实验表明，结合局部特征的方法，能有效提高特征的鲁棒性，挖掘出具有判别性的特征。将整体表示与局部特征相结合是当前的发展趋势。

本节内容介绍三种常见的结合局部特征的方法，包含图像切块、人体姿态估计、人体部位对齐。

5.2.1 图像切块的方法

图像切块包含水平分割和垂直分割，在行人重识别领域，水平分割更符合人体部位的直观感受，因此很少用到垂直分割。图像水平切块是指将图像在行人高度上进行切割，分为若干份，再分别输入神经网络提取相应特征。图像水平切块方法如图 5.3 所示。

Sun[204]等提出的 PCB(part-based convolutional baseline)网络是经典的图像切块方法。PCB 利用了等分的部件级特征为行人图像提供了细粒度信息，在给定图像输入的情况下，输出由几个部件级特征组成的卷积描述符。在此基础上，又提出了精细化的部件池化(refined part pooling，RPP)方法，给离异点重新指定与它们最接近的部件，加强了部分一致性，从而提高 PCB 的性能。网络模型架构如图 5.4 所示。

图 5.3 图像水平切块方法

具体的，PCB 使用 ResNet50 作为基础网络(backbone)，并移除了 ResNet50 全局平均池化(global average pooling，GAP)层及之后的部分作为 backbone 网络。输入一张 $384 \times 128 \times 3$ 的图片，经过 backbone 后得到张量 T，大小为 $24 \times 8 \times c$。从通道维度可认为张量 T 为 24×8 个列向量 f。

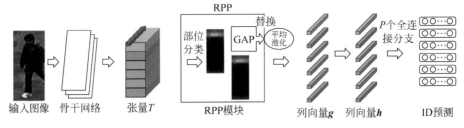

图5.4　**PCB＋RPP网络模型架构示意**

进一步地,将张量 T 从上往下平均分成 $p(p=6)$ 片,从通道维度对每片内的列向量进行局部平均池化(part average pooling,PAP),进而得到 p 个 c 维度的列向量 $\boldsymbol{g}_i$。最后,通过 1×1 的卷积层来降低 $\boldsymbol{g}_i$ 的维度,得到256维的列向量 $\boldsymbol{h}_i(i=1,2,\cdots,p)$。在训练阶段,每个 $\boldsymbol{h}_i$ 均经过一个权重不同的分类层产生分类结果,并各自用 softmax loss 进行优化迭代;在测试阶段,$\boldsymbol{g}_i$ 或者 $\boldsymbol{h}_i$ 连接在一起作为向量特征,结合余弦距离计算进行行人检索的应用。

PCB网络中采用了均分的策略,即 T 被均分为 p 个部位,未考虑不同部位 f 的相似性。为解决局部区域不一致的问题,在 PCB 的基础上添加了 RPP 结构。首先,对 PCB 的每个 f 做分类,得到 f 属于各个部件 P_i 的概率:

$$P(P_i \mid f)=\text{softmax}(\boldsymbol{W}_i^{\mathrm{T}}f)=\frac{\exp(\boldsymbol{W}_i^{\mathrm{T}}f)}{\displaystyle\sum_{j=1}^{p}\exp(\boldsymbol{W}_j^{\mathrm{T}}f)} \tag{5.1}$$

式中:$\boldsymbol{W}_i$ 是全连接层的参数矩阵。

然后,通过对所有的 f 使用 $P(P_i|f)$ 进行加权得到新的特征张量 P_i:

$$P_i=\{P(P_i \mid f)\times f,\forall f\in F\} \tag{5.2}$$

式(5.2)中:F 是 T 的集合。得到的 P_i 仍然是 T 的大小。最后,替换局部平均池化(PAP)为全局平均池化(GAP),得到新的特征向量 $\tilde{\boldsymbol{g}}_i$。

综上可知,PCB学习基于局部切块的特征表达,利用了每个部位内部的上下文信息的一致性,可大幅提升 Re-ID 的识别性能。但是,PCB未考虑身体各部位之间的关联。考虑到部位之间的关联性,Varior[205]等把行人图像垂直等分为若干份,然后把分割好的若干图像块按照特定顺序输送到一个 LSTM 结构中,该结构利用上下文信息增强了局部特征的表达能力,最后的特征融合了所有图像块的局部特征。Cheng[206]等将身体局部特征和全局特征整合到一个三元组训练框架中,设计了一个多通道部件聚集的深度卷积网络。

图像切块的思想简单朴素,表现良好,然而存在着一定的局限性。此类算法对图像对齐的要求比较高,如果两幅图像没有对齐,那么很有可能出现部件不匹配的情况,比如背景与头相比较,头与上身相比较,使得模型判断错误。

5.2.2 利用人体姿态估计的方法

基于图像切块的方法是一种硬切割,未考虑人体头、四肢、躯干等各个身体部位的语义信息。利用人体姿态的方法可以有效解决这个问题,实现基于行人身体部位语义信息的图像软切割。人体姿态估计的方法一般引入外部检测技术,如人体关键点检测、图像语义分割等,常用的人体骨架关键点语义定义如图 5.5 所示。

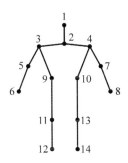

语义位置	编号	语义位置	编号
头顶	1	脖子	2
右肩	3	左肩	4
右手肘	5	左手肘	7
右手腕	6	左手腕	8
右髋	9	左髋	10
右膝	11	左膝	13
右脚踝	12	左脚踝	14

图 5.5 常见的人体骨架关键点语义定义

基于骨骼关键点检测的局部特征提取流程如图 5.6 所示,首先利用行人检测裁剪出行人区域,再使用人体关键点检测模型精确定位人体部位,最后根据获取的精确定位进行人体区域的切割,并送入局部特征提取网络进行细粒度的表征学习。

针对获取人体关键点后如何进行区域划分与局部特征提取,是基于人体姿态估计方法 Re-ID 技术的研究热点。Zhao[207] 等基于人体关键点检测提出了 Spindle Net 来构建行人重识别网络,利用 14 个关键点提取了 7 个感兴趣的(人体)区域(region of interest,ROI),包括头部、上身、下身、4 个四肢小区域。这 7 个 ROI 与原始图像被输入同一个卷积神经网络,原始图像经过完整的卷积网络得到一个全局特征,7 个 ROI 经过 3 个子网络得到 7 个局部特征,这 8 个特征在不同尺度上进行联结,最终得到一个融合全局特征和多尺度局部特征的行人重识别特征表示。具体地,头部、上身、下身这 3 个大区域经过 FEN-C2 和 FEN-C3 子网络得到 3 个局部特征,4 个四肢区域经过 FEN-C3 子网络得到 4 个局部特征。Spindle Net 的网络模型架构如图 5.7 所示。

图 5.6　基于骨骼关键点检测的局部特征提取流程

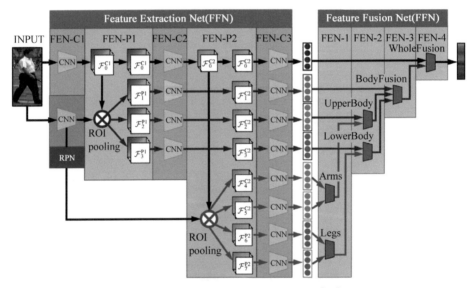

图 5.7　Spindle Net 的网络模型架构[207]

与 Spindle Net 不同,Chi[208] 等将行人划分为 6 个部分,提出了一种姿态驱动的深度卷积(pose-driven deep convolutional,PDC)模型,以利用人体部位的线索来缓解姿态变化,并从全局和局部进行稳健的表征学习。特别地,PDC 采用改进的 PTN(pose transformation network),如图 5.8 所示,网络学习仿射变换参数,将人体 6 个部分自动放在图中的某些位置得到姿态图,再分别对原图和姿态图进行特征抽取,采用了浅层网络共享、深层网络不共享的方式训练模型,从而可以学习到人体特征的有效表示。

Wei[209] 提出了一种全局-局部对齐特征描述子(global-local-alignment descriptor,GLAD),来解决行人姿态变化的问题。GLAD 利用提取的人体关键点把图片分为头部、上身和下身 3 个部分,并将原图和 3 个局部图片一起输入一个参数共享 CNN 网络中,最后提取的特征融合了全局和局部的特征。网络利用全局平均池化来提取各自的特征,来适应不同分辨率大小的输入图片。和 Spindle Net 略微不同的是,4 个输入图片各自计算对应的损失,而不是融合为一个特征计算一个总的损失 f^{GLAD}:

$$f^{\text{GLAD}} = [f^G ; f^h ; f^{ub} ; f^{lb}] \qquad (5.3)$$

式中:f^G 是从原始图中得到的特征;f^h、f^{ub}、f^{lb} 分别是从 3 个局部子网络中得到的特征。从上可知,假设特征提取网络得到的通道数为 M,则最终的 GLAD 网络的维度为 $4 \times M$。

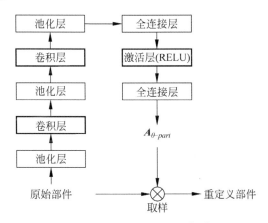

图 5.8 PTN 子网络结构[208]

利用姿态提取局部特征的方法比较容易融入背景区域的信息,且不同区域融入的信息比例不同,直接进行特征的比较会带来较多的误差。Xu[210]设计了注意力组成网络 AACN(attention-aware compositional network),其中,姿势引导的部分注意力模块掩盖了不期望的背景特征,注意力感知特征合成模块聚合了部件级特征。Zhang[211]等引入了一种具有密集语义对齐的零件级特征学习的双流网络,包括用于全图像表示学习的支路和用于密集语义对齐的零件特征学习的支路。Guo[212]等模型中,精确检测到的人体部位和粗略的非人体部位都被对准,以增强稳健性。此节中对相关算法的具体模型不再赘述。

与图像切割不同,这类方法引入外部检测技术来获得有意义的身体部位,还提供了良好对齐的部位局部特征。然而这些方法需要额外的姿态检测器,由于行人重识别数据集和人体姿态估计数据集之间的巨大差异,容易引入外部噪声。

5.2.3 人体部位对齐的方法

基于人体姿态对齐的方法需要额外提供检测器,这给标注数据集、模型的训练都带来时间和资源成本。Xuan[213]等研究了局部自动对齐的方法,提出了一种局部联合特征的 AlignedRe-ID 模型,利用行人局部区域之间的联系,通过路径动态规划算法对行人区域实现自动对齐,摆脱了传统的需要外部检测器的束缚。

AlignedRe-ID 模型在对行人区域进行全局特征提取之后,通过池化和 1×1 的卷积得到 $C\times7$ 的特征图,其中,C 为通道数。可知特征图有 7 行,分别表示行人的水平切块 7 个区域。若用 $F=\{f_1,f_2,\cdots,f_7\}$ 和 $G=\{g_1,g_2,\cdots,g_7\}$ 分别表示两张图的特征,则可得到特征行之间的距离:

$$d_{i,j}=\frac{\mathrm{e}^{\|f_i-g_j\|_2}-1}{\mathrm{e}^{\|f_i-g_j\|_2}+1} \quad (i,j\in 1,2,3,\cdots,7) \tag{5.4}$$

式(5.4)中:$d_{i,j}$ 为 7×7 的距离矩阵 D,表示从 $(1,1)$ 到 (i,j) 之间的最短路径距离。路径规划本身隐含了自上而下的顺序,这和人体分块后的区域之间存在一定的规律关系类似。若将图像之间的局部距离定义为从 $(1,1)$ 到 $(7,7)$ 的最短路径总距离,通过动态路径算法可表示为

$$S_{i,j}=\begin{cases} d_{i,j}, & i=1,j=1 \\ S_{i-1,j}+d_{i,j}, & i\neq 1,j=1 \\ S_{i,j-1}+d_{i,j}, & i=1,j\neq 1 \\ \min(S_{i-1,j},S_{i,j-1})+d_{i,j}, & i\neq 1,j\neq 1 \end{cases} \tag{5.5}$$

式(5.5)中:$S_{i,j}$ 是距离矩阵中从 $(1,1)$ 到 (i,j) 之间的最短路径总距离。这样,路径中的拐点即表示图像对应的位置,通过不断优化上述模型,直接实现了局部特征的充分利用和图片的对齐。

类似地,Zhao[214] 等认为行人姿态多变,人体分布空间不稳健,直接使用图片分割的方法不可靠,提出了一种自动局部特征对齐的网络结构,如图 5.9 所示。在得到行人的特征图(feature maps)之后,使用 FCN 网络提取 K 个通道,每个通道有一个局部特征检测(part feature_map detector)模块,包含了卷积层和 Sigmoid 激活层,表示针对不同的行人部位有不同的响应。局部特征检测模块之后再进行池化和降维,得到表征局部特征的向量。最后将 K 个通道的特征向量连接,通过 L2 归一化得到行人的最终特征向量。

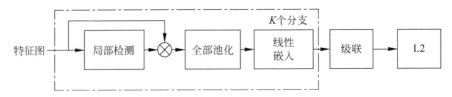

图 5.9　局部特征表示模块结构

5.3　基于表征学习的 Re-ID 方法

近几年,随着深度学习技术的快速发展与应用,特别是 CNN 可以自动从原始图像中根据任务需求自动提取出表征特征,使得基于表征学习的方法成为 Re-ID

中常用的方法[215-216]。一般认为,Re-ID 可以看作分类问题或者验证问题。

(1) 分类问题:利用行人的 ID 或者属性作为训练的标签信息,利用分类网络训练模型,得到行人的全局特征表示。

(2) 验证问题:输入一对行人图像,利用网络学习共性、差异性特征,判定是否属于同一个行人。

基于表征学习的 Re-ID 网络模型架构如图 5.10 所示。输入为若干对行人图片,包括分类子网络(classification subnet)和验证子网络(verification subnet)。分类子网络对图片进行 ID 预测,根据预测的 ID 来计算分类误差损失。验证子网络融合两张图片的特征,判断这两张图片是否属于同一个行人,该子网络实质上等于一个二分类网络。经过足够数据的训练,再次输入一张测试图片,网络将自动提取出一个特征,这个特征用于行人重识别任务。

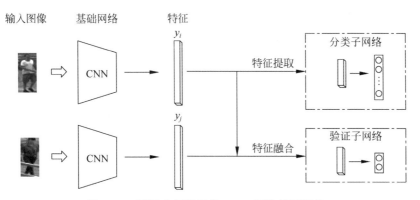

图 5.10　基于表征学习的 Re-ID 网络模型架构

表征学习已经成为 Re-ID 领域的一个重要的基础框架,且稳健性较强,训练比较稳定。本节介绍对于表征学习典型网络进行改进的三种方法,分别是:基于注意力机制,引入行人属性特征的多任务学习,基于图像分割。

5.3.1　基于注意力机制的方法

注意力机制源于人类观察事物的方式。在认知科学中,由于处理信息存在瓶颈,人类会选择性地关注一部分需要的信息,同时忽略其他可见的但不必要的信息,上述机制通常被称为注意力机制。

人类视网膜不同的部位具有不同程度的信息处理能力,即敏锐度,只有视网膜中央凹部位具有最大的敏锐度。为了合理利用有限的视觉信息处理资源,人类只需要集中关注视觉区域中的特定部分。例如,在天空中飞过一只鸟,人的注意力会跟随着鸟的痕迹,天空就成了背景信息。如图 5.11 中有狗、人、草地、树木,若判断图片中是否有狗,由于关注到了有狗的区域,人、草地、树木此时就成为"背景",从而给出确定的答案。注意力机制主要有两个方面:①决定需要关注输入的那部分;

②分配有限的信息处理资源给重要的部分。

图 5.11　基于注意力机制方法的前景与背景

同理,在行人重识别领域中,希望把关注点放在那些判别性强、区分度高的特征中,相应地忽略那些"背景"信息。具体来说,需要学习一个具有权重分布的掩码,使得输入数据或特征图上的不同部分对应的专注度不同。这种掩码可以作用在空间尺度上,给不同空间区域加权;也可以作用在通道尺度上,给不同通道特征加权。

注意力机制本质是一种自动加权平均,可以把两个需要联系起来的不同模块,通过加权的形式对 query 和 gallery 序列进行联系。首先,设计一个打分函数 f,将目标模块 m_t 和 m_s 进行关联,有如下四种形式:

$$f(m_t, m_s) = \begin{cases} m_t^T m_s & 1.\ \text{dot} \\ m_t^T W_a m_s & 2.\ \text{general} \\ W_a[m_t\ ;\ m_s] & 3.\ \text{concat} \\ \nu_a^T \text{Tanh}(W_a m_t + U_a m_s) & 4.\ \text{perceptron} \end{cases} \tag{5.6}$$

式中:W_a、U_a 表示 f 的模型参数矩阵。然后,采用 softmax 函数将其归一化,得到概率分布:

$$a_t = \text{align}(m_t, m_s) = \frac{\exp(f(m_t, m_s))}{\sum_{\tilde{s}}(f(m_t, m_{\tilde{s}}))} \tag{5.7}$$

学习到的高质量行人特征,应该同时具备专注且多样化的特点,前者旨在消除背景干扰,并着重于具有判别性的局部特征,后者鼓励特征之间有较低的关联性,使得特征空间更加全面。基于此,Chen[217]等提出了基于双通道注意力机制的ABD-Net,在空间尺度和通道尺度进行注意力加权,挖掘具有判别性质的特征。在此基础上,引入正交正则项,降低特征关联度。

针对基准方法所关注的激活区域不够,不能充分找全具有判别性质的特征,导致准确率不够高的问题,Yang[218]等提出了 CAMA 类激活图增强方法,CAMA 即多分支互补型类激活图,扩大了基准方法的激活范围。在此基础上,又提出了重叠激活惩罚(OAP),使得每个分支所关注的激活区域不重叠,降低了特征的冗余性。

现有的行人重新识别方法依靠受约束的注意力选择机制来校准未对齐的图像,由于较大的人体姿势变化和不受约束的自动检测误差,这些方法在进行匹配时不够稳健。Wu[219]等通过歧视性学习约束最大化不同级别的视觉注意力的互补信息,制定了一种协调注意力模型 HA-CNN(harmonious attention CNN),用于联合学习软像素注意力和硬区域注意力以及特征表示的同时优化,致力于优化不受控制(未对齐)图像中的行人重识别。

相似的研究还有很多,如 Huang[220]等利用注意力机制把提取的特征图分为域-共享图和域-特定图,前者用于行人重识别任务,后者用于缓解域偏移带来的噪声。Chen[221]等基于强化学习引入了一种在空间和通道上都具有注意力的自我批判模式。Si[222]等提出了一种上下文感知的注意力特征学习方法,该方法将序列内和序列间的注意力结合在一起,以实现成对特征对齐和优化。

5.3.2　引入行人属性特征的多任务学习方法

光靠行人的 ID 信息不足以学习出一个泛化能力足够强的模型,已有数据集针对行人标记了年龄、性别、头发长短、配饰、衣服等属性特征,可以将这些行人附加的注释属性信息加入模型训练,以增强特征表达能力。

在引入行人属性特征的多任务学习方法中,通过增加性别、头发、衣着等属性的网络子分支,引入行人属性标签进行模型的多任务学习。在此类网络模型中,不但要准确地预测出行人 ID,还要预测出各项正确的行人属性,这大大增加了模型的泛化能力。

行人的属性包含静态属性和动态属性两种。静态属性是指行人的固有属性,以及穿着打扮等,例如年龄、性别、上身穿着等。动态属性是指行人的行为动作类,如打电话、骑车等,会随着时间的推进而动态调整。由于动态属性对行人的可表征信息量较少,对于这类属性的研究较少,本节只讨论针对静态属性的多任务学习。

引入行人属性特征的多任务学习网络模型如图 5.12 所示,从图中可以看出,网络输出的特征不仅用于预测行人的 ID 信息,还用于预测各项行人属性,通过结合 ID 损失和属性损失能够提高网络的泛化能力。Lin[223]等证实这种方法是有效的。

引入行人属性的多任务 Re-ID 处理流程如图 5.13 所示,具体如下:

(1)搭建基准网络:一般采用 resnet50 作为基础网络,使用 ImageNet 的预训练模型初始化。

(2)Re-ID 模型构建:最后的全连接层 FC_0 有 K 个神经元,表示训练的行人 ID 数。一般的,在全连接层之前会有 dropout 层,避免过拟合。用 ID 做训练的层为多任务学习的基础模型层,也是 Re-ID 模型的主要任务层。

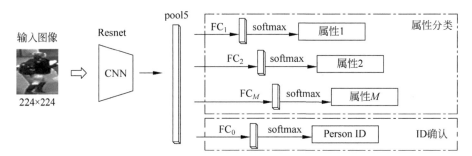

图 5.12　引入行人属性特征的多任务学习网络模型

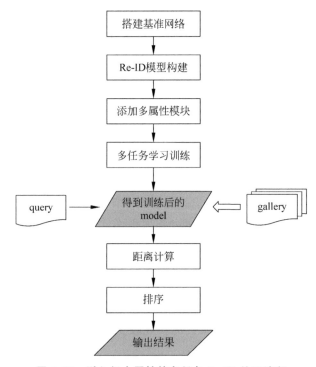

图 5.13　引入行人属性的多任务 Re-ID 处理流程

(3) 添加多属性模块：在基础层之外，添加 M 个属性的全连接层 $FC_1 \sim FC_M$，每个属性层的神经元个数与属性的数量相关，如性别有男、女，则性别属性层的全连接神经元个数为 2。最后使用 softmax 层做属性的分类计算。

(4) 多任务学习训练：此处主要是多任务学习的 loss 计算。

具体地，假设给定训练样本，则可以用 $D_i = \{x_i, d_i, l_i\}$ 集合表示训练样本集合，其中，x_i 代表第 i 张图片，d_i 代表 x_i 的 ID 身份，$l_i = \{l_{i1}, l_{i2}, \cdots, l_{iM}\}$ 代表 x_i 的 M 个属性信息。使用 pool5 层(resnet)的描述符为 f，得到 $1 \times 1 \times 2048$ 的向量，经过 FC_0 进行 ID 分类训练得到输出。使用交叉熵损失得到 ID 分类的损失

函数：

$$L_{\text{ID}}(f,d) = -\sum_{k=1}^{K} \log(p(k))q(k) \tag{5.8}$$

假设 y 是 ID 标签，则有

$$q(k) = \begin{cases} 1, & k=y \\ 0, & k \neq y \end{cases} \tag{5.9}$$

类似地，对于 M 个属性预测，采用 softmax loss 进行损失计算。假定对于某一属性 l_{ij} 有 m 类，则该类的 loss 可表示为

$$L_{\text{att}}(f,l) = -\sum_{j=1}^{m} \log(p(j))q(j) \tag{5.10}$$

同样地，假设 y_m 是该属性的真实标签，则有

$$q(j) = \begin{cases} 1, & k=y_m \\ 0, & k \neq y_m \end{cases} \tag{5.11}$$

综上，可得到最终的 loss 形式为

$$L = \lambda L_{\text{ID}} + \frac{1}{M}\sum_{i=1}^{M} L_{\text{att}} \tag{5.12}$$

式(5.12)中：L 包含了 ID 分类和 M 个属性的分类 loss 之和，超参数 λ 平衡了两个 loss 的贡献程度，由数据集的任务决定大小。

（5）Re-ID 检索测试应用：首先，利用多任务学习得到的 model，得到 query 和 gallery 的特征向量。接着，使用距离计算公式得到距离值。最后，根据距离大小得到 N 个从 gallery 中搜索到最佳匹配行人图片。其中，距离计算一般采用欧式距离或者余弦距离，$N(N \geqslant 1)$ 根据应用情况指定。

综上所述，引入行人属性特征的多任务学习可以在 Re-ID 基础任务之上，新增属性的子分支辅助提高 Re-ID 技术的识别精度。

同理，Su[224] 等提出了一种半监督属性学习框架，以半监督学习的方式增强特征表达的通用性和有效性。Tay[225] 等提出了一种属性注意力网络（attribute attention network，AANet），将行人属性和属性注意力图集成到分类框架中来。

另外，自然语言描述作为有效的辅助信息，可以用来改善视觉特征学习。Chen[226] 等利用自然语言描述作为有效视觉功能的附加参与训练，学习到了更好的全局视觉特征，在局部视觉和语言特征之间实现了语义一致性，具体的本节不再详细介绍。

5.3.3　基于图像分割的方法

采用人体框的方式难免包含多余的背景区域，为 Re-ID 的识别带来干扰。图像分割技术可以从像素级去掉背景信息，只关注前景的人体区域，使模型更稳健，同时，分割出来的 mask 区域包含人体形态信息，进一步可作为步态特征提供更精

准的人体身份判断。

基于图像分割的方法,涉及的图像类型有三种,如图 5.14 所示,包含 full、mask 和 body。其中,full 是指包含行人的原图,mask 是指分离出人体和背景的二值图,body 是指从 full 中提取出 mask 标定的人体区域的图像,只包含人体区域,不包含背景图像。

图 5.14   图像分割涉及的三种图像类型[227]

一般地,在进行图像特征提取时,输入的图像为三通道的 RGB 图。Song[227] 等将二值掩图 mask 构成原 RGB 图的第四个通道,组成四通道图像作为输入,基于 multi-scale context-aware network(MSCAN)构建了 mask-guided contrastive attention model(MGCAM),分别从 full、body 以及背景图中进行特征学习。

MSCAN 是 Li[228] 等提出的一个支持四通道摄入的多级的语义感知网络,其基本的网络模型架构如图 5.15 所示。其中,所有的卷积都使用了空洞卷积。

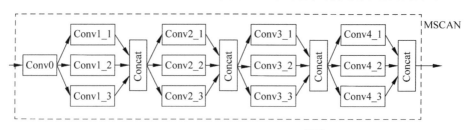

图 5.15   MSCAN 网络模型架构[228]

MGCAM 的网络模型架构如图 5.16 所示。MGCAM 模型使用输入图像的二值掩模作为辅助数据,首先使用两级的 MSCAN 模型提取四通道的图像特征,得到 f,再分别利用 f 计算 full-stream、body-stream、background-stream 的特征。特别地,模型中以 full-stream 为提取特征的主干,body-stream、background-stream 用来

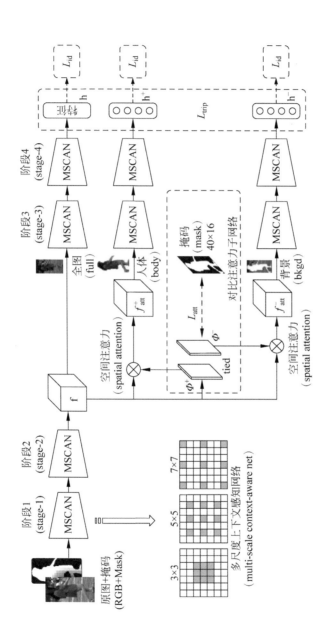

图 5.16 MGCAM 的网络模型架构[228]

辅助 full-stream 学习 body 区域特征。模型损失计算采用多种损失联合的方法，其中 triplet loss 用于将三个通道的输出 128 维特征向量用三元损失计算，以 full-stream 为 anchor，拉近 body-stream 与 full-stream 的距离，使网络能在学习过程中更加关注 body 区域。在 contrastive attention sub-net 中使用 mean squared error（MSE）loss 来计算 attention map 与 body-mask 之间的损失，最后用 siamese loss 用于分类计算。

MGCAM 将人体掩模作为 RGB 输入图像的一个附加通道，减少了噪声背景，增强了 Re-ID 的特征学习能力。

5.4 跨域迁移

以上几个章节介绍的都是单域行人重识别，与实际应用场景的要求还存在较大差距。在 Re-ID 的应用中，经常是在源域进行模型的优化训练，当直接把训练好的模型应用在目标域上时，因为摄像机画质、衣着变化等的差异，识别精度出现巨大下降。例如，在 Market1501 上训练得到一个 top1 精度可达到 97% 的 Re-ID 模型，若是应用于 DukeMTMC-Re-ID 数据集中，top1 识别精度会迅速降低至 60% 以下，这就是因为数据集之间存在明显的域偏移（domain gap），因为 Market1501 采集于夏天，行人基本为短袖，整体色彩都比较鲜明；而 DukeMTMC-Re-ID 采集于冬天，行人基本为冬装，色彩比较暗沉。

域的定义为 d 维特征空间 X 和边缘概率 $P(X)$，即 $D=\{X,P(x)\},x\in X$。假设源域 $D_S=\{(x_i,y_i),\forall i\in\{1,\cdots,N\}\}$ 概率分布为 $P_S(X,Y)$，目标域 $D_T=\{(z_j,h_j),\forall j\in\{1,\cdots,M\}\}$ 概率分布为 $P_T(Z,H)$，则域偏移即为 $P_S(X,Y)\neq P_T(Z,H)$。一般定义低阶的不同表现在噪声、光、颜色、分辨率等，高阶的不同表现在数量、目标类型和几何变化等。源域和目标域也并不是完全不同，也表现为低阶分布不同，但是高阶分布相同。

在实际的行人重识别应用中，基本无法保证源域、目标域的严格对齐，即存在域偏移。因此，跨域行人重识别的研究意义越发显著。通过提升目标场景下的 Re-ID 性能，发挥算法作用和优势，才能突破 Re-ID 技术的落地应用限制，为在各类产品和应用场景中的落地打下基础。随着人工智能的不断发展演进，如何通过迁移学习、自监督学习、GAN 等前沿技术实现模型优化，成为跨域行人重识别的重要研究方向。

当前行业针对跨域的研究主要集中在以下三个方面。

（1）基于弱监督学习的方法。鉴于目标域中没有 ID 标签信息，不能进行有监督的模型特征学习，这类方法主要是在目标域中引入辅助学习任务，间接提升目标域的 Re-ID 识别能力。在 5.4.1 节对这类方法做详细的介绍。

（2）基于无监督学习的方法。不依赖于 GAN 的风格迁移技术，在目标域中引入一些无监督的学习任务,提高模型在目标域的泛化能力。在 5.4.2 节对无监督的学习进行详细的介绍。

(3) 基于 GAN 的方法。5.4.3 节集中介绍基于 GAN 的 Re-ID 方法,包括两种,一种是从源域到目标域的风格迁移,另一种是直接在目标域内部实现风格迁移。

5.4.1　基于弱监督学习的方法

目标域上没有行人 ID 标签,通过在目标域中建立辅助任务获取监督信号,从而可以实现无标签目标域的弱监督挖掘。EANet[229](enhancing alignment for cross-domain personRe-identification)就是利用在目标域额外引入一些关键点、分割行人图像的任务来提高模型在目标域的泛化能力。

实现弱监督学习的效果有两个前提:①辅助任务的标签可以自动获取;②辅助任务本身对 Re-ID 性能有促进作用。EANet 使用关键点、分割行人图像的任务,可以帮助模型区分语义信息,同时满足了标签可自动获取和对 Re-ID 有促进作用的两个要求。

EANet 的网络模型结构如图 5.17 所示,其主要特点是部件对齐池化、每个部件的 ID 约束、部件分割(part segment)约束,并且,在训练阶段同时使用了有 ID 标记的源域、无 ID 标记的目标域图片。每个部件的 ID 约束来自 PCB 模型的启发,可训练初判别性强的模型。

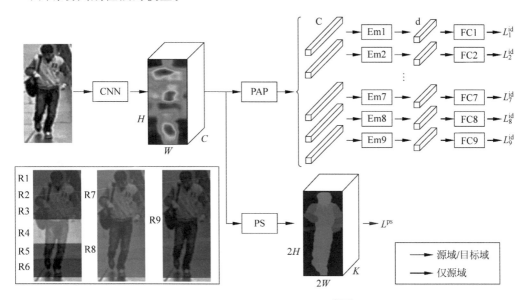

图 5.17　EANet 网络模型结构[229]

在 PCB 模型中,无法解决检测框失误带来的对齐问题。EANet 则引入了基于 COCO 数据集训练得到的人体关键点实现对齐,并将人体定义为 9 个区域,相比于

PCB 的区域,多了上半身、下半身、全身 3 个模块,用来补偿关键点未检测到的区域。当有区域遮挡或者丢失时,不进行 pooling 的操作,而直接令其取 0 向量,该项的 loss 也为 0。若用 $\nu_p \in \{0,1\}$ 来表示区域 p 是否可见,可见时为 1,不可见时为 0,则该项的 loss 为

$$L_{\text{id}} = \sum_{p=1}^{P} L_p^{\text{id}} \cdot \nu_p \tag{5.13}$$

相应地,图 5.17 中的 PS 模块是直接添加的一个语义分割子网络,其中语义分割的标签通过在 COCO Densepose 数据集上预训练,再用于源域、目标域的数据集生成了分割伪标签,最后应用于 Re-ID PS 模块的训练,进而实现了语义分割对位置定位的监督。用 k 表示第 k 个区域,则 PS 的 loss 计算方式如下:

$$L^{\text{ps}} = \frac{1}{K} \sum_{k=1}^{K} L_k^{\text{ps}} \tag{5.14}$$

取各个区域的平均值得到总的 loss 值,最后再对单个 loss 进行迭代优化。综上可得到多任务联合的弱监督训练公式如下:

$$L = L_{\text{S}}^{\text{id}} + \lambda_1 L_{\text{S}}^{\text{ps}} + \lambda_2 L_{\text{T}}^{\text{ps}} \tag{5.15}$$

式中:下标 S 表示源域;T 表示目标域;上标 id 表示 Re-ID 任务;ps 为分割任务。

5.4.2 基于无监督学习的方法

近年来,在无监督学习的浪潮下,无监督 Re-ID 及域自适应的 Re-ID 任务也逐渐受到大家的关注。这两类方法主要区分点在于源域数据是否有标签。

(1) 无监督域自适应 Re-ID(unsupervised domain adaptive Re-ID):需要标注的源域数据或模型。此类方法主要包含目标域图像数据生成和目标域监督信息挖掘等方式,旨在通过源域有标注的数据和目标域无标注的数据进行训练,从而在目标域上取得较好的性能。与一般分类任务上的域自适应中类别之间有部分或者全部的重叠不同,重识别任务上的两个域类别可以认为完全没有重复。这是因为域自适应的重识别任务的应用场景一般为将 A 城市训练的 Re-ID 模型应用于 B 城市,或者是将虚拟合成数据训练的 Re-ID 应用于真实世界的场景等,在这些应用场景中,两个域间的类别很难存在重复。

(2) 无监督 Re-ID(unsupervised Re-ID):不需要源域标注信息。其主要包括跨摄像头标签估计以及一些监督信息挖掘的方法,与目前很受关注的无监督预训练(unsupervised pre-training,UP)任务,存在两方面主要区别:一方面是无监督预训练任务从网络随机初始化开始,无监督 Re-ID 任务从预训练好的网络开始,一般是从 ImageNet 等模型预训练得到;另一方面是无监督预训练的网络需要经过 fine-tune 才可以应用在下游任务上,而无监督 Re-ID 任务本身可以看作一个无监督的下游任务,经过训练的网络可直接部署应用。

域自适应 Re-ID 任务与无监督 Re-ID 任务非常相似。相比而言,域自适应 Re-

ID 只是在研究问题设置上多出了有标签的源域数据。所以,在域自适应 Re-ID 任务中去除源域预训练的步骤,即可应用于无监督 Re-ID 任务。在无监督域自适应模型中,有一类方法是基于 GAN 网络的图像风格迁移技术,这部分内容将在 5.4.3 节做详细介绍。本节中,重点介绍不基于 GAN 网络的无监督学习技术和方法。

1. 无监督域自适应 Re-ID

由于域偏移存在,无监督域自适应学习是行人重识别的一个主流研究方向,它将带有标签数据的源域中的知识迁移到无标签的目标域中,提高无标签目标域的行人识别及检索准确度。解决领域自适应 Re-ID 的算法可以分为伪标签类和域转换类,伪标签类被认为可以获得较好的性能,其中基于聚类的伪标签法最为有效。

以 DDAN[230] 技术为代表,常用的域自适应网络模型包含三个模块,如图 5.18 所示,分别为特征提取模块(feature extractor)、分类模块(label predictor)、域偏移度量模块(domain classifier)。目前大部分基于聚类的伪标签算法(如自相似分组(SSG)、互平均学习(MMT)等)在训练上分为两步:第一步,在源域上利用有标签的源域数据进行有监督的预训练;第二步,在预训练的模型基础上,利用目标域无标签的数据及其聚类产生的伪标签进行微调。

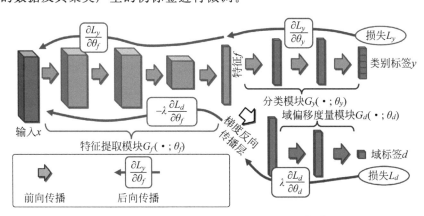

图 5.18　深度域自适应 Re-ID 网络结构[230]

在上述流程中,源域数据只用来做模型的预训练,而真实的标签数据未得到充分的利用。同时,在 DBSACN 等聚类的伪标签方法中,对无法分配为伪标签的数据直接丢弃,没有全部使用目标域的数据进行训练,且这些被丢弃的数据很有可能是值得挖掘的困难样本。

为了合理地挖掘所有的可用信息,提升数据利用率,Zhu[231] 提出了一种自步对比学习(self-paced contrastive learning)框架,在训练中使用全部的源域和目标域数据。自步对比学习框架中,包含一个特征编码器和一个混合记忆模型。特别地,混合记忆模型使用了统一对比损失函数监督网络更新,提供了在动态变化的类别下的连续有效监督。对于目标域的离群值,采用了将原图当作一个单独类的方

法,实现了实例级的标签。具体的算法流程如下:

(1) 初始化。使用 ImageNet 预训练的模型对图像编码器进行初始化,使用初始的编码器对所有的样本进行一次前向计算实现混合记忆模型的初始化。

(2) 聚类和聚类离群值。在每个迭代前进行聚类,并根据聚类可靠性评价标准进行聚类的筛选,仅保留可靠的聚类,其余样本均视作聚类离群值。

(3) 网络和混合记忆模型的更新。在每个迭代中,首先利用编码器对小批量的样本进行特征编码,然后利用统一对比损失函数进行网络的反向传播更新,最后利用编码的特征以动量更新的方式更新混合记忆模型。

自步对比学习的方法利用多种不同形式的类别原型提供混合监督,以实现对所有训练数据的充分挖掘,在 Re-ID 的任务上取得了突出表现。

同样地,Yu[232] 提出了一种新颖的做法,使用源域模型的 softmax 给目标域图像生成各自的软标签,用来表征一个连续的概率分布,使用的损失函数为

$$L_{\mathrm{MDL}} = -\log \frac{\overline{P}}{\overline{P} + \overline{N}} \tag{5.16}$$

式中,$\overline{P}$ 和 $\overline{N}$ 分别为

$$\overline{P} = \frac{1}{|\mathcal{P}|} \sum_{i,j \in \mathcal{P}} \exp(-\| f(z_i) - f(z_j) \|_2^2) \tag{5.17}$$

$$\overline{N} = \frac{1}{|\mathcal{N}|} \sum_{k,l \in \mathcal{N}} \exp(-\| f(z_k) - f(z_l) \|_2^2) \tag{5.18}$$

可见,损失函数采用了三元组构建(正、负样对),在特征空间上,让正样对距离减小、负样对距离增大。与传统的 contrastive loss 或者 triplet loss 形式并不相同,但是目标一致。

另一种思路是在目标域进行无监督的学习,提供模型在目标域的模型泛化能力。Zhong[233] 等从目标域的类内差异入手,设计了一种样本特征记忆学习方案,并研究了目标域的域内不变性,提出了目标域三种不同类型的不变性约束:样本不变性、相机不变性和邻域不变性。其中,样本不变性如图 5.19(a)所示,使不同的样本互相远离,给目标域每幅图像一个独立的标签,在之前无监督学习的一些工作中已经被探索并证明是有效的;相机不变性如图 5.19(b)所示,认为样本与其风格迁移后的对应样本在特征分布空间中应当接近,此部分需要 GAN 的辅助,在不同相机间进行风格迁移;邻域不变性如图 5.19(c)所示,认为目标域中的相近样本是有可能共享 ID 的,因此,给当前样本的 k 近邻的样本一定的概率,要求它们能够以相应的概率被预测到当前样本类别中,从而拉近了样本与其 k 个最近邻的距离。

域不变映射网络(domain-invariant mapping network,DIMN)[234] 制定了对于域迁移任务的元学习流水线,学习一个领域内可推广的行人重识别模型,而不需要任何模型的更新。在训练中,采集源域的子集以更新记忆库,增大了区分度和扩展性,使模型具有领域不变性。

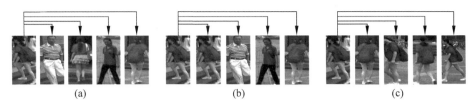

图 5.19 目标域三种不同类型的不变性约束

(a) 样本不变性；(b) 相机不变性；(c) 领域不变性

Qi 等[235]针对源域和目标域之间的数据差异,强调相机级子域存在独特的特征,提出了"相机感知"域适应方法,同时减小相机子域、目标域和源域之间的差异,同时,针对目标域中缺少标签信息的问题,利用时间连续性来创建判别信息。

Zhang[236]等开发了一种具有渐进增强框架(self-training with progressive augmentation framework,PAST)的自训练方法来进行学习。在保守阶段,捕获目标域数据集的局部结构,从而改进特征空间分布。在提升阶段,获得有关数据分布的全局信息。Zhang 等提出的自训练策略通过交替采用保守阶段和提升阶段来逐步增强模型的泛化能力。

TFusion[237]将时空信息用作监督信号,以增量学习的方式把源域学习的时空模式通过贝叶斯融合模型传递到目标域,提高了跨域行人重识别的性能。

2. 无监督 Re-ID

在缺少行人身份标签的情况下,早期的无监督行人重识别主要学习某些不变的部分,比如字典方法[238]、度量方法[239-240]、显著性方法[241]等。CVPR 2016 的 UMDL(unsupervised cross-dataset transfer learning for person re-identification),提出针对 Re-ID 任务是一种基于字典的学习方法,在多个源数据集上学习跨数据集不变性字典,迁移到目标数据集上,然而准确率依然很低。

对于行人重识别域迁移问题,跨摄像头标签估计是主流方法之一[242-243]。Liu[240]等通过逐步度量提升方法渐进式地挖掘标签。然而,这些方法都限制了模型的判别性和可扩展性。

由 5.4.2.1 的内容可知,基于深度学习的大多数应用到领域自适应的 Re-ID 方法,都可以应用到无监督 Re-ID 上,如 MMT,SpCL 等。区别于域自适应的 Re-ID 方法,基于深度学习的无监督的 Re-ID 流程包含三部分:第一部分是特征提取,直接利用网络前向计算得到图片的特征;第二部分是聚类,通过传统的方法如 k 近邻算法(k-Nearest Neighbor,KNN),具有噪声的基于密度的聚类方法(Density Based Spatial clustering of Applications with noise,DBSCAN)将提取到的特征聚类成不同的类别,生成伪标签;第三部分是特征的存储和更新,通过类似于 softmax 的分类函数,利用伪标签对网络进行训练。在迭代的过程中,逐步优化网络参数,使聚类更精确,伪标签更合理。

在以上的三个步骤中,图片的特征更新对于网络的训练有较大的影响。考虑到 Re-ID 任务中,不同 ID 的图片数量大小不同,为了消除这种影响,Dai[244] 等提出了 Cluster Contrast Re-ID 算法,核心是以人的维度进行特征的提取和更新,从而将特征的更新速度与图片数量进行解耦,在 ID 的层面对模型进行调优。模型的训练流程如图 5.20 所示,主要包含初始化和迭代训练两个步骤。

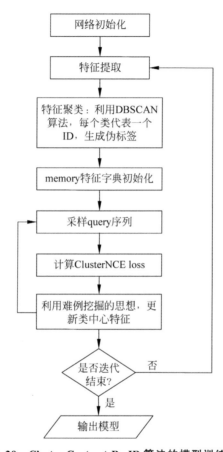

图 5.20 Cluster Contrast Re-ID 算法的模型训练流程

在网络初始化阶段,针对无标签的训练样本数据 X,输入使用 ImageNet 预训练的网络模型 f_θ,得到初始特征。接着,在每个迭代中,首先利用 DBScan 将训练数据聚类为 N 类,即代表初始的 ID 伪标签,每一类代表一个 ID 信息;再利用聚类生成的伪标签采样得到每个类的特征值 $C = \{c_1, c_2, \cdots, c_N\}$,利用 C 初始化得到每个类的特征字典。特别地,在初次的 epoch 中,类特征由随机挑选得到,其他的为模型在不断迭代过程中的更新值。

在模型迭代训练阶段,先是利用 f_θ 得到样本特征,再从每个类中取样固定的样本数,若用 P 表示采用的 ID 数,K 表示每个 ID 的取样特征数,则在每个 batch 中,可得到 $P \times K$ 个 query 样本。接着,通过 InfoNCE loss 计算模型损失。对于给定的 query 实例,其属于 C 的 loss 计算方式为

$$L_q = -\log \frac{\exp(q \cdot c^+)/\tau}{\sum\limits_{i=1}^{K} \exp(q \cdot c_i)/\tau} \tag{5.19}$$

式中：τ 为模型超参数；c^+ 表示正类；L_q 越小表示 q 与 c^+ 越近，与其他类越远。

训练的最后一步为存储特征的更新。特别地，Cluster Contrast Re-ID 从每个 ID 中只提取一张图片的特征进行模型的更新，从而保证了图片数量对模型优化的干扰。在挑选特征的过程中，采用了难例挖掘的思想，即挑选出与上一次存储的特征最不相似的图片特征。具体地，每次进行存储特征的更新时，从 $P \times K$ 个样本中，只挑选出 P 个与所属类值最小的特征进行参数的更新：

$$q_{\text{hard}} \leftarrow \arg\min_q q \cdot c_i, \quad q \in Q^i$$
$$c_i \leftarrow m \cdot c_i + (1-m) \cdot q_{\text{hard}} \tag{5.20}$$

式中：Q^i 表示当前 batch 中的属于类 c_i 的所有样本数；q_{hard} 为与类 c_i 最不相似的样本，用其值对 c_i 的存储特征进行更新，开始下一轮的迭代，直到模型训练结束。

在 Cluster Contrast Re-ID 中，解决了数据集中 ID 图片数量不平衡的问题。同样地，Ye[245] 等研究了从不平衡无标签数据中估计样本标签的问题，提出一种锚点嵌入框架 RACE(robust an chor embedding)，该框架选取了代表不同行人的锚定序列形成锚图，并引入了基于正则化仿射的鲁棒锚点嵌入，迭代地估计含有噪声帧的未标记序列标签，由此扩大视频序列数据集。

Cluster Contrast Re-ID 结合难例挖掘的思想，提出一种利用相似度最小的样本更新类特征的方法。类似地，Fan[243] 等提出了一种聚类和识别联合进行的学习方法来迁移特征表达模型。该方法引入聚类辅助任务，迭代地分配伪标签，通过自定步调学习在目标域中挑选值得信赖的训练样本参与训练，直至模型收敛。

Cluster Contrast Re-ID 等方法是从数据集中挖掘信息，在相机端也包含行人轨迹、相机参数等信息，可以为 Re-ID 的任务提供特征增强。Li[246] 等提出了一种轨迹关联的无监督深度学习（tracklet association unsupervised deep learning，TAUDL)框架，主要思想是联合进行相机内轨迹关联和相机间轨迹相关性建模，通过最大化发现摄像机视图之间最可能的轨迹关系，联合学习每台摄像机内的轨迹关联和跨摄像机轨迹关联。Wu[247] 等提出了基于摄像机感知的相似一致性损失，来学习摄像机内匹配和摄像机间匹配中的成对相似分布。为了更有效地学习相似一致性，进一步提出了一种从粗到精的一致性学习方案，分两步学习全局一致性和局部一致性。

语义属性也被用于无监督 Re-ID。Wang[248] 等提出了一种可迁移的联合属性-身份深度学习（transferable joint attribute-identity deep learning，TJ-AIDL)框架，该框架将身份区分特征和语义属性特征结合在一个双分支网络中，同时学习身份可辨别的特征表示空间和可迁移到任何新的目标域的属性语义，并不需要从目标域收集新的标记训练数据。

局部比整体更有利于挖掘标签信息,基于这一点,一些方法尝试学习部件级的特征表达。PatchNet[249]通过挖掘块片级别的相似度来学习区分小片特征。Fu[250]等提出了自相似分组(self-similarity grouping,SSG)方法,利用全局和局部的相似度度量来给目标域分配伪标签,迭代地进行分组以及行人重识别模型训练。

5.4.3 基于 GAN 的方法

在进行 Re-ID 任务的应用时,源域和目标域的数据之间有偏差,这种偏差通常由多种原因引起,包含行人姿态之间的偏差、相机之间的偏差等。GAN 网络可以实现图像的风格迁移,可以有效地解决原始图像数据呈现之间的一致性,从而达到特征对齐的效果,更好地区分不同模态的图像特征。

图像风格迁移的方法包含两类,一类是从源域到目标域的图像风格迁移,一类是在目标域内部的图像风格迁移。

将源域图像风格迁移到目标域是无监督域适应行人重识别方法的一种主流方式,利用生成的相同风格的图像,可以在无标签目标域中进行监督学习。基于GAN 的图像风格迁移结构如图 5.21 所示,生成器将源域的图像转换为目标域风格的图像,判别器则试图鉴别生成图片与真实目标域图像的真伪。

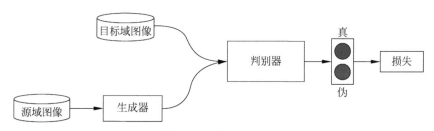

图 5.21 基于 GAN 的图像风格迁移结构

特别地,CycleGAN 是一个循环的 GAN 网络,可以实现 A 域与 B 域的互相转换。CycleGAN 包含两个生成器和一个判别器,通过计算生成损失和判别损失,使生成器生成的样本越来越逼真,判别器的鉴伪能力越来越强,最终可用生成器实现域转换。

Deng[251]等提出了一种保留域内自相似性的生成对抗网络(similarity preserving cycle consistent generative adversarial network,SPGAN)和域间互异性的无监督域适应框架,如图 5.22 所示,它由一个孪生神经网络(siamese network,SiaNet)和 CycleGAN 组成。孪生神经网络实现域内自相似性和域间互异性,循环神经网络利用 G 和 F 进行源域到目标域的风格迁移。SiaNet 的设计实现了 ID 保持约束,结合 Re-ID 的任务目标,提高迁移效果。在从源域图像向目标域进行图像风格迁移时,为了不改变图像的 ID 信息,额外使用了一个 Re-ID 中常用的 metric(contrastive) loss 来增强 GAN 的风格迁移效果:

$$L_{con}(i,x_1,x_2)=(1-i)\{\max(0,m-d)\}^2+id^2 \qquad (5.21)$$

式中：x_1、x_2 是图像样本对。当 x_1、x_2 一张为源域图像，一张为风格迁移后生成的图像时，如图 5.22 中的绿色箭头所示，则二者构成正样本对；当 x_1、x_2 一张为风格迁移后生成的图像，一张为目标域的图像时，如图 5.22 中红色箭头所示，则二者构成负样本对。学习的目标即为正样本对的距离越来越小，负样本对的距离越来越大。

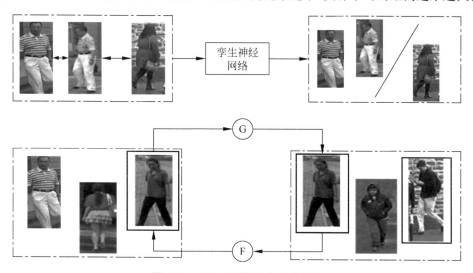

图 5.22　SPGAN 的两个组成网络

同样地，Wei[252] 等提出了一种基于生成对抗网络的行人风格迁移模型（PTGAN）来解决领域间隔问题，在保证人本体前景不变的情况下，利用 CycleGAN 将目标域图像的背景转换为源域的风格，并加入身份损失保证迁移过程中行人身份保持不变，从而实现知识从带标签源域数据集到未标记的目标域数据集的迁移。

有研究表明，另一种提高目标域泛化能力的方式是直接在目标域内部进行细粒度的风格迁移。Zhong[253] 等提出了异质-同质学习方法（hetero-homogeneous learning，HHL），同时基于相机不变性进行同质学习，以及基于区域连通性进行异质学习，在此基础上，通过生成对抗网络来进行图像风格迁移。在目标域中，使用了 Star GAN 实现了不同相机图像之间的风格迁移，并且设置了目标域的图像在迁移相机风格后 ID 仍然保持不变的机制，同时，从源域和目标域中任意构建负样本对，实现了国际领先的效果。

5.5　基于视频序列的 Re-ID 方法

单帧图像的视觉信息通常是有限的，多帧的视频序列拥有更丰富的外观表示和时态信息，因此很多工作利用视频序列来做行人重识别的研究。基于视频序列的方法最主要的不同点在于这类方法不仅考虑了图像的视觉信息,还考虑了帧与帧之间的运动信息等。基于单帧图像的方法主要思想是利用 CNN 提取图像的空间特征,而基于视频序列的方法则是同时提取空间特征和时序特征,考虑帧与帧之间的运动信息。空间特征具有行人场景和外表的信息,比如衣服颜色、行人身高外形等;而时序特征传达了目标的运动信息,是对空间特征的补充。一个典型的基于视频序列的 Re-ID 系统如图 5.23 所示,主要包括三部分:基于图像的多帧特征提取模块;时序模型方法整合时序特征和损失函数[254]。如何将图像级的特征融合为稳健的特征是目前视频 Re-ID 关注度最高的部分,一般基于视频序列的 Re-ID 方法分为两大类:基于图像集的方法和基于时序序列的方法,其中基于图像集的方法将视频看作无序的集合,这类方法通常是独立地提取图像特征,然后利用特定的时序池化方法将图像级的特征整合为帧级特征;基于时序序列的方法采用时序线索进行表示学习。本节主要介绍基于时序序列的三种方法;利用运动信息建模的方法;利用时序信息建模的方法;3D 卷积建模方法。

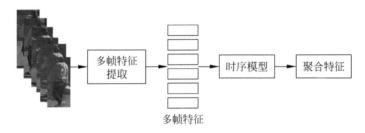

图 5.23　典型的基于视频序列的 Re-ID 系统

5.5.1　利用运动信息建模的方法

行人的运动信息中包含步态、手臂摆动幅度等信息可以辅助对行人的识别,早期基于视频序列的 Re-ID 方法主要关注行人的运动信息,将其与图像级的特征进行融合,其中光流作为行人的运行信息应用最广。光流法是运动图像分析的重要方法,它表达了图像的变化,包含目标运动的信息。Mclaughlinn[255]将光流和图像序列作为输入,然后利用孪生网络提取图像及特征和光流特征;同时利用 RNN 提取时空信息,最后利用时序池化(temporal pooling)将不同长度的视频序列池化为一个特征向量。其中输入的光流信息对行人的步态、手臂摆动幅度编码运行特征,图像信息对行人的样貌穿着编码外貌特征。用于视频序列行人 Re-ID 的循环卷积网络如图 5.24 所示。

Liu[256]中累计运动背景网络也是将图像序列和光流序列作为输入,但是传统的光流提取算法比较耗时,论文作者训练了一个可以自动提取光流信息的网络,该网络将图像序列作为输入来提取运动光流的运动特征。整个网络结构是双流网络结构,包含空间网络和运动网络分别学习空间外表特征和运动特征,然后双流特征

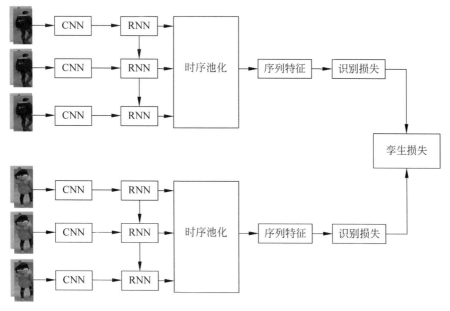

图 5.24 用于视频序列行人 Re-ID 的循环卷积网络

通过循环神经网络进行学习判别性的累计运动背景信息,再利用时序池化将两种特征融合为最后的特征表示,整个网络利用分类损失和对比损失函数进行训练。通过双流网络提取内容信息和运动特征,提高了行人识别的效果。

5.5.2 利用时序信息建模的方法

利用时序信息建模的方法主要考虑如何捕获时序信息,使得特征表达中含有时间线索,一般时序特征学习方法分为三种:第一种利用辅助的卷积神经网络提取时序特征;第二种将视频作为三维数据利用 3D 卷积提取特征;第三种利用时序的操作比如 RNN 或者时序池化整合帧级的特征获取稳健的特征,这种方法是目前主流方法。Mclaughlinn[255]利用 RNN 提取时序特征,同时结合时序池化操作融合时序信息;Li[257]利用多个空间注意力模型发现有判别性的身体区域,同时利用时序注意力模型加权这些判别性区域,最后将时序特征拼接到一起作为整个时空特征,整个网络结构如图 5.25 所示,其中时序注意力模型具有时序信息特征提取的能力,获取时序线索信息。

Li[258]等提出一个短时长时时序表示(GLTR)方法来提取视频序列的多尺度时序线索,GLTR 首先在相邻帧建模短时线索,然后捕获不连续帧的长时依赖关系,其中短时线索由平行的具有不同时间膨胀参数的空洞卷积建模,长时线索由时序自注意力模型获取,时序自注意力模型可以消除遮挡和噪声的干扰;短时和长时线索通过一个简单的 CNN 网络整合一起作为最终的输出的特征。整个结构如图 5.26 所示。

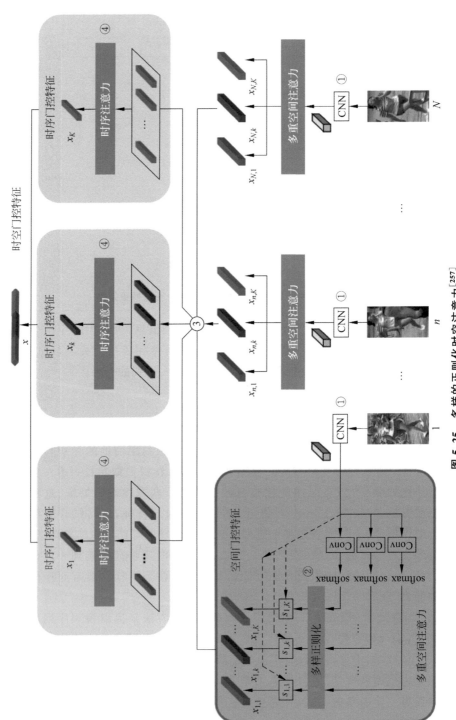

图 5.25 多样的正则化时空注意力[257]

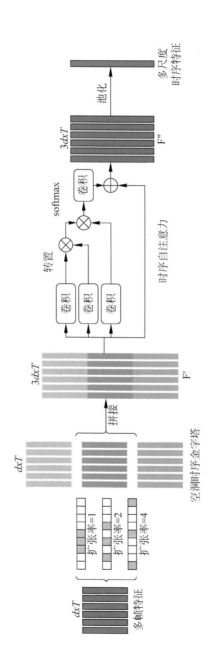

图 5.26 短时和长时时序表示方法结构

5.5.3 3D卷积建模方法

3D卷积能很好地提取时空序列特征,许多视频分析任务比如动作识别[259-260]都利用3D卷积进行序列的特征提取,通过3D卷积在时间和空间上滑窗,提取视觉外表和时序线索。受到视频动作识别相关研究的启发,Liao[261]等提出在行人视频序列上使用3D卷积提取行人时空特征,然后利用注意力机制非局部块(non-local block)聚合时空特征。

整个网络结构分为两部分:一部分通过3D卷积从视频段中提取时空特征,另一部分通过non-local block聚合时空信息。

Liu[262]等利用稠密3D卷积(D3DNet)提取时序特征和外表特征,D3DNet由多个三维稠密块和转换层构成,三维稠密块可以增大时空的感受野,使得网络学到判别性的特征表示,D3DNet网络结构如图5.27所示。

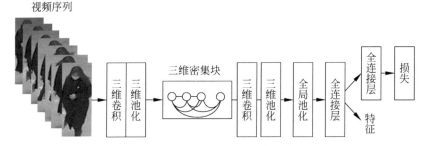

图 5.27 D3DNet 网络结构示意

基于3D卷积的方法会产生大量参数使得模型训练优化困难,Li[263]等利用多尺度3D(M3D)卷积代替传统的3D卷积进行时空特征提取,相比传统的3D卷积更高效紧凑,M3D由多个平行的具有不同时序步长的时序卷积核构成,它可以插入2D卷积中,具有获取多尺度时序信息的能力,与传统的3D卷积相比,M3D更加紧凑容易训练。在论文中,为了进一步通过M3D学习时序线索,提出一个残差注意力层来联合学习空间和时序线索,使得M3D提取更加稳健的特征。M3D卷积结构如图5.28所示。

一个M3D卷积层由一个空间卷积核和n个平行的具有不同时序步长的时序卷积核构成,假设输入的特征图是$x \in R^{C \times T \times H \times W}$,定义M3D的输出为

$$y = S(x) + \sum_{i=1}^{n} \mathcal{T}^{(i)}(S(x)) \tag{5.22}$$

式中:S是空间上的卷积;$\mathcal{T}^{(i)}$是空洞参数为i的时序上的卷积。论文整个网络结构分为两个分支,一个分支进行时序特征提取,另一个分支进行空间序列特征提取,在预测时时序特征和空间特征通过平均融合为最后的特征。

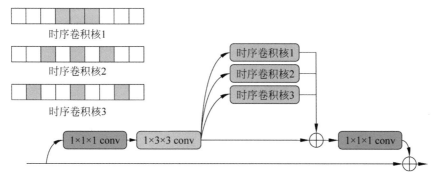

图 5.28　M3D 卷积结构示意

5.6　基于造图的 Re-ID 方法

Re-ID 任务的最大问题是数据获取困难。由于监控安全、人物隐私等的限制，同时通常采集到的数据庞大、无用信息较多，都对数据的采集、人工标注提出了较高的要求。目前，常用的数据集 Market1501、DukeMTMC-Re-ID 等，均为几千个 ID，远远小于 ImageNet 等数据集，容易产生过拟合。大规模数据集的缺少限制了模型的精度提升。

随着 GAN 技术的发展，在 Re-ID 的任务中应用图像生成技术扩充数据集的方法开始有了大量的工作研究。本节将简要介绍一些针对 Re-ID 中造图方法的典型研究。

Zheng[264] 等最早将造图技术应用于 Re-ID 的任务中，提出了一种利用生成对抗网络产生的无类标样本去提高行人重识别的方法。为了解决图像随机生成、没有标签的问题，提出了一种标签平滑的方法。通过将生成的图像数据加入训练中，可明显提高模型的泛化能力。随后，Zhong[265] 等改进标签平滑的方法，提出了一种可控制的生成图像技术。同时，考虑到摄像头存在角度、光照等的偏差，使用了 GAN 将摄像头的图片迁移到另一个摄像头中。

Re-ID 任务中的一个难点是人体姿态的不同导致模型泛化能力不佳。为了克服这个问题，Qian[266] 等使用 GAN 生成了一系列标准的姿态图片，补充了数据集样本数。Bak[267] 等生成了新的具有不同照明条件的合成数据集，以模拟逼真的室内和室外照明环境，合成的数据集增强了模型泛化能力，并且可以很好地适应具有循环一致性平移约束的新数据集。

利用 GAN 生成的行人数据，存在图像质量差、背景模糊不真实等缺点，且部分技术需要额外的人体骨架或者属性标注信息。2019 年，Zheng[268] 等通过持续的研究，提出了一种联合区分学习和生成学习的 Re-ID 方法，不需要额外的人体姿态、人体关键点、属性等信息可生成高质量的行人图像。针对行人特征，定义了外表特征、结构特征两种。其中，外表特征与行人 ID 相关，结构特征与低级的视觉特征相关。通过将生成器中的 Encoder 换成 Re-ID 模型,可将 Re-ID 的特征传递给 Decoder,提升了图像生成的质量。同时生成的图像再反向传递到 Encoder 实现微调。通过同 ID 的重构、不同 ID 的生成,模型在遮挡、光照变化的场景下都有较好的稳健性。

综上,基于造图的方法多基于 GAN 技术,结合摄像头、人体姿态等参数信息,生成多角度、多场景的数据集,可在 Re-ID 任务中有效提升模型泛化能力。

第6章

行 为 分 析

6.1 引言

人体行为分析和深度学习理论是智能视频分析领域的研究热点,有着广泛的应用场景。如智能视频分析与理解、视频监控、人机交互等诸多领域。深度学习理论在静态图像特征上取得了卓越的成就,如被成功运用于语音识别、图像识别等各个领域,并逐步推广到具有时序的视频行为识别研究中[269-271]。

那么,基于深度学习的人体行为分析常用的经典算法有哪几类?它们的性能如何?算法各自的局限性是什么?分别适用于什么样的场景?

6.2 人体关键点检测

6.2.1 背景

人体关键点检测,是对人体的关键点(如关节、五官等)进行定位,通过关键点可以描述人体的位姿,进而预测人体行为,是理解图像和视频中人物行为的关键一步。人体关键点检测是计算机视觉的一个基础性问题,检测的结果可以用于行为识别、任务跟踪、步态识别、异常行为检测等任务,在人机交互、安防监控、虚拟现实等领域有重要价值。

近年来深度卷积神经网络技术的发展,为各个领域的研究提供了新思路,在图像分类和图像检测任务中,深度卷积神经网络技术取得的精度已经非常高。研究人员也将这一技术引进人体关键点检测中,由于深度神经网络在复杂和非线性的任务中表现更好,相比传统的方法,深度卷积神经网络的方法极大地提高了检测的精度。

关键点检测需求分为 2D 关键点检测和 3D 关键点检测,这里主要针对 2D 关键点检测进行详细描述,2D 关键点检测分为单人关键点检测和多人关键点检测两个部分。

6.2.2　研究难点

人体关键点检测是一项极具挑战的课题,主要的难点包括:人体姿态的多样性、遮挡、拍摄角度和光线等因素增加了检测的难度;图像中人数量增加导致计算量增加;不同位置的关键点检测难易程度不同。这些难点对检测算法提出了更高的要求。

1. 人体姿态多样性、遮挡、拍摄角度和光线

人体具有一定的柔性,任何部位的细小变化都会产生不同的姿态,细小的动作差异可能对检测结果产生较大的影响,对于同一动作,不同的体型、不同的衣着会影响关键点位置。遮挡的情况在数据集中比较常见,影响关键点可见性,增加问题的复杂度。拍摄角度和光线的不同也会对数据产生很大的影响,增加检测难度。

2. 图像中人数量增加

在对多人的场景进行检测时,一类方法是先检测出人体位置,再对每个人体进行关键点检测,这样就导致计算耗时随着图像中人的数量增加而增加,并且模型的整体精度依赖于两个阶段的精度。

3. 不同位置关键点检测难易程度不同

人体不同位置的关键点检测难易程度不同,如头部、肩膀关键点检测较为简单,脚踝、手腕、膝盖关键点检测较为困难。

6.2.3　数据集和评价标准

1. 数据集介绍

1) LSP(leeds sports pose,利兹体育姿势)数据集[272]

LSP 数据集由利兹大学计算机学院于 2010 年发布,是一个体育姿势数据集,数据集包含 2000 张图像,主要来自 Flickr 网站上的运动人员的图片,是单人关键点检测数据,每个人体实例标注的关键点的个数为 14 个。

2) MPII(human pose database,人体姿势估计)数据集[273]

MPII 数据集是由德国的马克斯-普朗克研究所(Max Planck Institute)和美国的斯坦福大学在 2014 年公开的,包含多人和单人关键点检测数据。其中有 25000 张图像,图像来源于 Youtube 网站上面的视频。数据集包含 40000 个人体实例,每个人体实例标注的关键点的个数为 16 个,图像内容为人的日常活动场景,涵盖了 410 种人类的活动,每个图像都标注出活动的类别。

3) COCO(common objects in context,上下文通用对象)数据集[105]

COCO 数据集是微软团队提供的用于图像识别的数据集,公布于 2014 年,COCO 竞赛也是计算机视觉领域一项著名的赛事。数据集中包含目标检测、关键点定位、实例分割、看图说话等任务的数据。其中人体关键点检测数据包括室内和

室外等生活场景,是多人关键点检测数据,有超过 200000 张图像和 250000 个人体实例,每个人体实例标注的关键点的个数为 17 个。

4)AI challenger 数据集

AI challenger 数据集是 AI challenger 官方在 2017 年竞赛公布的数据集,数据集包含约 200000 张图像和超过 360000 个人体实例,每个人体实例标注的关键点的个数为 14 个,标注状态有不可见、可见和不在图中(或无法预测)3 种。此外,对于图像中的每个人体实例标注了人体属性框。

5)PoseTrack 数据集[274]

PoseTrack 数据集是 2018 年 ECCV PoseTrack 挑战赛公布的数据集,是基于 MPII 数据集的视频数据,可用于人体关键点检测和姿态跟踪。数据集包含超过 1356 个视频序列,超过 46000 帧标注,超过 276000 个人体实例,每个人体实例标注的关键点的个数为 16 个。数据集包含较多的拥挤场景,场景中有很多人、多种动态活动。对原视频序列进行切分,训练视频长 41~151 帧,其中视频中间的临近 30 帧数据密集标注,测试和验证视频长 65~298 帧。

2. 评价标准介绍

人体关键点检测任务的评价标准主要有 AP 和 PCK 两种,AP 主要用于多人关键点检测,PCK 主要用于单人关键点检测。

1)AP 评价标准

AP 即平均精度,常用来衡量目标检测的准确度,人体关键点检测参考这一标准,来度量预测对象和真实对象的相似性,COCO 数据集人体关键点检测准确度的标准度量方法即为这一方法。在目标检测中,使用 IoU,即交集的面积比上并集的面积,来度量检测框和真实对象之间的相似性。类似地,关键点检测采用对象关键点相似性(object keypoint similarity,OKS)[275],来度量预测对象关键点与真实对象关键点的相似性。

OKS 计算公式如式(6.1)和式(6.2)所示:

$$k_s(\hat{\theta}_i^{(p)},\theta_i^{(p)})=e^{\frac{\|\hat{\theta}_i^{(p)}-\theta_i^{(p)}\|_2^2}{2s^2k_i^2}} \tag{6.1}$$

$$\mathrm{OKS}(\hat{\theta}^{(p)},\theta^{(p)})=\frac{\sum_i k_s(\hat{\theta}_i^{(p)},\theta_i^{(p)})\delta(v_i>0)}{\sum_i \delta(v_i>0)} \tag{6.2}$$

式中:$\hat{\theta}_i^{(p)}$ 和 $\theta_i^{(p)}$ 分别表示第 p 张图像上第 i 个人体关键点位置的检测结果和标注结果;p 表示图像中的人体目标实例;k_s 计算时,先估计一个非标准化的高斯函数,这个函数以标注的关键点位置为中心,用这个高斯函数值来表示预测关键点的 k_s 值;k_i 表示高斯函数的标准差,不同的关键点类型 k_i 值不同,k_i 反映了不同的关键点类型的影响因子,通过从 5000 张标注图像上计算得来;s 表示实例的像素面积；i 是人体关键点的编号；v_i 表示关键点是否被遮挡，大于 0 表示未遮挡；$\delta(\cdot)$ 为克罗内克函数，当 · 满足时取值为 1，不满足时取值为 0。

在进行算法评估时，每幅图像检测出的关键点按照置信度由高到低排序，然后对应匹配到 OKS 最大的标注关键点，如果匹配成立，就从标准关键点集合中减去当前标注关键点。OKS 可设置的阈值变化为 0.5~0.95，大于设置的阈值标记为正样本，否则为负样本。然后根据上述结果，计算算法在这个数据集上预测的结果的准确率，也就是 AP。

2）PCK 评价标准

PCK 评价标准[274] 是在 AP 评价标准出现之前广泛使用的人体关键点检测评价指标，代表检测器 d_0 检测出正确关键点概率（PCK）。PCK 的计算方式为如下式所示：

$$\text{PCK}_\sigma^p(d_0) := \frac{1}{|\tau|} \sum_\tau \delta(\| x_p^f - y_p^f \|_2 < \sigma) \tag{6.3}$$

式中：PCK 以关键点为单位进行计算；σ 表示距离阈值，预测关键点与标注关键点的距离小于 σ 代表预测正确；τ 代表测试集；x_p^f 表示检测出的关键点位置；y_p^f 表示标注关键点位置；$\| \ \|_2$ 表示二阶范数。一般来说，计算距离时，以头部尺寸为归一化的参考，也就是常常使用的 PCKh（probability of correct keypoint of head）。

6.2.4 传统方法

在深度神经网络广泛应用之前，在人体关键点检测领域，传统方法主要解决单人关键点检测任务，主要思路有两种，一种是直接采用一个全局特征，把人体关键点检测任务作为分类或者回归问题来解决。Rogez 等[277] 定义了分类层次结构，训练随机决策森林。这类方法的问题是，精度不高，需要背景比较干净的场景。另一种是基于图模型，比较常用的是图形结构模型（pictorial structure model，PSM），一般对单个部位进行特征表示，单个部位位置往往采用 DPM（deformable part-based model）来获得，同时也需要建立部位之间的关系来优化关键点之间的关联。

在两种传统方法中，基于图模型的方法研究较为广泛，主流思路是依靠先验几何知识，进行模板匹配预测。算法的关键在于人体结构的模板设计，包括关键点、肢体结构的表示，以及不同肢体结构之间的关系表示。好的模板可以模拟更多的姿态，进而能够检测更准确的人体关键点。

Fischler 和 Felzenszwalb 等将图结构模型[278-279] 分为两个部分，一是构建单元模板（unary templates），二是建立模板关系（template relationships）。在模板关系方面，提出了著名的弹簧形变模型，对整体模型和部件模型的空间相对位置进行建模，结合物体的空间先验知识，在合理约束整体模型和部件模型的空间相对位置的同时，保持了一定的灵活性。

Yang 等[280]基于各部位之间的关系进行建模,提出一种树状结构的模型。在构建模型时,首先,定义一个打分函数 $S(t)$,用来给关键点类型打分,如下式所示:

$$S(t) = \sum_{i \in V} b_i^{t_i} + \sum_{ij \in E} b_{ij}^{t_i,t_j} \quad (6.4)$$

式中:$i \in \{1,\cdots,K\}$,$j \in \{1,\cdots,K\}$ 代表 K 个关键点中的第 i 和 j 个;$t_i \in \{1,\cdots,T\}$,$t_j \in \{1,\cdots,T\}$ 表示关键点 i 和 j 的"类型";T 表示总的关键点类型,比如手臂类型可以是竖直、水平,不同的类型用不同的 HOG 滤波器来表示;b_i 是配置参数,随着 i 的类型变化,b_{ij} 表示不同关键点类型之间的相关性参数。

然后,将前面的关键点类型打分函数结合关键点位置打分函数,得到最终打分函数 $S(I,p,t)$,如下式所示:

$$S(I,p,t) = S(t) + \sum_{i \in V} w_i^{t_i} \cdot \varphi(I,p_i) + \sum_{ij \in E} w_{ij}^{t_i,t_j} \cdot \psi(p_i - p_j) \quad (6.5)$$

式中:I 代表一张图像,$\varphi(I,p_i)$ 是一个特征向量,可以用 HOG 特征来表示,根据图像 I 中的位置 p_i 计算得到,$w_i^{t_i}$ 是一个模板,由训练得到,HOG 特征点乘 $w_i^{t_i}$,相当于卷积操作;$\psi(p_i - p_j) = [\mathrm{d}x \ \mathrm{d}x^2 \ \mathrm{d}y \ \mathrm{d}y^2]$,其中 $\mathrm{d}x = x_i - x_j$,$\mathrm{d}y = y_i - y_j$,表示关键点 i 与关键点 j 之间的相对位置关系,x_i、x_j、y_i、y_j 分别表示关键点 i 和 j 的横纵坐标,,$w_{ij}^{t_i,t_j}$ 用来编码关键点 i 和关键点 j 之间的弹簧模型,由训练得到。

传统方法需要关注的两个维度是:特征表示和关键点的空间位置关系。特征表示方面,传统方法一般采用 HOG、SIFT 等浅层特征,关键点的空间位置关系常常采用图结构模型。这两个维度在深度学习时代也是十分重要的,只是深度学习往往把特征提取、分类以及空间位置的建模都用一个网络来实现,省去了单独的拆解,方便设计和优化。

6.2.5　基于深度学习的方法

2012 年深度学习快速发展以来,随着深度学习理论研究的深入和计算机计算能力的提升,深度学习网络从整体比较简单的网络发展为更深更复杂的网络。同时,2014 年以来,MPII 和 COCO 等数据集的发布,也给复杂网络的训练提供了数据来源。人体关键点检测的研究迎来了黄金时期,研究内容也由单人场景发展到了更复杂的多人场景,根据思路的不同,可以分为自底向上(bottom-up)和自顶向下(top-down)两类。

1. 自底向上检测方法

自底向上检测方法,首先对图像中的人体关键点进行检测,然后按照某一方式进行聚类,最后得到每个人的检测结果。优点是只需要计算一次,速度比较快,缺点是准确度不足。典型的自底向上的方法有 CPM、OpenPose 等。

1) CPM

卷积姿态机[281]（convolutional pose machines，CPM）是由 CMU 的 Yaser Sheikh 等在 2016 年提出的基于深度学习的单人关键点检测的方法，该方法在姿态机（pose machines）[282]框架的基础上，引入卷积神经网络，用于图像特征图学习，并建立图像空间模型，在结构化预测任务（如铰链式姿态估计）中隐式的对变量间的长距离（long-range）依赖进行建模。CPM 算法包含一个序列化的卷积网络，网络以前面阶段生成的置信度图（belief maps）为输入，逐步实现更准确的骨架估计，通过在中间层增加自然的目标函数，加强了中间阶段的监督，解决了梯度消失的问题。CPM 方法提出时，在 MPII、LSP 和 FLIC（frames labeled in cinema）数据集上取得了最佳的成绩。

姿态机：定义第 p 个关键点的像素坐标为 $Y_p \in Z \subset \mathcal{R}^2$，$Z$ 是图像上所有点 (u,v) 的集合，目标就是预测图像上关键点的位置 $Y=(Y_1,\cdots,Y_p)$。姿态机（图 6.1(a)和(b)）由一系列的多类别预测器 $g_t(\cdot)$ 组成，$g_t(\cdot)$ 经过训练，用来预测不同层级中的关键点位置。在第 t 个阶段（$t \in \{1,\cdots,T\}$），分类器 g_t 基于图像中的位置 z 提取的特征 x_z 和位置 Y_p 的邻域上下文信息（从前一阶段的分类器传递过来的），来预测关键点位置为 z 的置信度，即 $Y_p=z$，$\forall z \in \mathcal{Z}$ 的概率。当 $t=1$ 时，分类器产生如式(6.6)的置信度值：

$$g_1(x_z) \rightarrow \{b_1^p(Y_p=z)\}_{\{0,\cdots,P\}} \tag{6.6}$$

式中：$b_1^p(Y_p=z)$ 代表第一阶段的分类器 g_1 将第 p 个关键点的位置预测为 z 的分数，关键点 p 被预测为任意的位置 $z=(u,v)^T$ 的置信度如下式 $\mathbf{b}_t^p \in \mathbb{R}^{w \times h}$，$w$ 和 h 表示图像的宽和高。

$$\mathbf{b}_t^p[u,v]=b_1^p(Y_p=z) \tag{6.7}$$

方便起见，将所有关键点的置信度图的集合定义为 $\mathbf{b}_t \in \mathbb{R}^{w \times h \times (P+1)}$（1 代表背景）。在后面的阶段（$t \geqslant 2$），分类器预测 p 个关键点的位置为 $z(Y_p=z,\forall z \in \mathcal{Z})$ 的置信度基于两个输入，一个是图像在 z 处的特征 $x_z^t \in \mathbb{R}^d$，另一个是从上一阶段传递下来的 Y_p 的邻域上下文信息，输出是当前阶段的置信度图如下式：

$$g_t(x_z',\psi_t(z,b_{t-1})) \rightarrow \{b_t^p(Y_p=z)\}_{p \in \{0,\cdots,P+1\}} \tag{6.8}$$

式中：$\psi_t(\cdot)$ 是把置信度图 b_{t-1} 映射为上下文特征的函数。在每一个阶段，计算出的置信度都提供了更精确的关键点位置。同时，$t \geqslant 2$ 阶段输入的图像特征 x_z' 可以与 $t=1$ 阶段不同。

姿态机的预测器 $g_t(\cdot)$ 采用 boosted 随机森林[282]，每个阶段的图像特征是固定的，$x_z'=x$，同时，跨阶段获取空间上下文特征图的函数 $\psi_t(\cdot)$ 也是固定的。

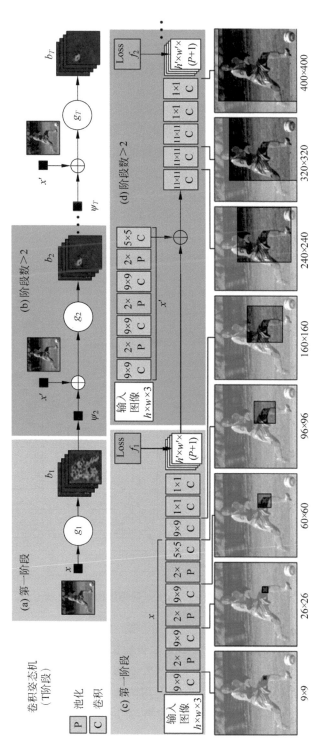

图 6.1 姿态机和 CPM 方法流程图

CPM 结合了卷积神经网络的学习能力和姿态机(PM)架构的隐式空间模型的优点,姿态机中的预测过程、图像特征计算模块可以用深度卷积网络来替换,即图像特征和上下文特征表示都可以从图像直接学习得到。深度卷积网络可以解决两方面的问题,一个是使用局部图像信息进行关键点定位,一个是带有空间上下文信息的级联预测。

CPM 整个算法流程包括如下步骤。

(1) 使用局部图像信息进行关键点定位。在第一阶段,只从图像局部信息中预测关键点置信度,局部信息是指第一阶段的感受野限制在输入图像的像素位置周围一个小区域中。将输入的图像统一到 386 像素×386 像素,网络的感受野为 160 像素×160 像素。整个网络结构如图 6.2 所示,经过卷积层,得到大小为 $46 \times 46 \times (P+1)$ 的置信度图。center map 是提前生成的高斯函数模板,可以把置信度图中的响应聚拢到中心位置。

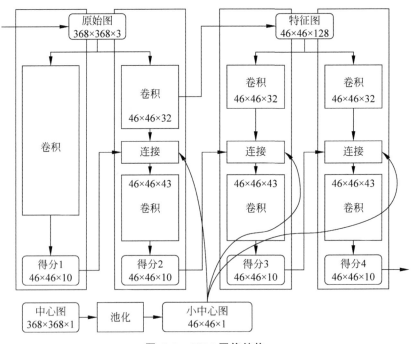

图 6.2 CPM 网络结构

(2) 带有空间上下文信息的级联预测。第一阶段能够比较准确地检测出具有外观一致性的关键点,如头和肩膀,但人体骨骼运动链中位置较低的关键点检测结果较差,主要原因是这些关键点的外观通常有很大的变化。关键点周围的置信度图虽然噪声较多,但是噪声往往也包含有用的信息,如图 6.3 所示,右手肘是较难检测的关键点,但是右肩可以较准确地检测,置信度图中右肩部分的尖峰可以作为右手肘检测的有用的信息。

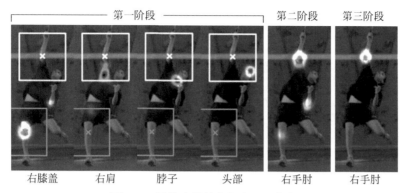

第一阶段　　　　　　　　　第二阶段　第三阶段

右膝盖　　右肩　　脖子　　头部　　右手肘　　右手肘

图 6.3　置信度图的空间上下文信息

在传统姿态机的第二阶段,需要用特征函数 $\psi_t(\cdot)$ 来计算上一阶段关键点的空间上下文信息,CPM 则不需要显示 ψ 函数,而是将 ψ 定义为在前一阶段置信度图上预测时的感受野。在设计网络时,第二阶段的输出层具有足够大的感受野,来保证网络能够学习到关键点之间复杂和长距离的关系。通过实验发现,检测准确率会随着感受野的增大而提高。

为了解决多层网络的梯度消失问题,在每个阶段的输出都定义一个损失函数,来最小化关键点真值和预测的置信度图的 l_2 距离,对于关键点 p,真值的置信度图表示为 $b_*^p(Y_p=z)$,由每个人体关键点 p 所在的位置进行高斯撒点生成,则每个阶段 t 的损失函数如下式所示:

$$f_t = \sum_{p=1}^{P+1} \sum_{z \in \mathcal{Z}} \| b_t^p(Y_p=z) - b_*^p(Y_p=z) \|_2^2 \qquad (6.9)$$

式中: $\|\cdot\|_2^2$ 表示 l_2 范式距离,将每个阶段的目标函数相加,得到整体的目标函数,如下式所示:

$$\mathcal{F} = \sum_{t=1}^{T} f_t \qquad (6.10)$$

采用随机梯度下降方法来关联训练网络的所有 T 个阶段,从 $t \geqslant 2$ 阶段开始,共享对应的卷积层参数。

2) OpenPose

OpenPose[283] 是 CMU 团队的后续工作,在 PCM(part confidence map)方法的基础上进行改进,同时预测关键点的置信度图和关键点之间的关联图,提出了关键点亲和度向量场(part affinity fields,PAF)来建立相邻关键点之间的关联关系。

OpenPose 的方法整体流程图如图 6.4 所示,系统的输入是 $w \times h$ 大小的图像,通过 CNN 网络的预测,得到描述身体关键点位置的置信度图 S 和描述部位之间亲和度的 2D 向量场 L,集合 $S=(S_1,S_2,\cdots,S_J)$ 有 J 个置信度图,每个关键点一个置信度图, $S_j \in \mathbb{R}^{w \times h}$, $j \in \{1,\cdots,J\}$,集合 $L=(L_1,L_2,\cdots,L_C)$ 有 C 个向量

场,每个肢体一个向量场,$L_c \in \mathbb{R}^{w \times h \times 2}, c \in \{1, \cdots, C\}$。最后将置信度图和 2D 向量场通过贪心推理,得到图像中所有人的关键点组合。

(a)   (c)   (d)   (e)

图 6.4 OpenPose 方法整体流程图

(a) 输入图像;(b) 部位置信度图;(c) 部位密切场图;(d) 双边匹配效果图;(e) 稀疏效果图

OpenPose 算法整体架构分为以下四个子模块。

(1) 检测和关联模块。图 6.5 为检测和关联模块使用的两分支多阶段 CNN 框架图,首先图像经过一个卷积网络输出特征图 F(采用 VGG-19 的前 10 层经过 fine-tune 得到),接下来分成两个分支:上面分支(米黄色)用来预测关键点置信度,下面分支(蓝色)用来预测亲和度向量场,每个分支都是一个迭代预测架构。

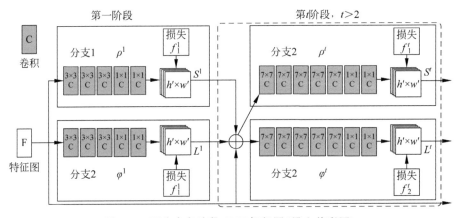

图 6.5 两分支多阶段 CNN 框架图(见文前彩图)

在第一阶段,网络产生一组检测置信度图 $S^1 = \rho^1(F)$ 和一组亲和度向量场 $L^1 = \varphi^1(F)$,其中 ρ^1 和 φ^1 是第一阶段两个分支的 CNN 网络,后面的每个阶段的输入都来自之前一个阶段的预测结果和原始图像特征 F,将它们连接起来可以得到更准确的预测结果,在第 $t \geqslant 2$ 阶段,网络产生检测置信度图 $S^t = \rho^t(F, S^{t-1}, L^{t-1})$ 和亲和度向量场 $L^t = \varphi^t(F, S^{t-1}, L^{t-1})$, $t \in \{1, \cdots, T\}$ 表示总的阶段数,ρ^t 和 φ^t 是第 t 阶段两个分支的 CNN 网络,S^{t-1}, L^{t-1} 分别表示 $t-1$ 阶段的检测置信度图和亲和度向量场。

如图 6.6 所示,随着阶段的增加,置信度图和亲和度向量场对关键点和肢体的表示越来越准确。

第一阶段　　　　　　第三阶段　　　　　　第六阶段

图 6.6　不同阶段的右前臂的置信度图和 PAF

为了对网络进行监督,在每一个阶段的每一个分支网络都设置损失函数,损失函数用预测值和真实值之间的 L_2 损失来表示,在 t 阶段的两个分支的损失函数如式(6.11)和式(6.12)所示:

$$f_S^t = \sum_{j=1}^{J} \sum_{P} W(P) \cdot \left\| S_j^t(P) - S_j^*(P) \right\|_2^2 \tag{6.11}$$

$$f_L^t = \sum_{c=1}^{C} \sum_{P} W(P) \cdot \left\| L_c^t(P) - L_c^*(P) \right\|_2^2 \tag{6.12}$$

式中:f_S^t 和 f_L^t 分别表示分支一和分支二在 t 阶段的损失函数;P 表示图像中的像素坐标;S_j^* 表示置信度图的真值;L_c^* 表示肢体亲和度向量场的真值;j 代表关键点;c 代表肢体,一个肢体对应两个关键点;W 是二进制的掩模,当图像中位置 P 没有标注的时候 $W(P)=0$,掩模用来避免在训练过程惩罚真阳预测结果。通过在每个阶段设置损失函数的方式来解决梯度消失的问题,最终总损失函数 f 如下式所示:

$$f = \sum_{t=1}^{T} (f_S^t + f_L^t) \tag{6.13}$$

(2) 置信度图预测子模块。为了评估 f_S,在训练阶段从标注的 2D 关键点上生成置信度图真值,每个置信度图表示某个关键点出现在图像上每个像素的可能性。当图像上只有一个人时,在对应的关键点可见的情况下,每个置信度图应该只有一个峰值,当图像上有多个人时,对每个人的 k,都有对应的可见关键点 j 的峰值。

首先,对每个人的 k 生成个人的置信度图 $S_{j,k}^*$,$x_{j,k} \in \mathbb{R}^2$ 是第 k 个人的关键点 j 的真值位置,那么 P 点的值定义如下式:

$$S_{j,k}^*(P) = \exp\left(-\frac{\|P - x_{j,k}\|_2^2}{\sigma^2}\right) \tag{6.14}$$

式中：σ 用来控制峰值的范围，最终的真值 S_j^* 通过取最大值得到，如下式：

$$S_j^*(p) = \max_k S_{j,k}^*(p) \tag{6.15}$$

在预测阶段，通过非极大值抑制来得到最终的置信度图。

（3）PAF 预测子模块。该模块解决的问题是，检测出的人体关键点怎么建立彼此间正确的联系，尤其是多人姿态估计的情况，图 6.7 所示是人体关键点估计的情况（红色和蓝色的点），图 6.7(a) 表示关键点之间可能存在的联系，图 6.7(b) 表示通过肢体的中间点（黄色点）来建立可能存在的联系，这种方法的缺点一是缺少方向信息，二是将一个肢体的支撑点缩小为一个点。

为了避免上述问题，提出了 PAF 方法，如图 6.7(c) 所示。PAF 方法能够同时保持关键点位置信息和方向信息，PAF 是每个肢体的 2D 向量表示。如图 6.8 所示，2D 向量编码了从肢体的一端指向另一端的方向，$x_{j_1,k}$ 和 $x_{j_2,k}$ 代表人体 k 的肢体 c 上的关键点 j_1 和 j_2 的位置，对于肢体周围的像素点 P，如果点 P 落在 c 上，则 $L_{c,k}^*(P)$ 的值为 j_1 指向 j_2 的单位向量，否则 $L_{c,k}^*(P)$ 的值为 0，如下式所示：

$$L_{c,k}^*(P) = \begin{cases} v & \text{如果像素点 } P \text{ 在人体 } k \text{ 的肢体 } c \text{ 周围} \\ 0 & \text{其他} \end{cases} \tag{6.16}$$

式中：$v = (x_{j_2,k} - x_{j_1,k})/\|x_{j_2,k} - x_{j_1,k}\|_2$，代表肢体方向的单位向量；当 P 点满足 $0 \leqslant v \cdot (P - x_{j_1,k}) \leqslant l_{c,k}$ 和 $|v_\perp \cdot (P - x_{j_1,k})| \leqslant \sigma_l$ 的条件时，判断 P 点在肢体上，其中 σ_l 代表肢体的宽度，$l_{c,k} = \|x_{j_2,k} - x_{j_1,k}\|_2$ 代表肢体的长度。$v_\perp$ 为与 v 垂直的向量，点 P 的 PAF 为所有人在此点的平均值：$L_c^*(P) = \dfrac{1}{n_c(P)} \sum_k L_{c,k}^*(P)$，$n_c(P)$ 代表非零向量的数量。

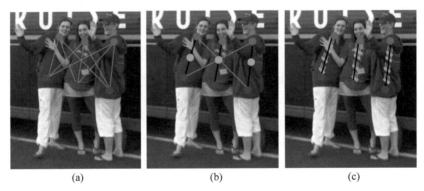

(a)　　　　　　　　　　(b)　　　　　　　　　　(c)

图 6.7　关键点关联策略示意[283]**（见文前彩图）**

(a) 关键点间的联系；(b) 通过肢体中间点建立关键点间的联系；(c) PAF 建立关键点间的联系

预测时，沿着肢体的方向对 PAF 进行积分，得到关键点之间的关联。对于关键点 d_{j_1} 和 d_{j_2}，沿着肢体的方向进行采样，得到 PAF 的 L_c 值，用来测量两个关

图 6.8 关键点位置判断示意[283]

键点之间的关联置信度值,如下式:

$$E = \int_{u=0}^{u=1} L_c(P(u)) \cdot \frac{d_{j_2} - d_{j_1}}{\|d_{j_2} - d_{j_1}\|_2} du \qquad (6.17)$$

式中:$P(u)$ 表示两个关键点之间的位置:$P(u) = (1-u)d_{j_1} + ud_{j_2}$,在实际使用时,对 u 按均匀间隔采样,来得到近似的积分值。

(4) PAF 多人预测子模块。在进行非极大值抑制操作后,得到离散的关键点位置,对于每一个关键点,可能存在多个候选,原因是有多个人或者有假阳的预测,如图 6.9 所示,根据这些候选关键点,可以得到一个很大的肢体集合,可以通过式(6.17)计算出每一个候选肢体的关联置信得分。

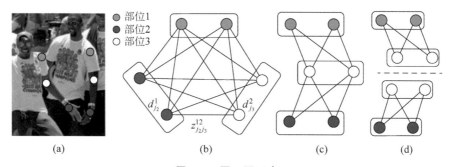

图 6.9 图匹配示意

(a) 输入关键点图;(b) K 部图;(c) 树结构;(d) 二分图集合

OPenPose 算法提出贪心松弛方法(greedy relaxation)来得到高质量的匹配。首先,得到一个多人的关键点集合 $\mathcal{D}_J = \{d_j^m : j \in \{1, \cdots, J\}, m \in \{1, \cdots, N_j\}\}$,$N_j$ 代表关键点 j 的候选数量,$d_j^m \in \mathbb{R}^2$ 是关键点 j 的第 m 个候选的位置。然后,为了将同一个人的关键点建立连接得到肢体,定义一个变量 $z_{j_1 j_2}^{mn} \in \{0,1\}$ 来明确两个关键点 $d_{j_1}^m$ 和 $d_{j_2}^n$ 之间是否有连接,所有连接的集合为 $\mathcal{Z} = \{z_{j_1 j_2}^{mn} : j_1, j_2 \in \{1, \cdots, J\}, m \in \{1, \cdots, N_{j_1}\}, n \in \{1, \cdots, N_{j_2}\}\}$。

对于肢体 c 对应的关键点 j_1 和 j_2,寻找最优的关联的问题可以看作是二部图的匹配问题,图的节点是检测出来的关键点,图的边是关键点直接的连接,边上的权重是关键点亲和度,如式(6.18),目标是找到总亲和值最高的图匹配方式,如下式:

$$\max_{Z_c} E_c = \max_{Z_c} \sum_{m \in D_{j_1}} \sum_{n \in D_{j_2}} E_{mn} \cdot z_{j_1 j_2}^{mn} \qquad (6.18)$$

$$\text{s. t.} \quad \forall\, m \in D_{j_1}, \quad \sum_{n \in D_{j_2}} z_{j_1 j_2}^{mn} \leqslant 1$$

$$\forall\, m \in D_{j_2}, \quad \sum_{n \in D_{j_1}} z_{j_1 j_2}^{mn} \leqslant 1 \qquad (6.19)$$

式中：E_c 是来自肢体类型 c 的匹配的总权重；Z_c 是肢体类型 c 的 Z 的子集；E_{mn} 代表关键点 $d_{j_1}^m$ 和 $d_{j_2}^n$ 之间的亲和度，用匈牙利算法[284]寻找最优匹配。

当进行多人的关键点检测时，可以看成一个 K 分图匹配的问题，将优化过程简化为下式：

$$\max_{Z} E = \sum_{c=1}^{C} \max_{Z_c} E_c \qquad (6.20)$$

式中：E 表示权重最大的肢体类型，将人体各个肢体进行独立优化配对，然后由相同身体关键点的连接组成人的全身姿态。

2. 自顶向下检测方法

自顶向下检测方法，首先检测图像中的人体框，再对每个人体进行单人关键点检测。优点是对人体框检测比较准确，最后的关键点检测结果也更准确，缺点是计算量随着图像中人的数量增加而增加，同时存在遮挡情况时，可能将不同人的关键点拼接成一个人。典型的自顶向下的方法有 RMPE、Mask-RCNN、CPN、HRNet 等。

1) Mask-RCNN

Mask-RCNN[285]在 Faster R-CNN 的基础上增加了掩码分支，同时将 ROI 池化更改为 ROI 对齐，在语义分割和目标检测上都取得了很好的效果，Mask-RCNN 也可以拓展到人体关键点检测领域中。

Mask-RCNN 算法框架如图 6.10 所示，首先使用卷积神经网络在图像中提取出特征图，经过候选区域网络（regin proposal network，RPN）生成候选框，再用 RoIAlign 层将候选框提取的特征统一到相同的尺寸，检测分支负责检测出目标和类别。对于分割分支，在人体关键点检测任务中，分割分支输出 k 个大小为 $m \times m$ 的二值掩模（mask），将关键点检测看作一个分割任务，提取出图像中每个人的关键点。

同时，检测网络可以获取每个人的位置，通过检测网络和分割网络的组合，可以得到每个人的人体骨架。Mask-RCNN 方法可以看作是自顶向下的方法，略有不同的是，检测网络和分割网络是同时进行的。

2) RMPE

RMPE(regional multi-person pose estimation)[286]方法是上海交通大学在 2017 年提出的，该方法先检测出人，再进行单人姿态的估计，其中，人的检测部分

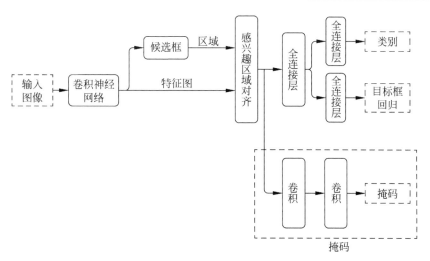

图 6.10 Mask-RCNN 算法框架

采用基于视觉几何组(VGG)的 SSD-512 模型,单人姿态估计采用堆叠沙漏模型(stacked hourglass model)。

方法主要解决的问题是多人姿态估计过分依赖于人的检测结果,也就是当人的检测框不准确或者重叠时,会直接导致人体关键点检测失败。针对这些问题,构造 RMPE 网络,网络包含三个部分:对称空间变换网络(symmetric spatial transformer network,SSTN),用来在不准确的人体框中提取高质量的人体姿态;参数化姿态非极大值抑制(parametric pose non-maximum-suppression,PPNMS),用来解决冗余;姿态引导候选框生成器(pose-guided proposals generator,PGPG),用来进行数据增强。

如图 6.11 所示,首先检测人体框,然后将人体框输入空间变换网络(STN)+单人姿态估计(SPPE)+空间反向变换网络(SDTN)模块中,进行人体姿态估计,SSTN 是 STN+SPPE+SDTN 的组合,STN 接收区域框,SDTN 产生建议的姿态,SPPE 包含 p-Pose 和 PGPG 模块,p-Pose NMS 用来去除冗余框,PGPG 做图像增强用来训练。

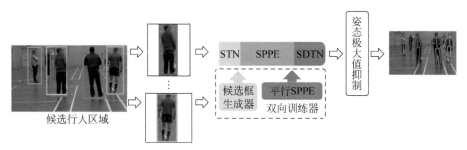

图 6.11 RMPE 算法流程

在目标检测的人体框不准确时,不适合 SPPE 的算法,因为 SPPE 是在单人图像上训练的,并且对定位错误十分敏感,使用微小变换和裁剪的方法可以显著提高 SPPE 的效果。为解决人体框不准确问题,首先 STN 通过将检测出的人体框进行 2D 转换,以提取出更高质量的人体框,如下式所示:

$$\begin{pmatrix} x_i^s \\ y_i^s \end{pmatrix} = \begin{bmatrix} \theta_1 & \theta_2 & \theta_3 \end{bmatrix} \begin{pmatrix} x_i^t \\ y_i^t \\ 1 \end{pmatrix} \tag{6.21}$$

式中:θ_1、θ_2 和 θ_3 是二维向量;$\{x_i^s, y_i^s\}$ 和 $\{x_i^t, y_i^t\}$ 分别是转换之前和转换之后人体框的坐标。

SDTN 接收定位网络产生的参数 θ,计算反向转换参数 $\gamma = [\gamma_1 \gamma_2 \gamma_3]$,如下式:

$$\begin{pmatrix} x_i^t \\ y_i^t \end{pmatrix} = \begin{bmatrix} \gamma_1 & \gamma_2 & \gamma_3 \end{bmatrix} \begin{pmatrix} x_i^s \\ y_i^s \\ 1 \end{pmatrix} \tag{6.22}$$

通过 STN 和 SDTN 的训练,更新转换参数 θ,得到更准确的人体框。为了提高 STN 提取人体框的精度,训练阶段增加了并行 SPPE 分支,并行 SPPE 分支和 SPPE 分支,但被 SDTN 忽略,在训练中,并行 SPPE 的所有层是关闭的,分支的权重也是固定的,目的是将姿态定位产生的误差反向传播到 STN 模块,帮助训练过程可以看作是正则化过程。在测试的阶段,并行 SPPE 分支是不使用的。

参数化姿态非极大值抑制,定义一个消去法则,姿态间的最终距离通过计算姿态距离和空间距离的和得到,根据最终距离进行冗余姿态消除。

姿态引导候选框生成器通过统计不同姿态的真实值和预测值之间的相对偏移量,来对根据目标检测的推荐位置生成一些训练数据。

3) CPN

级联金字塔网络(cascaded pyramid network,CPN)[287] 是 2018 年提出的人体关键点检测算法,CPN 算法致力于解决困难关键点的检测问题,网络分为 GlobalNet 和 RefineNet 两个阶段,其中 GlobalNet 采用一个特征金字塔网络,用于检测简单的关键点,RefineNet 结合来自 GlobalNet 网络的多级别特征来检测困难的关键点。

人体框的检测使用 Mask RCNN 网络,用检测出来的框裁剪原图,用于 CPN 网络的输入。

CPN 的网络结构如图 6.12 所示。

GlobalNet 的基础网络采用 ResNet50,使用在 ImageNet 数据集上预训练的模型进行训练,分别提取 Conv2~5 四个特征层 $C_2, C_3, \cdots, C_5$,对应的大小分别为原图的 1/4、1/8、1/16 和 1/32,浅层特征如 C_2 和 C_3 有较高的分辨率可以用于定位,深层的特征如 C_4 和 C_5 有更多丰富的语义信息,用一个 U 形的结构通常可以获取

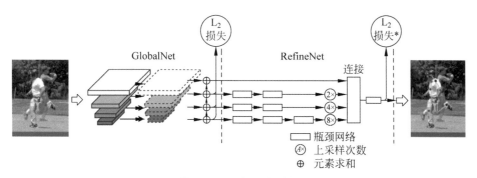

图 6.12 CPN 网络结构

高分辨率和丰富的语义信息。

对深层的特征进行上采样,与上一层特征相加,最终上采样到 1/4,实现不同尺度特征的融合,损失函数采用 L_2 损失,预测人体关键点。同时,四层特征也在后面的 RefineNet 使用。

RefineNet 对于 GlobalNet 产生的四层特征图,给每一层特征图连接不同的 bottleneck 块,经过不同倍数的上采样,再进行连接,再经过简单的网络,输出最终的预测结果。针对检测困难的样本,在损失上进行特殊处理,使用 L_2 损失*、L_2 损失* 为网络的输出和标注计算所有关键点的损失,然后将损失进行从大到小的排序,取前 k 个损失作为 RefineNet 网络的总体损失,来改善难检测的关键点的准确度。

4) HRNet

HRNet(high-resolution Net)[288] 是微软亚洲研究院和中国科学技术大学在 2019 年提出的人体关键点检测方法。在 HRNet 方法提出之前,人体关键点检测的大多数做法是将高分辨率特征下采样到低分辨率,再从低分辨率特征图恢复到高分辨率,来获取多尺度的特征。不同于之前的方法,HRNet 始终保持高分辨率的表征。

如图 6.13 所示,高分辨率的特征图为第一阶段,在第一阶段上逐步并行连接低分辨率子网络,形成多个阶段,并且通过并行的不同低分辨率子网络进行反复的信息交换来实现多尺度的特征融合,从而获取更多的语义信息。最后的预测在第一阶段的高分辨率特征图上面进行,可以更准确地预测关键点空间位置。

其中,交换单元用于接收来自其他并行子网络信息,如图 6.14 所示,输入为 s 响应图 $\{X_1, X_2, \cdots, X_s\}$,输出为 s 响应图 $\{Y_1, Y_2, \cdots, Y_s\}$,分辨率和宽度与输入相同。输出是输入的映射集合,$Y_k = \sum_{i=1}^{s} a(X_i, k), k \in \{1, \cdots, s\}$,阶段之间的交换单元有额外的输出图 $Y_{s+1} = a(Y_s, s+1)$。其中,$a(X_i, k)$ 是从分辨率 i 到分辨率 k 对 X_i 上采样或者下采样,下采样用 3×3 的卷积实现,同理,$a(Y_s, s+1)$ 是从分辨

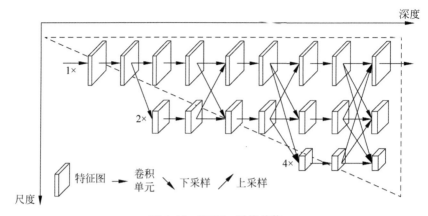

图 6.13　HRNet 网络结构

率 s 到 $s+1$ 的对 Y_s 上采样或下采样。例如,用步长为 2 的 3×3 卷积来实现 2 倍下采样,上采样采用最近邻抽样。

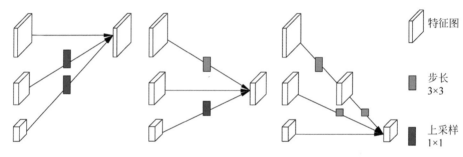

图 6.14　交换单元计算示例

6.3　行为识别

6.3.1　背景

行为识别,即判断在时域上预先分割好的视频片段中的行为类型。人体行为识别的关键在于稳健的行为建模和特征提取。在计算机视觉和机器学习领域,特征提取与选择一直是一个经典的问题。不同于图像空间的特征,行为识别中的特征是一个时空特征,既要描述人体在图像空间的外观,又要提取出外观与姿态的连续变化。近些年的研究中,多种行为特征提取方法被提出,主要包括基于时空变化的全局和局部特征、基于关键点跟踪的轨迹特征、基于深度信息的运动特征和基于人体姿态变化的行为特征。在图像分类与检测中的成功应用,使得深度学习在人体行为识别领域被广泛研究。

行为识别可在多个现实场景中发挥作用。在智能安防领域，往往受监控的场所中不允许一些异常行为的出现，比如吸烟、斗殴、翻墙等，行为识别系统将实时地识别出当前场景发生的异常行为，并及时报警。在视频检索领域，海量视频的管理和查询依赖于文本信息，如标签、标题、描述、关键词等，这些文本信息有时是不准确、不相关的，因此需要直接分析视频人体行为，来确定视频的内容。在游戏娱乐领域，基于全身运动的新一代游戏，比如跳舞、体育运动，受到了广泛的欢迎。基于RGB-D信息的行为识别的引入，将进一步提高人机交互的智能化，改善游戏的使用体验。在智能驾驶领域，行为分析系统可以监控驾驶人员的驾驶行为，对一些不利于安全驾驶的行为进行提醒。另外，对车外行人的行为分析，将为自动驾驶决策系统提供额外的信息，有利于提高自动驾驶的安全性。

6.3.2 研究难点

虽然行为识别算法上取得了一定的进展，但是目前最先进的算法离实际应用有一定的距离，存在以下难点。

1. 类内类间差异

针对同一种动作而言，不同个体表现出的肢体运动存在差异性。比如，就语义上含义非常明确的"跑"，其具体表现形式有快跑、慢跑、又跳又跑等，也就是说，一个动作类别包含多种肢体运动类型。此外，不同个体在表现同一种动作时，姿势也存在一定的差异。另外，同一动作在不同视角下拍摄出的视频里表现形式也不一样，正面拍摄、侧面拍摄、俯视拍摄等都只能获取特定视角下的动作的部分信息。综上所述，所有这些因素将导致动作类内的巨大差异，使得现有算法无法准确识别动作的类型。

针对不同动作而言，有些动作类别间的差异却没那么明显。比如"跑"和"走"，两者的运动模式其实是十分接近的，这些相似性进一步给动作分类带来了难度，降低了动作分类的准确率。

2. 背景嘈杂与相机运动

对于背景嘈杂的室外环境，很多行为识别算法往往表现不佳。这些算法没有从环境中区分人体，因此会将提取出背景的特征、人体运动特征和背景的动态特征混合在一起，必将降低识别性能。另外，室外照明条件、背景动态变化都将影响识别准确率。

相机运动，是行为识别系统实际应用中需要重点考虑的因素。剧烈的相机运动、视角变化，将导致难以提取动作特征。因此，相机运动需要被建模以及补偿，行为识别系统才能运行在实际场景中。

3. 标注数据不足

在实验室条件下,现有的一些行为识别算法表现出了较高的识别准确率,在较小的数据集上甚至可以达到 95% 以上,但是在实际场景应用时泛化能力存在不足,无法满足实际应用。基于深度学习的行为识别算法更加需要大量的标注数据。目前开源行为数据集,如 HMDB51 和 UCF-101,包含几千到几万个视频片段,但对于训练上百万参数的深度学习模型而言还是有所欠缺。其他一些更大型的数据集,虽然视频片段数较大,但其标注方式为视频检索,因此存在较大的不准确性,直接训练未经清洗的数据将带来模型预测性能的下降。

4. 预测性不定

视频中并非所有的帧都是关键帧,一段视频可由一个较小的关键帧集合有效地表示。视频中存在大量的冗余帧,关键帧的分布不定,给行为识别带来了一定的困难。此外,不同动作的可预测性不同。一些动作可即时地进行识别而另一些动作需要多帧才能被观察到。实际应用中,往往需要一种既能准确识别又能即时识别的行为识别算法。

6.3.3　数据集介绍

在行为识别研究过程中,出现了一系列动作视频数据集,其来源为视频网站、电影、实验室采集等。视频场景主要分为约束场景和无约束场景。约束场景常为可控的室内场景,事先进行了场景布局、动作设计等。无约束场景常为视频网站里获取的视频或电影里的场景,更加接近于实际应用场景。一般而言,数据集中动作分为三类:单人动作、人-物交互动作、人-人交互动作。

经过多年的积累,动作识别数据集有数十个之多,如 KTH 数据集(2004 年)、UCF11(2009 年)、ActivityNet(2015 年)、AVA(2017 年)等。有些数据集因较为久远,数据量较小,已经不被使用;有些数据集因其合理的动作分布,成为识别性能比较好的经典数据集。本节将着重介绍较为经典的 HMDB51(2011 年)和UCF101(2012 年),以及近些年出现的 AVA(2017 年)、NTU RGB-D 120(2019年)和 Kinetics-700(2019 年)。

1. HMDB51[289]

HMDB51 包含 51 类人体动作,每类动作至少包含 101 个片段,共计 6766 个视频片段。数据来源为电影、YouTube 和 google videos。51 类动作可分为五大类:面部动作(微笑、咀嚼、说话等)、面部交互动作(吸烟、进食、喝水等)、肢体动作(爬、跳等)、肢体交互动作(梳头、舞剑等)、人和人交互动作(拥抱、握手等)。

HMDB51 除了视频片段的动作标签外,还包含一些元数据,如肢体可见性、相机运动、拍摄视角、涉及人数、视频质量等。

2. UCF101[290]

UCF101 包含 101 类人体动作,共计 13320 个视频片段。数据来源为 YouTube。101 类动作大致可分为单人动作、人-物交互动作和人-人交互动作。UCF101 提供多种类别的动作,数据集在相机运动、拍摄视角、人体外观姿态、物体距离尺度、背景嘈杂度、光照条件等方面具有较大的多样性。

3. AVA[291]

AVA 包含 14 类单人动作,49 类人-物动作和 17 类人-人动作。数据来源于 YouTube 和电影,共 430 个时长 15min 的视频。而后,将每个视频切分为 300 个 3s 的视频片段,对其中每个人进行动作标注,最终生成了 5.76 万个视频片段、9.6 万个标注的动作和 21 万个动作标签。

4. NTU RGB-D 120[292]

NTU RGB-D 120 包含 120 类人体动作,共 114480 个视频片段,其中 82 类日常动作(喝水、打电话等),12 类医学动作(咳嗽、摔倒、跛脚等),26 类交互动作(握手、踢东西等)。视频数据主要在事先设定好的 32 个室内场景中由 Kinect V2 采集,共 4 种模态数据(RGB、深度图、3D 骨架、红外图)。

5. Kinetics-700[293]

Kinetics-700 包含 700 类人体动作,每类动作至少有 600 个视频,动作类别为单人动作(笑、打拳等)、人-物交互动作(打开礼物、洗碗、修剪草坪等)、人-人交互动作(拥抱、亲吻、握手等),数据来源为 YouTube。数据集动作标签结合了 HMDB51 和 UCF101 进行扩展,根据标签进行 YouTube 检索,抓取相应的视频。另外在 google image 中同样根据标签进行检索,并进行了图像分类器训练。此后对视频逐帧分类,截取动作发生前后 5s,共 10s 的视频片段,最后进行人工校验。

6.3.4 传统方法 iDT

在深度学习出现之前的行为识别研究领域,改进的密集轨迹(improved dense trajectories,iDT)[294]算法是一种经典的识别效果最好的识别算法。iDT 遵循了传统计算机视觉的研究思路,分为特征点提取、特征描述、特征分类等阶段,具体而言,iDT 可分为 5 个阶段:密集采样、轨迹跟踪、运动描述、特征编码和行为分类。

1. 密集采样

特征点提取采用多尺度密集采样的方式,将视频帧进行空间多尺度缩放,在每个尺度上按一定像素数量划分网格,以保证特征点均匀地覆盖到所有空间位置和尺度。

为提高后续轨迹跟踪的效率,需要将处于无结构特征的单应性区域(墙壁等)上的特征点进行去除,因为这些点无法有效地被跟踪。将自相关矩阵的特征值小于一定阈值的特征点去除。阈值的设定参考下式:

$$T = 0.001 \times \max_{i \in I}\min(\lambda_i^1, \lambda_i^2) \tag{6.23}$$

式中：$(\lambda_i^1, \lambda_i^2)$ 是图像中像素点 i 的自相关矩阵的特征值；0.001 是经验系数；I 表示图像像素集合，使得采样点的显著性和密度有较好的平衡。

2. 轨迹跟踪

如图 6.15 所示，在不同尺度上，特征点被独立地跟踪，形成轨迹。对于每一图像帧 I_t，计算与后一帧图像的密集光流场 $\omega_t = (\mu_t, \nu_t)$，其中 μ_t 和 ν_t 分别为光流的水平和竖直分量。针对在帧 I_t 中的点 $P_t = (x_t, y_t)$，在下一帧中的跟踪位置 P_{t+1} 可使用中值滤波器进行平滑，如下式所示：

$$P_{t+1} = (x_{t+1}, y_{t+1}) = (x_t, y_t) + (M * \omega_t)\,|_{(x_t, y_t)} \tag{6.24}$$

式中：M 为中值滤波器，滤波核大小为 3 像素×3 像素；(x_t, y_t) 和 (x_{t+1}, y_{t+1}) 分别表示 t 和 $t+1$ 时刻点的坐标值。相较而言，中值滤波器比双线性插值对于外点更加稳健，使用中值滤波可改善运动边界上点的轨迹。一旦密集光流场被计算，对于特征点的跟踪可以高效地实现。密集光流场的另一大优势是作为一个平滑约束可相对稳健地跟踪快速无规律的运动。

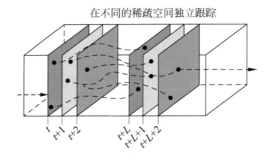

图 6.15 轨迹跟踪示意

轨迹 $(P_t, P_{t+1}, P_{t+2}, \cdots)$ 由图像帧序列中的点拼接而成。由光流估计出的轨迹在跟踪过程中存在漂移现象，因此需要将轨迹跟踪长度设定在一定帧数以下。对于每帧图像中的特征点，如果在一定邻域内找不到对应的跟踪点，则该特征点将被丢弃，新的特征点将被采样并添加到跟踪进程中，以保证轨迹的密集性。

轨迹不包含速度信息，需要后处理进行过滤。相邻两帧之间的轨迹过大，往往是错误的，应该被移除掉。后处理中会将大于全局轨迹位移的 70% 的相邻两帧轨迹位移检测出，并去除掉。

轨迹的形状描述了局部运动模式。将相邻轨迹点进行差分，得到位移向量 $(\Delta P_t, \cdots, \Delta P_{t+L-1})$，其中 $\Delta P_t = (P_{t+1} - P_t) = (x_{t+1} - x_t, y_{t+1} - y_t)$，对该位移向量进行归一化后成为轨迹的形状 T，归一化方法如下式：

$$T = \frac{(\Delta P_t, \cdots, \Delta P_{t+L-1})}{\sum_{j=t}^{t+L-1} \| \Delta P_j \|} \qquad (6.25)$$

式中：$\Delta P_{t+L-1} = (P_{t+L} - P_{t+L-1}) = (x_{t+L} - x_{t+L-1}, y_{t+L} - y_{t+L-1})$，$(x_{t+L}, y_{t+L})(x_{t+L-1}, y_{t+L-1})$ 分别表示 $t+L$ 和 $t+L-1$ 时刻的坐标值，L 表示图像帧数。

3. 运动描述

除轨迹形状外，运动描述将进一步表征运动信息。如图 6.16 所示，运动描述了主要刻画沿轨迹的时空空间内的运动状态。该时空空间由 L 帧 N 像素×N 像素组成。为了进一步刻画结构化信息，将该空间划分为 $n_\sigma \times n_\sigma \times n_\tau$ 的时空网格，即将 N 像素×N 像素划分为 $n_\sigma \times n_\sigma$ 块，将 L 帧连续图像划分为 n_τ 块。针对单个时空网格，计算特征描述子（HOG、HOF、MBH），运动描述子将由这些特征描述子拼接而成。

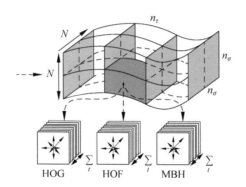

图 6.16 运动描述示意

方向梯度直方图（HOG）在提取静态表观上具有良好的性能，同时光流直方图（HOF）在提取局部动态运动信息上具有良好的性能。静态和动态特征提取和融合在行为识别中起到了关键的作用。具体而言，对于 HOG 和 HOF 而言，方向被量化为 8 个区间，模长被累加到相应区间的权重中。HOF 特征描述子还将增加 1 个区间，用于统计光流变化较小的像素数。

光流表征了两连续帧间的绝对运动信息，可由前景目标运动和相机运动引入。相机运动生成的光流信息对行为识别来说是一种干扰。相机运动存在于实际场景视频中，如变焦、倾斜、旋转等。大部分情况下，相机运动是局部平移且平稳变化的。运动边界直方图（MBH）是光流图像梯度的直方图，也即光流图像的 HOG 特征。MBH 作为光流的梯度，相机匀速运动时 MBH 较小，因此在一定程度上可以过滤相机运动引起的光流。相较于光流，MBH 针对相机运动情形更为稳健，对行为识别更为准确。

4. 特征编码

特征编码,主要是融合视频片段中提取出的各轨迹对应的特征,形成描述视频本身的一种特征向量。传统的行为识别中有两种特征编码方式:词袋特征(bag of features,BoF)和费舍尔向量(fisher vector,FV)。相较而言,FV 的描述能力优于 BoF。

BoF 算法借鉴了词袋算法 bag of words,将每段轨迹对应的特征描述(轨迹形状、HOG、HOF、MBH)等归类为一个码字,因此可以将视频片段描述为码字对应的直方图。具体而言,在训练阶段,对每一种特征描述创建一本码书,设置码书中码字的数量,采用 k-means 对随机抽取的特征集进行聚类,经过多次聚类,选取聚类误差最小的聚类结果作为码书。在预测阶段,计算轨迹对应的特征和码书中码字的欧氏距离,选取欧氏距离最小的码字作为该特征的表示,对所有轨迹特征进行按码字分类直方图统计,得到编码直方图。

FV 算法利用高斯混合模型(GMM)编码了轨迹特征的一阶和二阶统计信息,因此相较于 BoF 算法,在行为识别性能上有所提高。FV 算法采用两倍因子对各轨迹特征进行主成分分析(PCA)。在对特征进行降维的基础上,选取训练集中的特征训练 GMM。

GMM 可用下式表示:

$$p(x) = \sum_{k=1}^{K} \pi_k p(x \mid \mu_k, \sigma_k) \tag{6.26}$$

式中:$p(x \mid \mu_k, \sigma_k)$ 为混合模型的第 k 个分量,μ_k,σ_k 分别表示模型的均值和方差;π_k 为各分量的权重,且满足下式:

$$\sum_{k=1}^{K} \pi_k = 1 \qquad 0 \leqslant \pi_k \leqslant 1 \tag{6.27}$$

通常采用期望最大化(EM)算法对 GMM 模型参数进行估计。

经过高斯混合模型,视频片段中的各轨迹特征可表示成 $2DK$ 维 Fisher 向量,其中 D 为降维特征的维数,K 为 GMM 中高斯模型的个数。对各轨迹特征生成的 Fisher 向量进行能量和 L_2 归一化,最终拼接成可用于行为识别的特征向量。

5. 行为分类

传统的分类算法主要还是采用 SVM 算法,一般核函数选用高斯核函数(RBF)-χ^2 和线性核函数。高斯核函数是一种局部性较强的核函数,可以将一个样本映射到一个更高维的空间内,对小样本和大样本都具有良好的性能。线性核主要用于线性可分的情形,特征空间和输入空间维度一致,参数少,速度快,对于线性可分数据,分类效果较为理想。

对于多类别分类问题,采用 one-against-rest 策略。训练时将一类作为正样本,其余类别作为负样本,训练 SVM 分类器,总共训练类别数个分类器。预测时,若仅有一个分类器预测为正类别,则输入数据的类别标记为该正类别;若有多个分类器为正类别,则选择置信度最大的类别作为输入数据的类别。

6.3.5 深度学习方法

基于手动设计特征的传统行为识别算法需要繁重的人力投入和领域内的专家知识来研发有效的特征提取方法,其泛化能力在大数据集下往往也较为欠缺。近些年,基于深度学习的行为识别算法因其有效的特征提取能力和较好的泛化能力得到广泛的研究。行为识别算法性能的提高可归功于具有成百上千万参数的网络模型和大量标注的数据集。目前具有 SOTA 性能的行为识别算法都是基于深度学习的。用于学习行为特征的网络模型被广泛地研究,其两大重点为空域的卷积操作和时域的时序建模。

卷积操作是深度神经网络的基本操作,通过卷积核提取处于邻域中的图像特征。2D 卷积特别适用于具有规则排列的图像像素,经过多层卷积操作,可以将图像中的像素信息进行抽象,最终图像将被抽象为特征向量。由于图像特征提取的通用性,卷积神经网络可在大型的图像数据集上进行预训练,以提高其特征提取能力。

时序建模通常可分为三类:3D 卷积、多流网络、循环神经网络。对于行为识别而言,2D 卷积往往还不够,因为其无法对时序信息进行建模。针对视频片段中的连续帧,3D 卷积可提取短时间内的时序信息,直接创建时空信息的层次表达。但是,3D 卷积比 2D 卷积具有更多的训练参数,使其更难训练;另外,也缺少大数据集用作预训练使用。

多流网络中通过光流网络来进行时序建模。光流网络可以提取相邻两帧间的运动信息,将这些运动信息拼接,输入时序流网络中进一步提取特征,最后输出时序特征信息。这种流网络只能提取短时间的时序特征,忽视了长时间的时序结构。

循环神经网络也可用来提取时序信息。通常,通过 2D 卷积提取帧信息,再通过 LSTM 等循环神经网络进行时序建模。循环神经网络中,一个序列当前的输出与之前的输出有关,网络会对之前的信息进行记忆并应用于当前输出的计算中,隐藏层之间的节点相互连接,输入信息包括输入层的输出和上一时刻隐藏层的输出。

行为识别可在多种数据模态中实现,常见的时空特征往往从人体表观、距离信息或光流中提取,因此背景的运动信息也将混入时空特征中,降低了识别准确率。另一种模态为人体关键点信息,人体关键点序列可以自然地表示动作过程中肢体的运动模式。近两年提出的图卷积网络可以很好地对人体关键点进行建模,同时排除了背景的干扰,进一步提高了行为识别率,在大部分数据集上取得了较好的效果。

1. 3D 卷积网络

1) C3D

相较于 2D 卷积网络,3D 卷积网络因其 3D 卷积核和 3D 池化而具有对时序信息更强的建模能力。在 3D 卷积网络中,空间特征和时序特征被同时进行提取,而 2D 卷积网络只能提取空间特征,无法提取时序特征。

如图 6.17(a)所示,对于单通道特征图,在单个 2D 卷积核作用下将生成单个单通道的特征图;如图 6.17(b)所示,对于连续多帧组成的多通道特征图,在单个 2D 卷积核作用下也只能生成单个单通道的特征图,因此丢失了时序信息;如图 6.17(c)所示单个 3D 卷积核通道数少于特征图通道数,因此可生成有一定时序的多通道特征图,保留了时序信息。

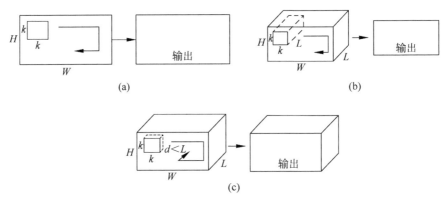

图 6.17 C3D 网络结构

(a) 二维卷积;(b) 基于多帧的二维卷积;(c) 三维卷积

C3D[295] 网络具有 8 个卷积层、5 个池化层、2 个全连接层和 1 个 softmax 层。每个卷积层中 3D 卷积核维数为 3×3×3,步长为 1×1×1。第一个池化层 3D 卷积核维数为 1×2×2,步长为 1×2×2,其余 4 个池化层分别为 2×2×2,2×2×2。C3D 网络可同时对外观和运动信息进行建模,其结构比较紧凑,在动作识别、动作相似度标注、场景识别等任务上取得了较好的成绩。

注意力机制的引入将进一步提高 3D 卷积的特征提取能力。注意力机制是一种权重学习机制,通过增加视频片段中关键帧的权重,来使得网络有选择性地聚焦在关键帧上。

2) I3D

图像特征提取网络经过多年的发展,已渐趋成熟,也有大型数据库(如 ImageNet),可以进行预训练。视频特征提取网络与图像特征提取网络不同之处为卷积层、池化层等的核需要是三维的,网络的输入为 RGB 图像流或者预计算得到的光流等,帧间时序特征需要通过循环网络或时序特征融合处理。正是由于模型参数高维性和标注数据的不足,3D 卷积网络相对来说比较浅。为解决这个问题,I3D[296] 网络将深度网络(如 Inception[19]、VGG-16[21]、ResNe[22] 等)扩展为时空特征提取器,从而可继续利用基于图像数据集训练得到的预训练权重作为 3D 卷积的初始化权重。

I3D 网络中卷积核和池化核都进行了沿时间维度的膨胀，由原先的 $N \times N$ 扩展为 $N \times N \times N$。在此基础上，I3D 从 ImageNet 预训练模型中引入参数作为初始化参数。假定一个视频由同一幅图像排列而成，在这个视频上进行的池化激活操作应当和在单幅图像上的一致。为保证卷积响应的一致性，考虑到线性时序，3D 卷积核可由 2D 卷积核的权重沿时间维度重复 N 次并以归一化的方式进行赋值。

以上这种权重赋值操作在时间维度的池化和卷积步长选择上有着较大的空间，不同的步长配置将直接影响特征感受野的大小。考虑到长宽维度对图像特征提取的影响基本相同，基于图像的池化核大小和步长往往在水平和垂直方向上都设置为相同的参数。但是在时间维度上的核大小和步长应更多地考虑帧率和图像大小的关系。如果时间维度相对于空间维度增长过快，则将导致不同物体间的边缘重合，破坏了前期的特征提取；如果时间维度相对于空间维度增长过缓，将降低场景动态的捕获能力。

3）T3D

T3D[297] 采用 DenseNet 结构，DenseNet 是一种简单的高参数效率的深度神经网络结构，具有密集知识传播的能力，在图像分类任务中具有良好的表现。T3D 使用 3D 核替换 DenseNet 中的 2D 核，使用 3D 时序迁移层代替 DenseNet 中的迁移层。

和 DenseNet 中 2D 密集连接相似，T3D 直接将每一层的 3D 输出连接至后续 3D 密集连接块的层。第 l 层的融合函数 H_l 接受之前 $l-1$ 层的 3D 特征图 $\{x_i\}_{i=0}^{l-1}$ 作为输入，输出表示为 x_l：

$$x_l = H_l([x_0, x_1, \cdots, x_{l-1}]) \tag{6.28}$$

式中：$[x_0, x_1, \cdots, x_{l-1}]$ 表示拼接后的特征图；H_l 表示 BN-ReLU-3D 卷积操作。

如图 6.18 所示，T3D 中时序迁移层 TTL 包含多种不同时序深度的 3D 卷积和 3D 池化层。不同的时序深度可捕获短期、中期和长期的动态变化，而固定的时序深度则较难捕获不同时间长度的变化。TTL 将不同时间长度的中间特征图拼接，然后进行 3D 池化得到密集融合的特征图，该特征图进一步作为后续层的输入，进一步进行时空特征的提取。

4）SlowFast

视频场景中的帧通常包含两个不同的部分，不太变化或者缓慢变化的静态区域和正在发生变化的动态区域。例如，飞机起飞的视频包含相对静态的机场和一个在场景中快速移动的动态物体（飞机）。根据这一洞察，SlowFast[298] 使用了一个慢速高分辨率 CNN（Slow 通道）来分析视频中的静态内容，同时使用一个快速低分辨率 CNN（Fast 通道）来分析视频中的动态内容。

如图 6.19 所示，网络结构包括：①一个以低帧率运行、用来捕捉空间语义的 Slow 路径；②一个以高帧率运行，以较高的时间分辨率来捕捉运动的 Fast 路径。

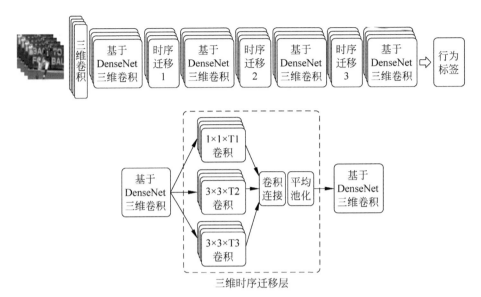

图 6.18 T3D 网络结构

通过减少 Fast 路径的通道容量,使其变得轻量,但依然可以学习有用的时间信息用于视频识别。

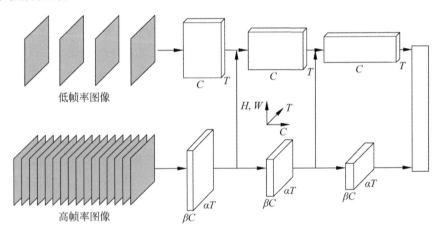

图 6.19 SlowFast 网络结构

Slow 通道:进行低帧率的采样,捕获稀疏帧图像,获取变换时序上变化较慢或没变化的图像空间语义信息。慢通道设置较大采样帧率为 τ,若原始视频长度为 T,则慢通道采样帧数为 $\tau \times T$。

Fast 通道:进行高帧率的采样,采样频率是慢通道的 α 倍,用于获取时序上快速变换图像的时序特征。

各通道使用三维卷积网络作为骨干,常见的为 3D Resnet50,为了减少运算量以及让快通道专注于时序特征的提取,网络设计时采用了轻量化原则,快通道卷积通道通常设置为慢通道的 12.5%。

网络将快慢通道在不同 stage 进行融合,将快通道的输出结果通过侧向连接送入慢通道,由于两个通道特征形状、大小不同,快通道特征形状是 $(\alpha, T, s^2, \beta c)$,慢通道特征形状是 (T, s^2, c),其中 c 为通道维数,s^2 为特征图大小,在融合前对快通道输出形状使用 3D 卷积方式进行变换,输出与慢通道一致的形状,并进行融合。

2. 双流网络

1)分段-双流网络

视频信号可自然地分为空间分量和时间分量。空间分量承载着场景、物体等单帧图像即可体现的信息,而时间分量代表了帧间的相机或物体的运行信息。双流网络参照这种结构,将网络分为两路,分别处理空间分量和时间分量,最后通过融合操作将信息综合,得到视频的分类结果。

如图 6.20 所示,空间流网络处理单帧图像,从静态图像中对动作进行分类。物体的外观特征与动作的类别具有强相关性,通过提取图像特征在一定程度上即可进行动作分类。空间流网络采用了 5 个卷积层和 2 个全连接层提取特征,最后通过 softmax 获得分类结果。

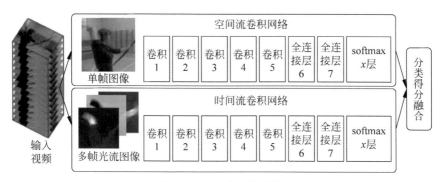

图 6.20 双流网络结构

时间流网络将连续多帧堆叠光流图像作为输入,该输入可以显式地描述视频中的运动信息。与利用网络隐式学习运动模式不同,显式描述可以使得行为更容易识别。时间流网络和空间流网络类似。运动特征的表达可以为光流堆叠、轨迹堆叠、双向光流、平均光流等。

密集光流可以视为连续帧间像素偏移场 d_t,$d_t(u, v)$ 表示帧 t 中像素 (u, v) 指向帧 $t+1$ 中对应像素的偏移量,可以分为水平分量 d_t^x 和竖直分量 d_t^y,光流堆叠就是将 L 帧连续光流按水平分量和竖直分量交叉进行排列,形成通道为 $2L$ 的卷积网络输入张量。

轨迹堆叠类似于光流堆叠,光流堆叠为连续帧同一像素位置 (u, v) 生成的偏移量进行通道排列,同一像素位置并不代表同一实际物体上的点。而轨迹堆叠通过轨迹跟踪,将连续帧中同一实际物体上的点像素位置上的偏移量进行排列,更具有实际的物理意义。

双向光流扩展了光流方向,同时具有正向光流计算和反向光流计算,并进行类似光流堆叠和轨迹堆叠的排列。平均光流指的是将偏移场减去其平均偏移,其目的为减小因相机移动而带来的全局光流的影响。

2) TSN

双流网络的一个显著缺点就是无法对长时间序列进行建模,其主要导致原因有空间流网络只对于单帧图像进行建模,而时间流网络只对短时间序列进行建模,因此对时间上下文的建模是缺乏的。为解决该问题,TSN(temporal segment networks)[300]通过分段融合的方法进行整段视频动作的建模,更加适用于如体育运动之类的复杂动作的建模。

TSN 网络结构如图 6.21 所示:一个输入视频段被均分为 K 段,从每段中随机采样得到子片段,每段子片段送入卷积神经网络提取时间和空间特征,不同片段的类别得分采用段共识函数(segmental consensus function)进行融合来产生段共识(segmental consensus),这是一个视频级别的预测,最后对所有模式的预测融合产生最终的预测结果。在学习过程中迭代更新模型参数来优化视频级预测的损失值。

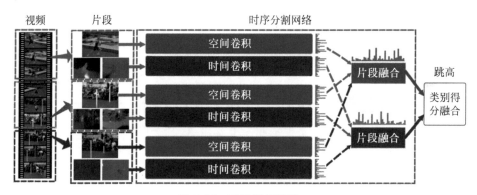

图 6.21　TSN 网络结构

3. 循环神经网络

循环神经网络对于处理序列数据具有天然的适应性,长时循环卷积网络(LRCN)[301]结合了卷积神经网络提取的图像特征和循环神经网络提取的时序特征,是一个较为通用的识别框架。LRCN(长时循环卷积网络)网络结构如图 6.22 所示,包含深度层次视觉特征提取器(如 CNN)和可识别合成时序动态特征的序列模型(如 RNN)。LRCN 通过特征变换 $\phi_V(v_t)$ 将输入的每一帧图像 v_t 进行特征编码,得到定长的向量表达 $\phi_t \in \mathbb{R}^d$,最终形成序列特征$\langle\phi_1,\phi_2,\cdots,\phi_T\rangle$。序列模型将图像特征 x_t 和上一步的隐藏状态 h_{t-1} 映射到输出 z_t,并且更新 t 时刻隐藏

状态 h_t。基于这种模型处理方式,模型推理必须是序列化的。为预测行为分类的概率分布 $P(y_t)$,采用 softmax 对模型输出 z_t 进行处理,生成在类空间的概率分布,取概率最大对应的类别作为分类结果。

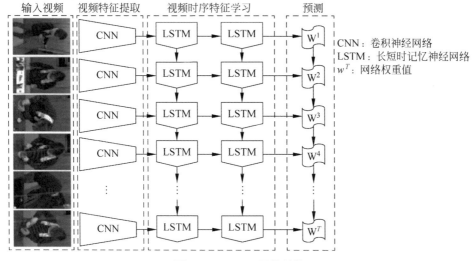

CNN:卷积神经网络
LSTM:长短时记忆神经网络
w^T:网络权重值

图 6.22　LRCN 网络结构

图像物体识别的成功经验表明策略性的融合非线性函数层具有很强的建模能力。对于较大的序列长度 T,循环神经网络最后生成的预测向量是通过 T 层非线性函数计算的,其特征表达能力与 T 层卷积网络相当。

4. 图卷积网络

1) St-gcn

时空图卷积网络(St-gcn)[302]的基础是时空图结构,其从骨架关键点序列构建时空图,具体构建规则如图 6.23 所示,如下:①在每一帧内部,按照人体的自然骨架连接关系构造空间图;②将相邻两帧的相同关键点连接起来,构成时序边;③所有输入帧中关键点构成节点集,步骤①、②中的所有边构成边集,即构成所需的时空图。在该时空图中,保留了骨架关键点的空间信息,也通过时序边的形式保留了关键点的运动轨迹信息。

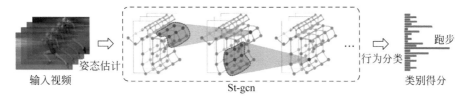

输入视频　　姿态估计　　　　St-gcn　　　　行为分类　跑步　类别得分

图 6.23　St-gcn 构建规则

针对骨架动作识别,需要定义有针对性的卷积操作,也就是设计对应的划分规则。对一个存在 K 个子集的划分规则,卷积核的参数包含 K 个部分,每个部分参数数量与特征向量一致。以图像卷积为例,在一个窗口大小为 3×3 的卷积操作中,一个像素的邻域按照空间顺序被划分为 9 个子集(左上,上,右上,左,中,右,左下,下,右下),每个子集包含一个像素。卷积核的参数包含 9 个部分,每个部分与特征图的特征向量长度一致。也就是说,图像卷积是图卷积在规则网格图上的一个特例。St-gcn 给出了三种划分规则。第一种称为唯一划分,其与原始 GCN(图卷积网络)相同,将节点的 1 邻域划分为一个子集。第二种称为基于距离的划分,它将节点的 1 邻域分为两个子集,即节点本身子集与邻节点子集。引入基于距离的划分使得分析骨架关键点之间的微分性质具有可行性。第三种称为空间构型划分,其将节点的 1 邻域划分为 3 个子集,第一个子集为节点本身,第二个子集为空间位置上比本节点更靠近整个骨架重心的邻节点集合,第三个子集则为更远离整个骨架重心的邻节点集合。这种划分规则体现了对向心运动与离心运动的定义。

除了同一帧内部的空间划分规则,在时间上,由于时序边构成一个网格,可直接使用类似于时序卷积的划分规则。最终,时空图上使用的划分规则得到的子集集合是空间划分与时序划分的笛卡儿积。

St-gcn 网络从一个已有的时序卷积网络结构的基础上设计上述的网络结构。将所有时序卷积操作转为时空图的卷积操作,每一个卷积层的输出是一个时空图,图上每一个节点保有一个特征向量。最终,合并所有节点上的特征并使用线性分类层进行动作分类。

2) MS-G3D

对于从骨架图中进行稳健的动作识别,理想的算法应该超越局部关节连接性,提取多尺度结构特征和长期依赖关系,因为结构上分离的关节也具有很强的相关性。然而现在的方法都是使用 A 的 k 阶幂指数来获得 k 邻居,通过邻接矩阵 A 的高阶幂来扩大感受野。但是使用幂指数的方式会存在有偏加权问题,所谓的有偏加权问题指的就是当对一个节点求 K 阶邻居时候,相对于它的 K 阶邻居来说,距离该节点近的和度比较大的权重会比较高。在骨骼图上,这意味着一个高阶的多项式在从远处的关节获取信息方面只是勉强有效,因为聚集的特征将由来自局部身体部位的关节主导。

稳健算法的另一个令人满意的特性是能够利用复杂的跨时空关节关系进行动作识别。目前,使用仅在空间和时间域交错的模式,比较常用的方法是在每一帧上使用 GCN 来提取空间信息,在时间上使用 TCN(时间卷积网络)或者 RNN 来提取时间信息。虽然这种因式分解的方式允许高效的长时间建模,但它阻碍了跨越时空的直接信息流,从而无法捕捉复杂的区域时空节点。

针对多尺度信息融合问题,MS-G3D[303] 提出了一种新的多尺度扩展方案,通过消除距离较近和较远的邻域之间的冗余依赖关系来解决有偏加权问题,从而在多尺度聚合下分离出它们的特征。

人体骨架可以看成一个图,对骨架建模可以利用到图卷积。图卷积如下式所示:

$$X_t^{(l+1)} = \sigma(\widetilde{\boldsymbol{D}}^{-\frac{1}{2}}\widetilde{\boldsymbol{A}}\widetilde{\boldsymbol{D}}^{-\frac{1}{2}}X_t^{(l)}\boldsymbol{\Theta}^{(l)}) \tag{6.29}$$

式中:$X_t^{(l+1)}$ 为 t 时刻第 $l+1$ 层的特征图;$\sigma(\cdot)$ 为激活函数;$\widetilde{A}=A+I$ 是添加了自循环以保持自身特征的骨架图;$\widetilde{D}$ 是 $\widetilde{A}$ 的对角矩阵;$\boldsymbol{\Theta}^{(l)}$ 表示网络第 l 层的可学习权重矩阵。多尺度的引入主要改造邻接矩阵,并进行融合。多尺度图卷积如下式所示:

$$X_t^{(l+1)} = \sigma\Big(\sum_{k=0}^{K}\widetilde{\boldsymbol{D}}_{(k)}^{-\frac{1}{2}}\widetilde{\boldsymbol{A}}_{(k)}\widetilde{\boldsymbol{D}}_{(k)}^{-\frac{1}{2}}X_t^{(l)}\boldsymbol{\Theta}_{(k)}^{(l)}\Big) \tag{6.30}$$

式中:$k=\{1,\cdots,K\}$,K 表示多尺度数量。

针对复杂的跨时空关节关系建模问题,MS-G3D 提出了一种新颖的统一时空图卷积模块 G3D,该模块可以直接对跨时空关节依赖关系进行建模。通常的时空建模方法往往单独处理空间维度和时间维度,通过仅空间(GCN)或者仅时间(TCN)模块提取,然后融合,无法统一进行建模,对于捕获复杂的时空联合关系不太有效。

G3D 对时空骨架信息进行了统一建模,如图 6.24 所示。

G3D 通过跨时空跳接实现了跨时空图,在输入图序列上滑动时间窗口大小 τ,每步获得时空子图 $G(\tau)=(v_{(\tau)},\varepsilon_{(\tau)})$,其中 $v_{(\tau)}$ 是窗口中所有 τ 帧的节点并集,$\varepsilon_{(\tau)}$ 为窗口中所有 τ 帧的边并集。通过拼接邻接矩阵得到初始化 $\varepsilon_{(\tau)}$,将骨架信息的空间连通性外推到时间连通性,使得 $G(\tau)$ 中每个节点都与自身及其跨所有 τ 帧的 1 跳空间领域紧密相连。G3D 的公式表达为

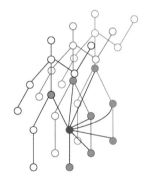

图 6.24 时空融合模型特征

$$\big[X_{(\tau)}^{(l+1)}\big]_t = \sigma(\widetilde{\boldsymbol{D}}_{(\tau)}^{-\frac{1}{2}}\widetilde{\boldsymbol{A}}_{(\tau)}\widetilde{\boldsymbol{D}}_{(\tau)}^{-\frac{1}{2}}\big[X_{\tau}^{(l)}\big]_t\boldsymbol{\Theta}^{(l)}) \tag{6.31}$$

式中:τ 为窗口大小;$\big[X_{(\tau)}^{(l+1)}\big]_t$ 表示 t 时刻第 $l+1$ 层窗口 τ 内的特征图;$\widetilde{A}_\tau$ 表示窗口内添加了自循环以保持自身特征的骨架图;$\widetilde{D}_\tau$ 是 $\widetilde{A}_\tau$ 的对角矩阵;$\big[X_\tau^{(l)}\big]_t$ 表示 t 时刻第 l 层窗口 τ 内的特征图。结合多尺度信息,MS-G3D 的模型公式为

$$\big[X_{(\tau)}^{(l+1)}\big]_t = \sigma\Big(\sum_{k=0}^{K}\widetilde{\boldsymbol{D}}_{(\tau,k)}^{-\frac{1}{2}}\widetilde{\boldsymbol{A}}_{(\tau,k)}\widetilde{\boldsymbol{D}}_{(\tau)}^{-\frac{1}{2}}\big[X_\tau^{(l)}\big]_t\boldsymbol{\Theta}_{(k)}^{(l)}\Big) \tag{6.32}$$

式中:$k=\{0,\cdots,K\}$ 表示不同的尺度。

6.4 行为检测

6.4.1 背景

随着视频采集设备的快速普及,以及监控视频、互联网视频、视频娱乐等的出现,视频逐渐成为社会中最大的信息载体之一,并处于一种井喷式的增长过程中。面对海量视频数据,自动且有效地分类、识别、安全检测等需求也越来越大。

在视频序列中,从无剪切视频中自动地定位目标行为的问题称为行为检测(action detection)[304-305]。在实际应用中,行为检测可以分为时序行为检测(temporal action detection)[306]和时空行为检测(spatio-temporal action detection)[307]。时序行为检测主要任务是检测出行为发生时间段并正确分类,不需要预测出行为在空间中的具体的位置;时空行为检测,是在时序行为检测的基础上,还需要预测出行为发生的空间上的位置。当前,针对自然场景下的行为检测算法大体上分为两个阶段:视频特征编码、行为检测和识别。主要流程如图6.25所示。

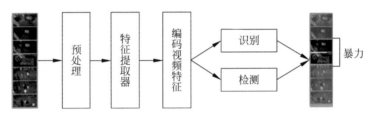

图 6.25 行为检测流程

其中,对视频进行特征编码是最核心的任务,特征编码通过有效的特征学习的方法,挖掘出最能反映不同行为之间的差异的特征,利用这些特征能够有效地进行行为检测和识别。

行为检测主要目标是研究如何快速有效地从视频中定位并正确分类出目标行为,因该技术在安防监控、互联网视频过滤、视频搜索、异常行为预测等领域有着极大的应用需求,其能够有效地降低人力和时间成本,提高安防部门的反应速度,从而能够真正发挥智能监控系统的效用。

6.4.2 研究难点

随着计算机视觉技术特别是深度学习技术的巨大成功以及大量科研工作者的不懈努力,目前视频行为检测的研究取得了一系列进展。随着近年来一系列大规模人体行为数据库的公开,行为检测也向着场景趋于真实复杂、行为种类更加多样的方向发展。但由于行为本身的多样性、背景的复杂性、行为开始结束时间的模糊性等因素,目前的研究工作还面临诸多考验。

1. 人体行为本身的复杂性

人体行为种类和数量十分庞大,人体行为主要可以归为三大类:人自身的行为,人与人间的交互行为,人与物体的交互行为。其中人与物体的交互行为包含的具体行为数量最多。即使是同一个动作,与不同的物体进行交互可以构成不同的行为,如打羽毛球、打乒乓球;同样的物体与不同的动作组合也可能产生完全不同的行为动作,如开门与关门两个行为动作。人体行为容易受到光照、视角、背景、环境等干扰的影响,而且同一行为在不同的执行者身上或者不同的场景中会发生很大的变化,某些人体行为类内相似性小,类间相似性大,造成行为检测时分类困难。同一个动作在不同的行为个体上的表现可能相差很大,同一个动作即使在同一个个体上也可能随着时间的变化表现出很大的差异性。同时,不同行为的持续时间也有很大的差异,比如扣篮、摔倒这类行为持续的时间可能很短,而类似于走路、跑步这样的行为持续时间就很长。上述人体行为本身的复杂性造成了视频中的人体行为准确地检测出并正确分类是一项巨大的挑战。

2. 行为片段边界模糊

在图像目标检测中,待检测目标一般以标定框的形式表示,具有相对明确的边界位置。而行为检测的任务是寻找一段确定起始帧与结束帧位置的包含特定人体行为动作的视频片段。实际上,视频中行为的边界位置是很难明确界定的,由于人体动作本身的复杂性,对一个行为动作进行定义常存在不明确性。比如刷牙这个动作,拿牙刷的过程是否算在这个动作内,这样的问题对于检测最终的召回率影响很大。

3. 计算数据量大

视频行为检测任务中,想要正确地检测出视频中的行为片段,需要对视频进行特征提取。一般情况下,一段视频可能包含上万帧的图像数据,对如此多的图像数据进行特征提取,会耗费大量的时间。在实际应用中,如何有效地对视频数据进行建模并提取特征进行后续处理是视频行为检测面临的又一难题。

6.4.3 数据集介绍

目前,在视频行为检测方面,公开的数据集主要有如下三个。

1. THUMOS 2014[308]

该数据集包括行为识别和时序行为检测两个任务。它的训练集为 UCF101 数据集。其验证集和测试集则分别包括 1010 个和 1574 个未分割过的视频。

2. MEXaction2[309]

该数据集只包含两种类别的动作:骑马和斗牛。它有三个部分的视频来源:UCF101 数据集中的骑马视频、来源于 YouTube 的视频以及法国国家视听图书馆(Institut National De l'Audiovisuel,INA)的视频。其中 UCF101 数据集中的骑马视频与来源于 YouTube 的视频片段都是经过分割的短视频片段,所以与

THUMOS 2014 数据集一样,这些视频被用于训练集。而 INA 视频是一些未分割的长时段视频,总时长 77h。这些视频被分成了训练集、验证集与测试集三部分。

3. ActivityNet[310]

该数据集与 THUMOS 2014 一样,同样包含分类和检测两个任务的视频数据。该数据集包含 200 个动作类别(新的版本包括 300 个类别,且视频数量更多),20000 多个视频,这些视频的总时长差不多 700h。

6.4.4　基于深度学习的方法

1. CDC 网络

卷积反卷积(convolutional de-convolutional,CDC)[311] 是在 C3D 网络基础上,借鉴了 FCN 的思想形成。CDC 在 C3D 网络的后面增加时间维度的上采样操作,并能做到每帧预测(frame level labeling)。该方法的主要贡献点为:第一次将卷积、反卷积操作应用到行为检测领域,CDC 同时在空间和时间域进行下采样和上采样;CDC 网络结构可以做到端到端的学习;通过反卷积操作可以做到每帧预测(per-frame action labeling)。

1)网络结构

CDC 网络在 C3D 的基础上用反卷积将时序升维,做到了帧预测。图 6.26 所示是 CDC 网络的结构。

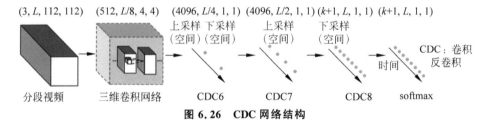

图 6.26　CDC 网络结构

网络首先输入视频段大小为 $112 \times 112 \times L$,即连续 L 帧 112×112 的图像;经过 C3D 三维卷积网络后,时间域上 L 下采样到 $L/8$,空间上图像的大小由 112×112 下采样到了 4×4;分别经过 CDC6、CDC7 和 CDC8 过滤器,分别得到以下特征图:

CDC6:时间域上上采样到 $L/4$,空间上继续下采样到 1×1。

CDC7:时间域上上采样到 $L/2$。

CDC8:时间域上上采样到 L,而且全连接层用的是 $4096 \times K + 1$,K 是类别数。

最后经过 softmax 层,用 softmax 函数进行行为类别划分。

2)CDC 过滤器

CDC 算法的一大贡献点是反卷积的设计,视频片段经过 C3D 网络输出后,存在时间和空间两个维度,算法中的 CDC6 过滤器同时完成了时序上采样、空间下采样操作。

如图 6.27 所示,一般的过滤器都是先进行空间的下采样,然后进行时序上采样操作(见图 6.27(b))。但是 CDC 中设计了两个独立的卷积核(图 6.27(c)中的红色和绿色),同时作用于 $112 \times 112 \times L/8$ 的特征图上。每个卷积核作用都会生成 2 个 1×1 的点,如上 Conv6,那么两个卷积核就生成了 4 个,相当于在时间域上进行了上采样过程。

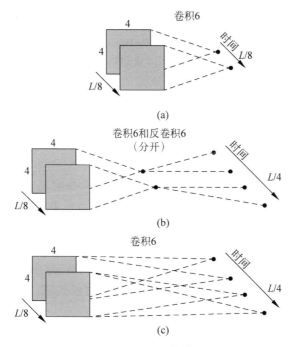

图 6.27 CDC6 过滤器示意[311](见文前彩图)

(a) 空间下采样时序拼接;(b) 先空间下采样后时序上采样;(c) CDC6 同时空间上采样和时序下采样

3) 损失函数

根据图 6.26 网络结构可知,经过 softmax 层输出维度为 $(K+1,1,1)$,针对每一帧图像会有一个类别的打分输出,做到了每帧标签。

假设共有 N 个训练片段(training segments),我们取出第 n 个训练样本,那么经过 CDC 网络后得到 $(K+1,1,1)$ 维输出,设 CDC8 输出为 $O_n[t]$,softmax 层输出为 $P_n[t]$,t 表示样本当前帧数,则对应的第 i 个类别概率如下式:

$$P_n^{(i)}[t] = \frac{\mathrm{e}^{O_n^{(i)}[t]}}{\sum_{j=1}^{K} \mathrm{e}^{O_n^{(j)}[t]}} \tag{6.33}$$

式中:$P_n^{(i)}[t]$ 表示第 i 个类别的 softmax 层概率输出;$O_n^{(i)}$、$O_n^{(j)}$ 分别表示第 i 个和 j 个类别 CDC8 层输出,$j = \{1, \cdots, K\}$ 表示总的类别数。最终总的 loss function 如下式:

$$L = \frac{1}{N} \sum_{n=1}^{N} \sum_{t=1}^{L} (-\log(P_n^{(z_n)}[t])) \qquad (6.34)$$

式中：L 表示总损失函数；z_n 表示第 n 个片段特征图；$P_n^{(z_n)}[t]$ 表示 t 帧 z_n 片段类别概率。

2. R-C3D 网络

R-C3D(region convolutional 3-dimensional)[312] 网络基于 Faster R-CNN 和 C3D 网络思想。对于任意的输入视频 L，先进行候选框(proposal)生成，然后经过三维池化操作(3D-pooling)，最后进行分类和回归操作。R-C3D 方法的主要贡献点有以下两个：一是可以针对任意长度视频、任意长度行为进行端到端的检测；二是速度较快，通过共享候选框生成(progposal generation)和分类网络的 C3D 参数实现速度的提升。

1) 网络结构

如图 6.28 所示，R-C3D 网络可以分为四个部分，分别是：

特征提取网络：对于输入任意长度的视频进行特征提取。

时序候选框提取网络(temporal proposal subnet)：用来提取可能存在行为的时序片段(proposal segments)。

行为分类子网络(activity classification subnet)：行为分类子网络根据特征提取网络输出的特征和时序候选框提取网络提供的建议区域，得到区域内的实际活动(activities)类型。

损失函数(Loss Function)：将联合分类和回归两个子网络。分类损失采用 softmax，回归损失采用 smooth L1。

2) 特征提取网络

特征提取网络的骨干网络采用 C3D 网络，经过 C3D 网络的 5 层卷积后，得到 $512 \times L/8 \times H/16 \times W/16$ 大小的特征图。不同于 C3D 网络的是，R-C3D 允许任意长度的视频 L 作为输入。

3) 时序候选框提取子网络

如图 6.28 所示，绿色和紫色部分是时序候选框提取网络，类似于 Faster R-CNN 中的 RPN，用来提取一系列可能存在目标的候选框。该网络中提取一系列可能存在行为的候选时序。

(1) 候选时序生成。输入视频经过上述 C3D 网络后得到了 $512 \times L/8 \times H/16 \times W/16$ 大小的特征图。然后作者假设 anchor 均匀分布在 $L/8$ 的时间域上，也就是有 $L/8$ 个 anchor，每个 anchor 生成 K 个不同尺度的候选时序。

(2) 3D 池化。经过步骤 3.1)得到 $512 \times L/8 \times H/16 \times W/16$ 的特征图后，为了获得每个时序点(anchor)上每段候选时序的中心位置偏移和时序的长度，作者将空间上 $H/16 \times W/16$ 的特征图经过一个 $3 \times 3 \times 3$ 的卷积核和一个 3D 池化层下采样到 1×1。最后输出 $512 \times L/8 \times 1 \times 1$。

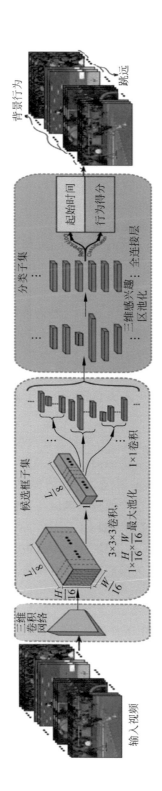

图 6.28 R-C3D 网络结构（见文前彩图）

（3）训练。类似于 Faster R-CNN，需要判定得到的候选时序是正样本还是负样本。判定规则为：

正样本：IoU>0.7。

负样本：IoU<0.3。

IoU 指的是候选时序帧和标注真值的重叠度，为了平衡正负样本，正/负样本比例为 1 : 1。

4）行为分类子网络

行为分类子网络根据 C3D 输出的特征和时序候选框提取网络提供的建议区域，得到区域内的实际活动（activities）类型，如跑步。作用相当于 Faster-RCNN 中的 ROI 池化＋网络后半段的分类网络。分为以下四个步骤。

（1）非极大值抑制（NMS）。针对步骤（3）时序候选框提取网络生成的候选框区域，采用 NMS（non-maximum suppression）非极大值抑制生成优质的建议区域。NMS 阈值为 0.7。

（2）3D ROI。ROI（region of interest，感兴趣区域），提取感兴趣区域的特征图的输入是 C3D 的输出，也就是 $512 \times L/8 \times H/16 \times W/16$。

设 C3D 输出特征图大小为 $512 \times L/8 \times 7 \times 7$，其中有一个候选框区域的长度（时序长度）为 lp，那么这个候选框区域的大小为 $512 \times \text{lp} \times 7 \times 7$，借鉴 SPPnet 中的池化层，利用一个动态池化核大小为 ls×hs×ws。最终得到 $512 \times 1 \times 4 \times 4$ 大小的特征图。

（3）全连接层。经过池化后，再输出到全连接层。最后接一个边框回归（start-end time）和类别分类（activity scores）。

（4）训练。在训练的时候需要定义行为的类别，采用 IoU 来给一个建议区域确定真值。IoU>0.5，则定义这个候选框区域与真值相同。若候选框区域 IoU 与所有的真值都小于 0.5，则定义为背景。

R-C3D 将分类和回归联合训练。分类损失采用 softmax，回归损失采用 smooth L1。根据下式所示损失函数进行网络训练：

$$\text{Loss} = \frac{1}{N_{\text{cls}}} \sum_i L_{\text{cls}}(a_i, a_i^*) + \lambda \frac{1}{N_{\text{reg}}} \sum_i a_i^* L_{\text{reg}}(t_i, t_i^*) \tag{6.35}$$

式中：N_{cls} 和 N_{reg} 分别表示用于分类和回归任务的样本大小；$L_{\text{cls}}()$ 和 $L_{\text{reg}}()$ 表示分类和回归损失函数；$\lambda=1$ 表示分类和回归 loss 间的权重系数；a_i 和 a_i^* 分别表示预测出类别的概率和真值；t_i 和 t_i^* 分别表示预测候选框的位置坐标及坐标真值。

3. TAL-Net

TAL-Net[313] 网络将之前常用于图像目标检测的 Faster R-CNN 网络应用于视频时序动作定位中。在 THUMOS 2014 和 ActivityNet 数据集上都取得了具有竞争力的性能。

Faster R-CNN 的核心思想是利用深度神经网络(DNN)的巨大容量推动候选区域生成和目标检测这两个过程。考虑到它在图像目标检测方面的成功,将 Faster R-CNN 用到视频时序动作定位也引起了研究者极大的兴趣。然而,这种领域的转变也带来了一系列挑战。TAL-Net 作者针对 Faster R-CNN 在动作定位领域存在的问题,重新设计了网络架构,来具体地解决问题。TAL-Net 方法的主要贡献点有以下三个。

一是解决动作上时序片段变化大的问题,行为时间段的变化比目标检测的区域变化范围更大,一个动作持续时间可能 1 秒到几分钟,Faster-rcnn 评估不同尺度的候选区域用的是共享的特征,时间段的范围和 anchor 的跨度不能对齐。作者提出多尺度的网络结构(mutilti-tower)和扩张卷积(dilated temporal conv)来扩大感受野并对齐。

二是解决利用上下文的信息问题,时间上的动作开始之前和之后的这些上下文信息对时序定位任务的作用比空间上的上下文对目标检测的作用要大得多。Faster-rcnn 没有利用到上下文。作者提出通过扩展在生成候选区域和动作分类时的感受野解决这个问题。

三是融合多流信息,目前在动作分类上的任务效果好的都是混合了 FLOW(光流)和 RGB 特征,但 Faster-rcnn 没有融合机制,作者提出一个分类结果上融合的晚融合的方法,并且证明了这个方法比在特征上早融合处理的方法效果好。

网络将 Faster-rcnn 引入时序动作检测,把 anchor、proposals、pooling 全变成了对 1D 时间维度的处理,主要包括以下几个模块。

1) 感受野对齐子模块

Faster R-CNN 在目标检测上利用共享的顶层特征,然后用设置 K 个 1×1 过滤器对应 K 个尺度找类别不可知的 proposals,但是时序动作定位任务片段跨度太大,thumos14 数据集上 1 秒到 1 分多钟的片段都有,所以需要范围更宽的尺度,但是感受野太小,可能没有提取到足够的特征给长时间段的 anchor;感受野太大对短时间 anchor 又不利。

如图 6.29 所示,输入 1D 特征图,经过分段候选框网络(segment proposal network),该网络是 K 个时序卷积网络的集合,每个负责分类特定尺度的 anchor segments,每个时序卷积网络感受野的尺寸和 anchor 尺寸要重合。每个卷积网络最后用两个卷积核尺寸为 1 的卷积层对 anchor 分类和对边界回归。

设计与感受野 s 对应的时序卷积网络,一个方法是多叠加几层卷积,该方法容易过拟合并且增加很多参数;另一个方法是增加池化层,该方法会降低输出特征图的分辨率。

为了避免增加模型参数并且想保持住分辨率,算法提出用扩张时序卷积(dilated temporal convolutions)。扩张时序卷积和普通卷积类似,不同的是计算的

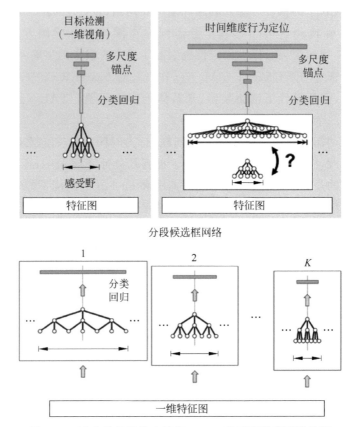

图 6.29 时序动作定位中的多 anchor 的受限的感受野共享

不是相邻位置,而是增加了一些间隔。这里每个时序卷积网络只有两层扩张卷积层,目标感受野尺寸 s,定义两层的扩张比例:$r_1 = s/6$,$r_2 = s/6 \times 2$,为了平滑输入,在第一个卷积层前加了一个核尺寸为 $s/6$ 的最大池化。

2) 上下文信息提取

感受野对齐中提到的生成 proposal 方法只计算了 anchor 部分的 proposal,没有考虑上下文,为了对 anchor 分类和回归的时候加入上下文信息。在 anchor 前后各取 $s/2$ 长度加入一起计算,这个操作可以通过 dilated rate×2 来完成,$r_1 = s/6 \times 2$,$r_2 = s/6 \times 2 \times 2$,最大池化的核尺寸也要相应地加倍成 $s/6 \times 2$,如图 6.30 所示。

3) 特征晚融合

先用两个网络分别提取 1D 的 RGB 和 FLOW 特征,输入 proposal 生成网络(rpn)最后两个分数做均值产生 proposals,再把 proposals 结合各自网络特征做分类(Fast-rcnn 部分),最后把两个网络结果做均值。作者证明了用这个特征一直计算到结果的方法比特征早融合效果好,如图 6.31 所示。

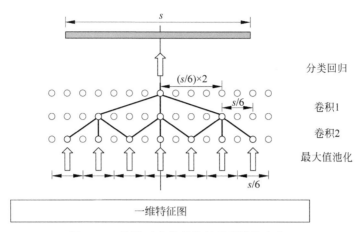

图 6.30　扩张时序卷积控制感受野的大小 s

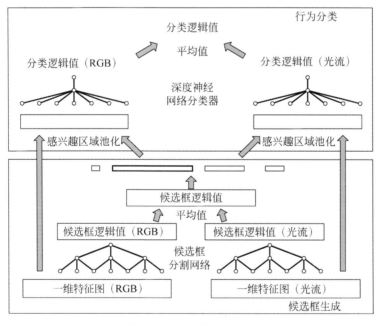

图 6.31　特征晚融合结构

6.5　本章小结

本章主要介绍了人体关键点检测、行为识别和行为检测三方面的内容，针对人体关键点检测部分，介绍了自顶向下和自底向上的方法，由于增加检测网络比增加连接或者分组网络更简单，自顶向下的方法通常比自底向上的方法更容易实现，效果也通常更好，目前越来越多的研究集中在自顶向下的方法，来进行人体姿态的估计。在速度方面,一般要求人体姿态估计算法能够实时预测,这对算法提出了更高的要求。

目前人体姿态估计的应用前景较好,首先,可以作为人体动作识别的组成部分,有助于行为理解的研究;其次,可以用于一些交互软件,如舞蹈打分等;最后,也可以用来作为其他任务的辅助,比如辅助行人检测任务等。

行为识别方面,从研究背景出发,提炼了行为识别的技术难点,列举了用于行为识别研究的相关数据集,介绍了行为识别的相关算法。算法部分包含传统算法的识别框架和深度学习算法的研究,其中深度学习算法又可分为 3D 卷积、双流网络、循环神经网络和图卷积网络。

针对行为分析方面,介绍了三种不同的深度学习算法,CDC 结构对于视频中的每一帧分别预测其属于具体行为的概率,提升对于行为片段边缘的定位精度,但是由于在时序上的下采样,丢失了部分时序信息。同时,CDC 使用的两个全 C3D 连接层也会导致过拟合的问题。R-C3D 是基于候选视频片段的二阶段视频行为检测方法,网络继承了很多 Faster-rcnn 的设计细节,也使得网络有如下缺点:感知野不足。具体地说,其用于回归的整个行为的神经元只能感知到输入的很短的一部分,因此很难准确地回归出过长的人体行为区段。TAL-Net 需要为每个 anchor 使用一个单独的时序卷积层,因此会导致区间建议网络变得比较复杂和臃肿。如何有效地在网络中编码长时信息,扩大神经元的感知野仍然是一个有待解决的问题。总体上,行为检测的方法在目前公开数据集上取得了优异的性能,但是其存在计算量大、实时性低等问题,从而导致该行为检测方法在实际应用的问题上还需要进一步研究。

第7章

◁◁◁◁◁

基于视频分析的生理信号的检测

人体生理信号可用于表征个人的健康状况和精神状态。传统的利用接触式采集生理信号的方法虽然测量精度较高且相对稳定,但会造成使用者的不适及存在操作不便的问题,也无法应用于有开放性伤口或不配合采集的个体。

随着越来越多的人意识到预防医学对于患者生活质量、成本和医疗系统负担的重要价值,目前整体医疗系统正逐步从反应性向预防性转变。在这个转变过程中,远程、非接触式医学由于可以在成本较低且不会对患者带来不便的情况下就可以高频率地提供多模态、高质量的生理指征数据而备受关注。这种获取方式大大提高了医疗服务的覆盖性和可获得性,将为患者和医疗系统之间提供更加便捷、高效、安全的传输渠道,对于健康管理、医疗记录、状态监督等非常重要。

近十几年来,利用成像设备作为监控生理参数的光学传感器被生物医学和智能视觉等领域广泛关注。研究人员已成功利用摄像头并基于智能视觉技术捕捉到一系列人体微弱生理信号的波形,通过这些信号的特征可以推测出这些波形所表征的生理状况,包括与呼吸系统、心血管系统甚至综合健康相关的生理指征。一些研究还表明,这些捕获的生理信号还可以用于某些疾病的早期表征。利用摄像头进行生理信号监控具有成本低廉、无感知和操作简便等优点,被广泛应用于医疗健康、人机交互、智能安防、无人驾驶等领域。但同时该技术也存在易受运动干扰和标定困难等问题。

本章介绍现有的基于智能视频分析技术的生理指征计算方法,包括方法背后的生理机制、信号获取方法、信号处理算法以及这些方法的具体应用场景。本章主要针对基于传统使用相机作为传感器的信号采集方式,其他非接触式信号采集方式例如雷达、激光多普勒以及近红外光谱不在本章的介绍范围之内。

7.1 引言

临床上,一些主要的生理参数例如心率、呼吸频率(BR)、心率变异性(HRV)以及血氧饱和(SpO_2)、血压(blood pressure,BP)和血糖的检测是疾病的诊断和治疗的基本。新兴的非接触式基于智能视觉技术的发展使在自然环境中测量这些不同的生理信号成为可能,以下将介绍基于智能视觉技术以及光电容积脉搏波(photoplethysmography,PPG)进行脉搏波、心率、血压和血糖检测。

7.2 光电容积脉搏波

7.2.1 传统的 PPG 波形特征及检测原理

早在 20 世纪 30 年代就提出的 PPG 信号是心血管系统生理信号中的一种,它是利用某一块皮肤区域依照光感测量元件吸收光线能量的原理,记录光线变化而感应出来的信号。由于随心脏搏动周期,血管内单位面积的血容积呈现出周期性的变化,因此光感测量元件将会随着血容积的变化产生感应电压的变化,所以 PPG 信号的振幅会随着血液进出组织发生相应的波动,用于表征血容量的变化。由于 PPG 所捕获的是血管内呈波状运动的血液流动,因此具有丰富的和心血管相关的信息,也因此被广泛地作为非接触式生理特征信号采集对象。

传统的 PPG 信号可以用低成本的光学方法获得。通常 PPG 使用发射特定波长的光源和一个光电探测器来通过透射式或者反射式方法测量皮肤表面下的血液循环变化,图 7.1 所示为通过手指测量 PPG 的两种方式。由于最大搏动分量在 510~590nm 光源照射范围时发生,因此通常用于反射的 PPG 传感器使用绿色(565nm)波段。而红色(680nm)或者近红外(810nm)的光具有最强的穿透性,可以穿透大约 2.5mm 的皮肤组织,而绿光最多穿透 1mm,因此该波段的光源使用更为广泛,特别是用于透射的 PPG 传感器。传统的 PPG 通过接触式传感器采集,例如前额、耳垂、手腕、脚趾和脚腕部位的信号。

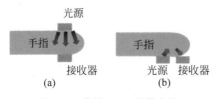

图 7.1 传统 PPG 测量方法

(a) 透射式;(b) 反射式

在实际检测过程中,传感器覆盖的区域包括静脉和动脉以及大量的毛细血管。因此,PPG 信号是一种复杂的心血管循环系统中动静脉血流的综合表征。原始的 PPG 信号通常包括脉动血容量(交流信号)和非脉动血容量(直流信号),如图 7.2 所示。PPG 信号中的直流信号部分是基础血容积、呼吸和交感系统共同作用下的一个函数。动脉血管中的血容积变化和 PPG 信号中的交流信号部分相关。当心脏收缩时,内压升高,血流泵到动脉,造成血管内压力、血容量体积增大;当心脏舒张时,腔静脉血液流回入心脏,血管内压力下降、血容量体积减小。由于血容量的变化导致特定波长的光吸收量随之发生变化,由此测到的 PPG 波形如图 7.3 中的红色曲线所示。当心脏收缩时,血液中的压力升高,舒张时,压力降低,此时因上次心脏收缩射出的血液经过循环到达心脏撞击心脏瓣膜,但因为瓣膜紧闭不能进入心室而使血液自行退向主动脉,再经由手指末梢测量到的 PPG 信号波形会如图 7.3 中粉色曲线所示出现一个向上的小波,即为重搏波切迹。所以两者波形叠加后,成为图 7.3 中蓝色虚线波形。因此,一个完整周期的 PPG 波形是心脏收缩、心脏舒张两种生理行为下的综合结果。

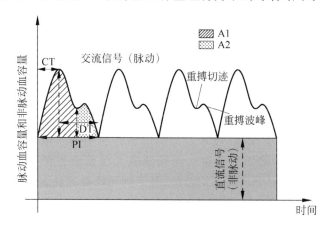

图 7.2　原始的 PPG 信号

CT—峰值时间;DT—舒张时间;PI—脉搏间隔。

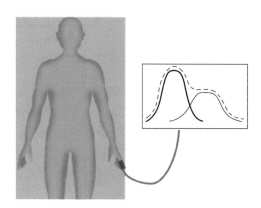

图 7.3　心脏收缩时 PPG 信号波形图(见文前彩图)

　　研究人员通过研究发现,年龄是影响 PPG 波形轮廓的重要因素之一。动脉弹性通常随着年龄的增长而降低。因此,伴随着年龄的增长,PPG 信号的重搏切迹可能会变得无法辨识,表明 PPG 波形轮廓无法对血管系统弹性指征进行跟踪,但是也正是这种变化使得利用 PPG 波形预测早期动脉粥样硬化成为可能。PPG 信号的波形与心血管病理学息息相关,例如通过 PPG 波形的分析可以帮助测量心率、诊断心律不齐。此外,由于动脉体积的膨胀与动脉内的压力有关,因此 PPG 信号产生的脉动波形特征可以用于表征血管压力。

　　临床上广泛使用脉搏血氧计来监测传统 PPG 信号,这是一种非侵入、接触式的采集方法。脉搏血氧计的测量依赖于重组的动脉搏动,因此如果外周血管搏动减少可能会引起信号的可靠性降低,同时静脉搏动也可能会给测量带来干扰。此外还有几个因素可能影响传统接触式 PPG 的测量,例如采集传感器的几何结构、发射光强度、传感器-皮肤界质、环境光、光电二极管灵敏度、氧浓度、器官特征、微循环容量、动脉容量、间质液体和静脉容量等。PPG 的测量在某些情况下也会出现测量误差,例如低血容量、休克或者不正常体温状态下。因此,传统的 PPG 检测手段需要使用者和环境的极大配合才可以实现。

7.2.2　基于视频的 rPPG 检测原理

基于相机的 PPG 采集技术是近几年在传统 PPG 技术基础上发展起来的一种非接触式方法,也可称为 rPPG 技术。光源的选择包括但不限于可见光和近红外光源。该技术需要稳定的照射条件。当光源的光传播出去到达人体皮肤表面之后,部分的光被吸收而部分的被组织散射,剩下的光线被皮肤表面反射并且最终到达相机的光敏部分,如图 7.4 所示。

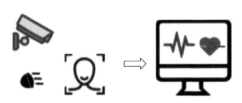

图 7.4　基于视频的 rPPG 检测原理

相比于传统的 PPG 采集技术,rPPG 具有非接触测量、低成本、易操作等特点,尤其是可远程测量方式使其能够实现一些特定情况下的临床及日常检测,如被检测部位具有开放性伤口及运动状态下的生理信号检测,成为仪器及生物医学工程领域的新兴研究热点之一。早期的 rPPG 工作包括 Takano[314]、Verkruysse[315]、Poh[316-317]、Sun[318]等的工作,即通过 rPPG 技术实现了一些重要生理信号如心率、呼吸率等的测量。

当使用非接触式基于摄像头捕捉 rPPG 的方法时,考虑到将对用户暴露的皮肤表面进行录像,因此主要的皮肤采集区域包括前额、面颊部位。

7.3　基于视频 PPG 信号的心率检测

7.3.1　PPG 信号计算心率背景

心率是衡量人们生理状态的一个重要指标。传统的心率测量方法依赖于特殊的电子或光学传感器,大多数仪器都需要与皮肤接触,因此不方便、不舒服。随着现代电力电子技术以及信息处理技术的不断发展,PPG 的用途也愈加广泛,尤其是在健康领域和可穿戴式设备。PPG信号可被用于检测人的各项生理指标,例如血压、血氧饱和度、呼吸次数以及血管中的血流量。大量研究工作表明,PPG信号可被用于计算人体的实时心率。心率测量的主要原理是血管中的血液变化引起微小的肤色变化,这种变化可以被摄像头捕捉到并反映在视频中,之后通过一系列的算法将这种微小的变化进行放大并形成信号,通过统计信号每分钟的波峰个数从而得到该时间内的心率值。但是,在这项任务中存在很多的挑战与难点,首先是数据采集时的噪声,这种噪声可能是采集设备引入的或者是受试者本身的状态。因此,如何从视频中提取干净的脉搏波信号成为心率计算的一大研究热点。目前,远程脉搏波信号的提取有很多的方法,从传统的基于色度投影算法(CHROM)[319]到目前主流的深度学习方法例如CNN、Transformer等主流网络结构。随着远程脉搏波信号提取质量的增加,心率的计算准确度也在不断增加。

　　远程心率监控具有很多应用场景。心率等内在变化通过摄像头拍摄的视频被放大,在远程医疗中,通过摄像头计算出的远程心率有助于医生判断患者当前的状态并进一步地了解患者的病情。在情感计算领域中,心率也有着重要的作用。心率和人的情绪息息相关,通过外在的表情和内在的心率可以构建更加全面的情绪识别系统。心率代表了一个人的内在生理特点,通过远程心率监控我们可以更加全面地分析一个人的身体健康状态以及心理健康状态。

7.3.2　心率相关信号预处理

　　在心率计算时,第一步的工作是进行数据采集,采集的主要数据是受试者的人脸视频流,血氧仪采集的手指脉搏波信号以及真实的心率、血压值。在采集人脸视频流时,通过摄像机对受试者的正脸进行采集,在采集过程中,周围环境会对采集到的信号产生干扰,这些干扰主要有以下部分。

　　1)光照干扰

　　当对受试者进行面部生理信号采集时,首先要对受试者的面部进行视频录制采集,这时如果周围光照太强、太弱或者光照不均匀形成的"阴阳脸"都会对后续的分析处理造成干扰。此外,PPG信号计算心率的频段是固定的,如果周围光照的频段恰巧在心率计算的频段,则会造成滤波失败进而影响心率计算的结果。

　　2)电磁干扰

　　电磁干扰主要是对采集时的采集仪器造成干扰。因为我们处于各种磁场的环境中,在采集时这些磁场对传感器造成的扰动会对采集结果带来一定的偏差。

　　3)运动扰动

　　在采集数据时,数据的质量与受试者的状态高度相关,若受试者在采集前处于运动状态或者测量时处于运动状态,身体里血液流速会加快,那么采集到的PPG信号则会出现幅度增加,波峰/谷数量增加对应着心率上升。另外,运动除了导致心率异常以外,还会出现呼吸频率加快、血压上升等现象,这些均会影响后续的分析计算。此外,在测试中如果测试者有手指移动,也会造成采集结果异常。

当数据采集完成后,接下来要做的工作就是从录制好的人脸视频中提取用于心率计算的 rPPG 信号;实验结果表明,人体对 510～560nm 波段光吸收率较高,主要对应了光照中的绿色光分量。这给我们一定的启示:如果在视频中,要计算远程脉搏波信号,那么使用绿色分量的优势会很大,因为图像是由红色(R)、绿色(G)、蓝色(B)三种光构成的。在 RGB 模型下的视频信号进一步合成为 rPPG 信号下,流程如下:将一段视频通过人脸检测的手段将面部提取出来,对面部的特定区域(ROI)进行分割(例如面颊、额头);之后,对视频帧的 ROI 区域计算颜色分量作为当前视频帧的信号值,按照时间轴,分别对视频中所有帧进行计算得到一组信号波形,这组波形就是 rPPG 的原始值。

经过合成的 rPPG 信号含有很多方面引入的噪声,例如采集设备中 ISP 带来的采集噪声、采集过程中环境光线以及人体肤色、移动引入的外部噪声等。这些噪声会对之后心率计算带来较大的影响。为降低上述噪声从而提高心率检测精度,我们会使用数字滤波的方式来对 rPPG 信号进行滤波操作。

在通过滤波器过滤噪声时,往往需要设置滤波范围,将属于这个范围的信号尽量无失真地保留,将不属于这个范围的信号尽可能地全部消除。这就使得我们需要知道 rPPG 信号的频率范围是多少。脉图面积法是一种较好的方法来计算频率范围,该方法的主要原理是通过 rPPG 信号的波形特征量 K 值与其和 x 轴所围成的面积有关,该方法通过保持滤波前后信号所围成的面积不变为准则来计算频率范围。根据脉搏波的频率特点,其能量主要集中在 0～6 Hz。

在采集到相关面部视频和手指视频的数据之后,为了更好地提取心率,我们需要对信号进行预处理,主要是为了减小计算心率时的干扰。这种干扰主要是来自数据采集时被采集对象不配合造成的扰动,例如在采集面部视频时头部的轻微运动,或者是在采集视频时手指的轻微移动。另外,一些采集对象本身不可避免的生理反应也会对心率计算造成一定影响,例如采集视频时,被采集对象的呼吸会对后期心率计算造成很大影响。

时域滤波:PPG 反映了心脏活动的规律以及人体中血管的物理特性。一般来说,人类心率范围在 0.8～4Hz(48～240 次/min)。相比于其他信号,rPPG 信号是一种较微弱的信号,容易被周围噪声干扰。本文通过视频获得的 rPPG 信号除了呼吸、心率等生理信号还包括运动伪迹、环境光照扰动,硬件设备自身产生的噪声、室内灯光的工频噪声等。本文使用了移动平均滤波器进行低通滤波,再结合通带频率为 0.8～4Hz 的汉明窗(Hamming window)将不在心率频率范围内的高频和低频噪声滤除,从而达到减小噪声干扰的目的。

移动平均滤波器:移动平均滤波器采用滑窗的方式对输入的信号进行平滑处理,去掉信号中高频的噪声、异常点,保留低频的部分,使得输出的信号变得更加平滑,移动平均滤波器的计算速度较快,可以高效地处理输入的信号,满足实时性的要求。在生理信号处理领域,移动平均滤波器被应用于去除运动扰动。

　　移动平均滤波器的计算步骤如下:首先输入原始 rPPG 信号,该信号由 N 个连续的采样点组成;然后在这段信号上施加一个滑动窗口,滑动窗口的大小为 M 个采样点。之后,计算窗口内 M 个点的平均值,作为当前时刻的滤波器输出。之后将窗口沿时间轴的方向移动,不断计算窗口内点的值并输出,这些输出的值将成为一段新的信号,这段信号就是滤波之后的信号:

$$y(i)=\frac{1}{M}\sum_{j=i}^{j=i+M-1} x(j) \quad (i=1,2,3,\cdots,N-M+1) \tag{7.1}$$

7.3.3　心率计算方法

1. 基于傅里叶变换的面部心率计算

　　本章使用 Dlib 人脸检测算法库对人脸进行定位并得到 68 个面部关键点,根据这些关键点我们可以分割出人脸区域方便进入下一步的心率计算。

　　通过 Dlib 库检测到人脸区域后,我们选择额头区域的部分进行分析。不同于其他区域,额头区域受到外界干扰例如面部表情(微笑、说话)要小于其他区域。

　　在得到额头区域之后,提取每一帧中该区域所有像素点绿色分量的平均值作为该时刻信号的值,具体提取方式如下式:

$$\mathrm{PPG}_t=\frac{1}{H*W}\sum_{i=1}^{H}\sum_{j=1}^{W} g(i,j) \tag{7.2}$$

式中:PPG_t 为 t 时刻对应帧的信号值;H 为额头矩形框的高度;W 为额头矩形框的宽度;$g(i,j)$ 为第 i 行第 j 列像素的绿色分量值。由上述可得 rPPG 信号,即为远程光电容积脉搏波信号(rPPG):

$$\mathrm{rPPG}=(\mathrm{PPG}_0,\mathrm{PPG}_1,\cdots,\mathrm{PPG}_T) \tag{7.3}$$

　　利用式(7.3)计算视频中每帧的 PPG 信号值即可得到一段信号。

　　在得到 rPPG 信号后要对该信号进行滤波,因为原始的 rPPG 信号会受到不同来源的干扰。例如低频信号:外部光照变化、呼吸。高频信号往往来源于采集设备。

　　为了避免这些干扰,我们对其使用巴特沃斯带通滤波器进行滤波,其中滤波器带通范围为 $0.8\sim3\mathrm{Hz}$。

$$\mathrm{rPPG}_{\mathrm{filted}}=\mathrm{butter}(\mathrm{rPPG},'\mathrm{bandpass}') \tag{7.4}$$

　　从时域心率信号提取心率值目前主要有两种方式,一是利用峰值检测,在时域内检测心率信号的每个峰值的时间节点,相邻峰值间的时间间隔即代表一个心动周期,计算在采样时间内心动周期平均值 T,再计算单位时间(1min)心动周期数,即可得到每分钟的心率值。另一种方法是利用功率谱分析,通过功率谱中的峰值的坐标获得心率值。

　　虽然采集到的视频心率信号含有多种噪声,但心率信号依然具有比较明显的周期性,周期性信号具有能量集中的特点。单频率的周期性信号在频域中以单个尖峰的形式存在,而非周期信号在频域中会出现宽频噪声背景和宽峰。在心率频率范围内的心率具有最大的能量,所以对于心率值的计算可以通过对时域心率信号进行能量分析方法获得。不同信号的能量表示方法有所不同,有些信号的能量是有限的,这类信号被称为能量信号,对于这类信号可以通过能量谱,即通过傅里叶变换的平方表达信号能量;但有些信号(例如周期信号)的能量是无限的,但单位时间的能量是有限的,这类信号被称为"功率信号",对于这类信号需要通过计算功率谱来衡量能量的大小。由于心率信号具有比较明显的周期性,所以这里采用功率谱密度法来计算心率,即对滤波后得到的心率信号进行功率谱分析,并从功率谱中找出频谱尖峰及其对应的频率值。功率密度函数为

$$P(k) = \frac{1}{T} \mid F(k) \mid \tag{7.5}$$

式中:$P(k)$为功率谱密度;$F(k)$为时域心率信号的傅里叶变换;T为信号长度。得到的频谱图如图 7.5 所示。

$$F(k) = \text{fft}(\text{rPPG}_{\text{filted}}) \tag{7.6}$$

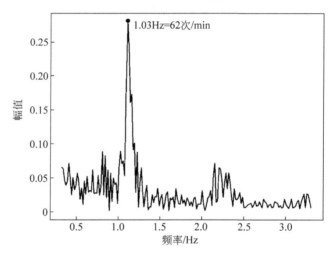

图 7.5　rPPG 信号傅里叶变换频谱

freq 为频谱中最大幅值所对应的频率:

$$\text{freq} = \text{argmax}(\mid F(k) \mid) \tag{7.7}$$

根据式(7.7),可以知道$(0.8 \sim 3\text{Hz})$对应的频率换算为心率之后为$(48 \sim 180$ 次/min$)$,符合人类的正常心率范围。

$$\text{HR} = \text{freq} \cdot 60 \tag{7.8}$$

式中:HR 为心率(次/min)。

在得到滤波后的 rPPG 信号后,我们使用快速傅里叶变换(FFT)对该信号进行频域变换,得到频谱图后,我们选取最高幅值所对应的频段,如图 7.5 所示,即为对应的心率值。

2. 基于特征分解的面部视频心率计算

首先利用高速摄像机对每个实验对象采集视频 V。其中 $V(t)$ 表示视频 V 的第 t 帧,其大小为 $n \times m$ 像素。每 τ 秒对面部采样一次,即以 $1/\tau$ Hz 的频率进行采样,从时间 0 开始持续 T 秒记录。在本方法中,采样频率为 $1/\tau = 58$ Hz。另外我们提出以下假设:对象的头部固定;忽略了帧与帧之间的主要运动。在对视频 V 的预处理中,我们使用 Dlib 界标检测器,首先在输入图像中检测出人脸的 68 个关键点,如图 7.6 所示。

然后,我们通过这些关键点对面部区域进行分割,将面部分为 5 个部分。之后,我们对这 5 个部分进行精细划分,并且分为 5×5 像素的小块,如图 7.7 所示。最后我们对这些小块分别求平均值,将这些平均值组成一个数据矩阵 Y0。矩阵 Y0 是 n 行 m 列的矩阵,其中 m 代表视频的帧数,n 代表每帧图片中将脸部分成的网格数。这样,矩阵的每一行代表的是一个网格在不同帧的均值序列(即一个波形),每一列代表的是同一帧图片中的所有网格。

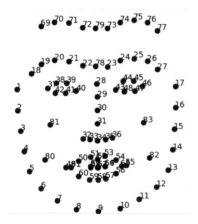

图 7.6　Dlib 人脸关键点探测

图 7.7　人脸区域分割

为了降低噪声对数据矩阵的干扰,我们对数据矩阵 Y0 中的每一行应用了 5 阶巴特沃斯带通滤波器进行滤波,滤波器截止频率设置为 24 次/min 和 300 次/min,该范围可以适应大多数正常的心率。带通滤波器的参数设置是基于生理知识,即在正常情况下,人类的心率一般在 40~200 次/min。

在这个模型里,假设视频可以捕获不同的生理动力特征,例如呼吸、身体运动和血液动力等生理特征。

进一步,滤波后的信号矩阵 Y 可以认为是噪声和时空矩阵模型的叠加,如下式:

$$Y = AX + \sigma Z \qquad (7.9)$$

式中：X 包含生理源信号；A 是源混合矩阵；Z 矩阵具有零均值，单位方差和有限四阶矩；σ 是尺度因子，用来描述噪声方差。换句话说，每个区域上记录的信号是通过不同来源的 A 矩阵混合噪声得到的。

接下来，本章根据时空模型的低维假设和高维性质确定重要源，并将奇异值分解（SVD）应用于数据矩阵 Y：

$$Y = U\Lambda V \tag{7.10}$$

式中：U 是由左奇异向量组成的左矩阵；V 是由右奇异向量组成的右矩阵；Λ 是 (类)对角矩阵：$\Lambda = \begin{bmatrix} \sigma_1 & \cdots & 0 \\ \vdots & \ddots & \vdots \\ 0 & \cdots & \sigma_2 \end{bmatrix}$；$u_i$ 和 v_i 分别表示两个矩阵的第 i 个左和右奇异向量。

V 包含相关的时间信号，这些时间信号混合在每个区域中，而 U 则在其权重空间位置上混合在一起。

接下来就是对噪声的具体估计。由于噪声级 σ 通常是未知的，所以按照以下方法对其进行估计：

$$\sigma = \frac{\text{median}(\sigma_i)}{\sqrt{\mu_b}} \tag{7.11}$$

式中：μ_b 是参数 λ 的 Marcenko-Pastur 分布的中位数。将此过程应用于 Y 会使非零奇异值的数量平均减少 80%。

由于生理源的非正交性质，我们无法通过应用常规的盲源分离技术直接从 Y 得到 X。因此，本方法将提出以下步骤来重建非接触式 PPG 信号。

首先定义信号质量指数（SQI）评价指标为 $Q(x)$：

$$Q(x) = \frac{\int_{\frac{3}{4}f_p}^{\frac{5}{4}f_p} |\hat{x}(f)| \, df}{\int_{\frac{1}{2}f_p}^{\frac{4}{2}f_p} |\hat{x}(f)| \, df} \tag{7.12}$$

式中：$\hat{x}$ 是时间序列 x 的傅里叶变换；f_p 是正常受试者的预期心率。$Q(x)$ 量化了时间序列 x 在频域中围绕 f_p 的集中程度。

接下来，我们对所有时间信号 v_i 计算的 SQI 指标，并根据该指标对其进行排序。

我们的血液动力学估计器非接触式 PPG 信号被定义为下式：

$$\text{PPG}_{IR} = \sum_{i=q(1)}^{q(J)} v_i \tag{7.13}$$

式中：J 为阶数。在这里，我们通过不断地积累直到达到最大质量并且找到相对应的最优 J。这个过程如下式：

$$q(J) = \mathrm{argmax}\Big(\sum_{i=q(1)}^{q(J)} v_i\Big) \qquad (7.14)$$

在整个面部非接触式 PPG 的重建过程中,我们首先将五个主要面部区域中的通道进行处理,然后再将整个面部区域特征进行融合以达到最佳精确度。

在得到重建后的非接触 PPG 信号后,我们将开始计算瞬时心率。首先我们对非接触式 PPG 信号进行短时傅里叶变换(STFT)。然后我们使用曲线提取器从 STFT 中提取主导曲线,具体如下式:

$$\hat{c} = \mathrm{argmax}\sum_{t=1}^{n_t} \log \mid S_{\mathrm{PPG}_{IR}}(t,c(t)) \mid - \lambda \sum_{t=2}^{n_t} \mid c(t) - c(t-1) \mid \quad (7.15)$$

式中:$\lambda > 0$ 是正则化常数。

因此,iHR 由下式可得

$$\mathrm{iHR} = \hat{c}/T \qquad (7.16)$$

3. 基于 Transformer 的深度心率估计模型

Yu 等[320]提出一种基于 Transformer 的端到端的心率估计模型 Physformer。Physformer 克服了传统方法忽略全局特征的弊端。模型使用 Transformer 来融合局部特征与全局特征从而达到对 rPPG 模型的增强目的。该模型首先增强时间上的差异从而引导全局的注意力,之后细化局部的表达达到抗干扰的目的。在训练方式中,Physformer 采用标签分布学习与课程学习的方式进行,通过约束频域特征从而达到减少过拟合的目的。

Transformer[321]最初被应用于自然处理领域来处理时序数据,之后基于视觉的 Transformer 被提出,并逐渐在图像检测、图像识别、行为分析等视觉领域中取得较好的结果。Transformer 的一大优点是其具有远程注意力建模能力,这就使得其可以解决序列到序列的问题[322]。从面部采集得到的 rPPG 信号可以视为视频序列信号到信号序列的问题。与其他问题不一样的是,远程测量 rPPG 信号的一大难点在于 rPPG 信号需要捕捉细微的皮肤颜色变化,这就使得该任务对模型的全局性有很高的要求。除此以外,rPPG 信号的测量工作是长时间的,这就对模型的设计与训练提出了很高的挑战。

Physformer 网络结构如图 7.8 所示,它由 Stem 层[323]、Tube Tokens 以及多个时差变换器(temporal difference transformer,TDT)模块、rPPG 预测器组成。其中,TDT 模块由时差多头自注意力(temporal difference multi-head self-attention,TD-MHSA)和时空前馈(spatio-temporal feed-forward,ST-FF)单元组成,这两个单元分别强化了局部以及全局的时空表达。

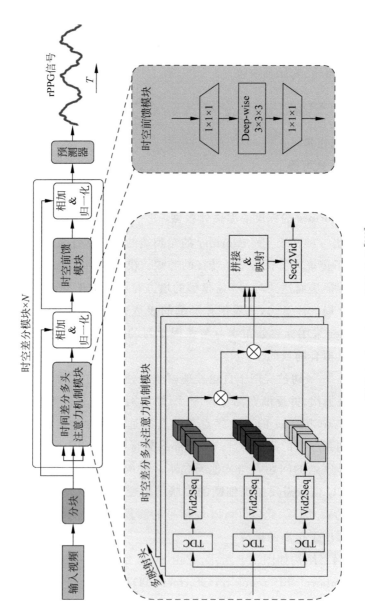

图 7.8 Physformer 网络结构[329]

Stem 层由 3 层 3 维卷积层组成,所采用卷积核尺度包括 $(1\times5\times5)$、$(3\times3\times 3)$。每一层卷积层后级联 BN 层、Relu 层以及最大值池化层。最大值池化层的作用是实现信号的最显著特征抽取。因此,给定一个 RGB 格式的视频帧序列作为输入 $X(3\times T\times H\times W)$,Stem 层的输出为 $Xstem(D\times T\times H/8\times W/8)$,其中 D,T,H,W 分别代表通道数,序列长度,宽,高。然后,Xstem 将会在 Tube tokenization 模块中被划分为 $Xtube(D\times T'\times H'\times W')$。接着,Xtube 将会通过由 N 个不同的 Transformer 模块组成的部分,这部分主要是用来获得精细化的局部-全局 rPPG 信号特征 Xtrans,Xtrans 拥有和 Xtube 一样的维度。最后,rPPG 预测器通过上采样,空间维度的平均操作,将 Xtrans 映射为一维信号 Y。

Tube tokenization:在这一层中,粗略的特征 Xstem 将会被划分为无重叠的块,这种操作不仅聚集了相邻块的语义特征而且降低了后续 Transformer 计算的开销。具体来说,对于目标尺寸 $T_s\times H_s\times W_s$,Xtube 的长度是 $(D\times T'\times H'\times W')$,其中 T',H',W' 分别为

$$T' = \frac{T}{T_s} \tag{7.17}$$

$$H' = \frac{H}{8H_s} \tag{7.18}$$

$$W' = \frac{W}{8W_s} \tag{7.19}$$

这里需要注意的是,位置编码并没有被用在这一层的操作之后,这是因为在早期阶段,stem 早已捕获相关的时空位置。

空间差分多头注意力机制:在自监督机制中[324],单词之间的关系是通过键对之间的相似性来建模的,从而产生注意力的分数。我们利用时间差卷积(TDC)[325]来映射 Q 与 K 而不是点之间的线性投影,使用这种方式做的好处在于它可以捕获细粒度的局部时间差特征来进行细微的颜色变化描述。TDC 使用下式描述:

$$\mathrm{TDC}(x) = \sum w(p_n) \cdot x(p_0 + p_n) + \theta \cdot (-x(p_0) \cdot \sum w(p_n)) \tag{7.20}$$

式中:p_0,R,R' 分别是当前的时空位置,采样的局部 $(3\times3\times3)$ 领域以及采样的邻接域。然后,Q 和 V 被映射为

$$Q = \mathrm{BN}(\mathrm{TDC}(X_{tube})) \tag{7.21}$$

$$K = \mathrm{BN}(\mathrm{TDC}(X_{tube})) \tag{7.22}$$

V 的映射采用点对点的线性映射,然后 Q,K,V 被变形为序列并且被分为 h 个头。对于第 i 个头来说,自注意力可以被描述为

$$\mathrm{SA}_i = \mathrm{softmax}(Q_i K_i^{\mathrm{T}}/\tau)V_i \tag{7.23}$$

式中:τ 用来控制稀疏度。文章发现使用默认参数 $\tau=\sqrt{D_h}$[326] 对于 rPPG 测量

任务是不合适的,根据 rPPG 信号特征的周期特性,文章使用较小的 τ 来获得更加广泛的注意力激活。TD-MHSA 的输出为将所有头的输出串联起来然后经过一层线性映射:

$$\text{TD-MHSA} = \text{Concat}(\text{SA}_1 ; \text{SA}_2 ; \cdots ; \text{SA}_h)U \tag{7.24}$$

前馈网络:前馈网络在该模块中,前馈网络由两层线性层组成,在这两层中扩展了两层之间的隐藏维度 D 而学习到更丰富的特征表达。相反,本模块在这两层之间引入了深度的 3D 卷积(接 BN 层与非线性激活单元),虽然这种卷积会导致计算量的增大,但是会带来很明显的效果提升。主要有以下两个好处:①作为 TD-MHSA 的补充,ST-FF 可以细化局部不一致性和部分的噪声特征;②较为丰富的局部性提供了 TD-MHSA 有效的相对位置线索。

标签分布学习:与面部年龄估计任务相似[327],相似年龄的面部图片看上去十分类似;相似心率的面部 rPPG 信号通常拥有相似的周期性。这种观察给予了一定的启发,本方法没有将每一个面部视频视为一个具有心率标签的实例,而是将每个面部视频视为一个与标签分布相关联的实例。标签分布涵盖了一定数量的标签类别,这代表了每个标签描述实例的程度。通过这种方式,一个面部视频可以贡献一个目标心率值以及与其相邻接的心率值。

为了在训练阶段考虑到心率类别之间的相似性信息,文章对基于 rPPG 信号的心率估计的多标签分类问题进行了建模,在论文中,一共有 139 个类别(对应 $42 \sim 180$ 次 /min 的 139 个心率值)。一个标签的分布被分配到每一段视频中,假设每一个 p 的真实值是在 $0 \sim 1$ 的数,例如 $\sum_{k=1}^{L} p_k = 1$。为了构造相关的标签分布,我们将这种分布认为是一个高斯分布,中心位置在真实的心率标签 Y_{HR},标准差为 σ。

$$p_k = \frac{1}{\sqrt{2\pi}\sigma} \exp\left(-\frac{k - (Y_{\text{HR}} - 41)^2}{2\sigma^2}\right) \tag{7.25}$$

标签分布的损失函数定义为 Kullback-Leibler[328] 散度。

课程学习:课程学习[329]作为一种主要的机器学习方式具有易于学习的特征,这种学习方式被用来训练 Physformer。在 rPPG 信号测量任务中,来自时域的监督方式(例如 MSE,负皮尔森相关性系数)与来自频域的监督(交叉熵损失函数,信噪比损失函数)提供了对模型训练不同的约束条件。前者给予信号趋势级的约束,这种方式一开始容易收敛但是随着训练次数的增加,模型会变得过拟合。相反地,后者对频域严格的约束使得模型学习到周期性的特征,但这种方式由于存在真实 rPPG 信号一些不相关的噪声,造成模型难以收敛。受到课程学习的启发,我们提出了一种动态监督的方式来逐步扩大频域间的限制,这种方式缓解了过拟合的问题而且逐渐有利于学习到 rPPG 信号内在的一些特征。具体来说,实验结果表明,和其他增长方式相比较,指数级增长的策略是最优的。动态损失函数由下式表达:

$$L_{\text{overall}} = \alpha \cdot L_{\text{time}} + \beta \cdot (L_{\text{CE}} + L_{\text{LD}}) \tag{7.26}$$

$$\beta = \beta_0 \cdot (\eta^{(\mathrm{Epoch_{current}}-1)/\mathrm{Epoch_{total}})} \qquad (7.27)$$

式中：超参数 α, β_0, η 分别为 $0.1, 1.0, 5.0$；L_{time} 和 L_{CE} 分别为负皮尔森相关性系数损失函数以及频域交叉熵损失函数。在动态监督下，Physformer 在初始阶段可以感受到信号的变化趋势。在这种良好的开端下可以逐渐学习到更强的频率知识。

数据集与性能指标：VIPL-HR 是一个用于远程生理信号测量的大规模数据集，它包括 107 名受试者的 2378 个 RGB 的视频，并且记录了头部运动，光照条件以及采集的设备信息。MAHNOB-HCI 数据集是用于远程心率测量最广泛的数据集。该数据集包括来自 27 名受试者的 527 段人脸视频，其中视频的帧率为 $61\mathrm{Hz}$，分辨率为 780×580。MMSE-HR 数据集包含来自 40 位受试者的 102 段 RGB 视频，每一段视频的原始分辨率达到了 1040×1392。OBF 是一个高质量的用于远程心率测量的数据集。其中，数据集包含来自 100 位身体健康的受试者的 200 段 RGB 视频，每段视频时长为 $5\mathrm{min}$，帧率为 $60\mathrm{Hz}$。在心率测量任务中，我们使用标准差（SD）、平均绝对误差（MAE）、均方根误差（RMSE）以及皮尔森相关性系数来进行评价。

该算法模型在 Pytorch 上进行了实现，对于每一个视频片段首先使用 MTCNN 人脸检测器去选取每一帧的面部区域。在参数设置方面，$N=12, h=4$，$D=96, D'=144$；对于 TD-MHSA 模块，$\theta=0.7, \tau=2.0$。目标立方体的尺寸为 $4 \times 4 \times 4$。在训练阶段，我们将 RGB 视频片段随机采样 $160 \times 128 \times 128$ 大小来作为模型的输入。在数据增广方面，随机水平翻转以及时间上的上采样和下采样均被采用。Physformer 在训练时采取 Adam 优化器，初始的学习率与权重衰减分别为 1×10^{-4} 与 1×10^{-5}。之后进行了 25 次的训练。对于损失函数来说，设置 $\alpha = 0.1$，β 在 $[1,5]$。在分布学习中，$\sigma=1.0$。

7.4　基于视频 PPG 信号的血压检测

血压值是用于判断人体健康状况、表征健康问题的最重要的标志之一。血压值与心血管疾病出现的概率高度相关，高血压问题还可能诱发多种并发症。据统计，全球大约 54% 的中风和 47% 的冠心病是高血压引起的。无论是从短期还是长期来看，非正常血压值都会导致严重的后果。

然而人体的血压值并非一个稳定的值，而是会受到健康状态和环境变化的影响而改变，并且血压随时间的快速变化可能并没有肉眼可见的症状。因此，很多年来，人们都在持续地研究并大力发展血压检测技术。大部分的无创血压检测设备使用震荡血压检测方法，该方法需要通过手臂或者手腕袖带，在皮肤表面放置一个水银压力计和袖带充气装置。随着先进技术的发展，目前监控装置的大小足以让患者在家里使用，但是还不能做到随身携带。为了进一步减小检测装置的大小甚至做到非接触式测量,基于视频的血压检测技术应运而生。由于基于视频的血压检测技术仅需要光源和非接触式无感摄像头,因此它也成为新一代的血压检测的关键技术。

7.4.1 PPG信号计算血压原理

血管中的血液流动会受到心脏搏动影响而产生周期性活动。由于这种周期性变化导致弹性血管内的血容积也随之产生相应变化,间接反映了血压的连续变化状态。

PPG信号计算血压基于三种方法:①基于PPG波形的脉搏波波形(pulse wave analysis,PWA)分析。2016年,Addison[330]等发现PPG的瞬时斜率特征与血压相关。这个特征为收缩压波形的波谷到波峰的斜率参数,反映了脉搏波上升的陡峭程度。②基于脉搏波传播时间(pulse transit time,PTT)。过去的几十年里的研究[331-333]广泛发现血压与脉搏波传播时间呈现出反相关性。③基于脉搏波到达时间(pulse arrival time,PAT)。Sharma[334]等成功利用PAT,即同一个心脏收缩周期中心电图(ECG)的R峰到PPG波峰的时间差来拟合血压值。

基于对上述三种方法以及相应的数学模型即可对血压值进行估计,以下将针对基于视频PPG信号的这三种特征及血压估计算法模型进行更为详细的介绍。

7.4.2 血压计算方法

1. 基于PPG波形

PPG信号是由心脏搏动产生的。当脉搏波由心脏向动脉系统传播时,会受到除了心脏以外各级动脉及其分支中各种生理因素例如血液黏性、血管阻力和血管壁弹性等的影响,脉搏波幅值和形态包含血压信息,例如PPG的总脉宽将影响到心率,而血流动力学和小动脉特性的生理改变则表现为PPG波形的畸变。由于PPG波形轮廓变化非常微小并且很难处理,所以研究者一般会利用PPG波形的导数来增强PPG波形的变化情况从而帮助波形的分析。PWA是指对PPG信号的波形进行信号处理和特征提取技术。目前已经有一些相应的计算和数据分析工具可以实现PPG波形的预处理和后处理。这种方法只需要一个PPG测量传感器即可实现,但是缺点是容易受到运动干扰。

PPG波形的特征如图7.9所示[335],主要分为独立的三个类别:时域特征、面积特征和导数特征。

时域特征如图7.9(a)所示,其中:

(1) 峰值时间(crest time,CT)指的是PPG波形从波谷开始到主峰的时间差。其中主峰可以通过PPG的一阶导数首个峰值后过零点检测到。由于CT值刻画了心脏在收缩早期血流的快速注射时间,因此CT值的增加表明血流阻力的增加,可用于心血管疾病的分类。在特殊人群中,例如老年人,如果存在动脉硬化则CT

值升高。

（2）脉搏间隔（pulse interval，PI）指的是 PPG 波形从波峰到波谷的时间差。PI 指标不仅可替代峰-峰值用于心率的计算，且其与脉搏峰值的比还可以用于表征心血管系统特性，用于评估心率变异性。

（3）ΔT 为主峰和重搏波之间的时间延迟。重搏波波峰值主要反映大动脉的弹性和主动脉瓣功能情况。当重搏波或者主波的波峰不太明晰时，通常使用拐点对应时间来计算。通常，利用 PPG 信号的二阶导数求得重搏波位置。首先计算二阶导数的峰值，得到波峰和波谷位置数组。取波峰数组中靠近 1/2 的心跳周期的波峰点为降中峡位置，取波谷数组中靠近降中峡之后的第一个波谷点位置即为重搏波位置。

（4）半高脉宽（pulse width at the half height，PWHH）为 PPG 在收缩峰即主峰一半峰值处的脉宽。有研究表明，PWHH 与全身系统血管阻力和血压相关。

（5）舒张时间（diastolic time，DT）指的是 PPG 波形的峰值到波谷的时间。Teng 和 Zhang[336] 发现，DT 与血压的相关性强于其他指标特征（例如 CT、PI 和 PWHH）。

（6）重搏切迹时间（dicrotic notch time，Tn）指的是起始点和重搏切迹之间的时间差。重搏波切迹可以通过计算 PPG 信号二阶导数的最大峰值后的极大点求得。Wang[337] 等表明 Tn 会随着负重锻炼而降低。

（7）A2 时间（A2T）指的是重搏切迹和 PPG 波形终点之间的时间差。通常使用 Tn 与 A2T 的比值来估计血压值。

面积特征如图 7.9（b）所示，通过波形在时间上的积分可以求得各面积特征值，其中：

① 脉冲面积（pulse area，PA）指的是脉搏波波形下的总面积。这个总面积是通过在血流射血过程中血管的可塑性、外周阻力和生理变化共同决定。通过运动可以减少 PA 大小。

② 面积 A1，指的是从脉搏波开始到重搏切迹处波形的面积，该指标主要反映收缩时的脉搏波特性，受心血管射血函数的影响。

③ 面积 A2，指的是从重搏切迹到脉搏波结束处波形的面积，该指标主要反映舒张时的脉搏波特性，受外周阻力和动脉顺应性的影响。

幅值和导数特征如图 7.9（c）所示，其中：

（1）脉搏高度（pulse height，PH）指的是主峰的振幅。Von[338] 等发现，虽然 PPG 的脉搏幅值与手指动脉血流有关，但是脉搏幅值同时也和左心室射血性能、心搏量和大动脉扩张有关。PH 高可能意味着有高血压、甲状腺功能亢进、发烧、贫血、血容量过多、动脉粥样硬化、焦虑等问题。而 PH 低可能提示周围血管收缩、低血压、低血容量、脱水、甲状腺功能减退或者外周血阻力增加等问题。

（2）b/a 指的是 PPG 信号二阶导数 b 峰和 a 峰的比值。有研究表明，b 和 a 的

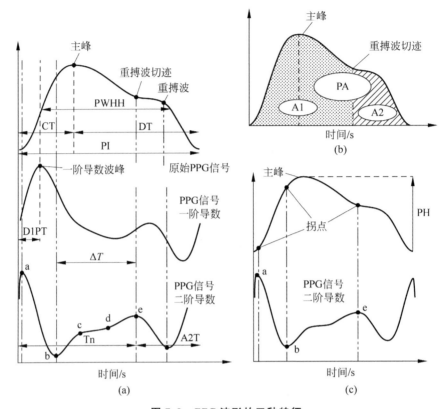

图 7.9　PPG 波形的三种特征

(a) 时域特征；(b) 面积特征；(c) 二阶导数及其幅值特征

比值随着年龄的增加而增加,因此间接反映了动脉的硬化程度。Imanaga[339]等的研究表明,由于该比值的大小与外周动脉扩张有关,因此其大小可以作为表征动脉粥样硬化和动脉扩张改变程度的非侵入性指标,并用来估计心血管疾病发生的风险。

(3) c/a 指的是 PPG 信号二阶导数 c 峰和 a 峰的比值。Takazawa[340]等的研究表明,e/a 随着年龄增加比值下降,因此与动脉硬化程度成反比。

综上所述,PPG 信号的形态学可以用来评估动脉硬化程度、血压、心输出量和血管老化程度,并且研究还表明和心血管相关的接触式 PPG 和非接触 PPG 信号具有相似的波形特征[335]。Rong 和 Li[341]利用网络摄像头,在环境光下采集面部视频,如图 7.10(a)所示,同时记录上臂的血压值。提取采集到的视频中面部脸颊和鼻子两侧的绿色通道信号作为面部 PPG 的原始信号。然后通过 PPG 信号的波形分析方法,包括小波变换滤波和峰值提取算法获取血压相关的 PPG 时域波形及面积特征并通过特征选择手段去除冗余无效特征,保留血压相关程度最高的特征用于血压值的拟合。最后,比较四种机器学习的算法,包括多层感知器、支持向量机、随机森林和多元线性回归算法对血压值进行拟合训练获取最优模型。整个数据处理流程如图 7.10(b)所示。

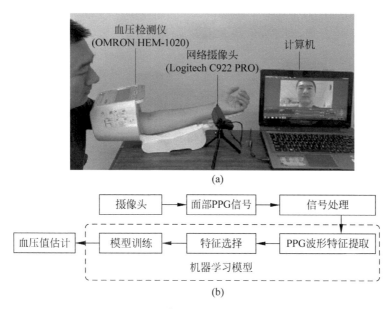

(a)

摄像头 → 面部PPG信号 → 信号处理

血压值估计 ← 模型训练 ← 特征选择 ← PPG波形特征提取

机器学习模型

(b)

图 7.10　利用面部 PPG 信号波形估计血压值

（a）数据采集系统与装置；（b）数据分析系统框架

2. 基于脉搏波传播时间

PTT 表征了动脉两点位置上压力波形传播的时间差,其中去噪包括滤波及去除基线漂移等。PTT 的测量需要通过身体两个位置相距较远的 PPG 传感器来测量,该参数表征了近端和远端 PPG 波形之间的时间延迟。当 PTT 除以测量距离可以推测出脉搏波波速(pulse wave velocity,PWV),即 PWV 计算的是在同一个动脉分支上相距已知距离的两个 PPG 传感器位点之间的脉搏波波速。McCombie[342]等利用该特征信息估计局部动脉动力学信息。

传统检测 PTT 的流程如图 7.11 所示。

众所周知,脉搏波在动脉系统中流动的速度取决于血压。1878 年,Moens 和 Korteweg

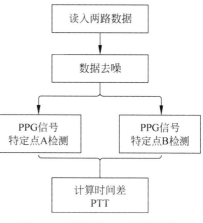

读入两路数据

数据去噪

PPG信号特定点A检测　　PPG信号特定点B检测

计算时间差 PTT

图 7.11　传统的 PTT 计算方法

分别推导出 Moens-Korteweg 方程用于描述薄壁可膨胀并且充满液体的弹性模量与它内部由于血压产生的流速之间的关系,即

$$\text{PWV} = \sqrt{\frac{Eh}{\rho D}} \tag{7.28}$$

式中：PWV 为脉搏波波速；E 为管壁的弹性模量；h 为血管壁厚度；D 为弹性管

直径;ρ 为血液密度(通常在 1.05 左右)。

根据 Hughes 方程,即 PWV 和血压 P 还具有

$$E = E_0 \mathrm{e}^{\gamma P} \tag{7.29}$$

式中:E_0 为在没有血压情况的弹性模量;γ 为动脉材料系数。式(7.29)还表明当患者的血压 P 增加后动脉硬化程度 E 也有增加,再根据 Moens-Korteweg 方程可以得到 PWV 增加,因此 PWV 可以作为高血压的一个独立指标用于评估动脉硬化程度。把式(7.29)代入式(7.28),可以求得脉搏波波速 PWV 和血压之间的关系:

$$\mathrm{PWV} = \sqrt{\frac{E_0 \mathrm{e}^{\gamma P} h}{\rho D}} \tag{7.30}$$

在一定的测量路径下:

$$\mathrm{PWV} = \frac{L}{\mathrm{PTT}} \tag{7.31}$$

因此,将式(7.31)代入式(7.30)中可以得到

$$P = a + b \cdot \ln \mathrm{PTT} \tag{7.32}$$

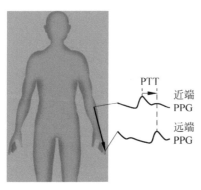

图 7.12　脉搏波传播时间(PTT)示意

式中:a 和 b 为两个与人体的血管壁弹性相关的参数。通过函数的拟合可以确定式(7.32)中的参数,从而通过 PTT 或者 PWV 估计血压值。脉搏波传播时间(PPT)示意如图 7.12 所示。

基于上述工作,孟濬[343]等利用高速摄像机采集人体胳膊上的 PPG 信号,如图 7.13 所示,PTT 通常定位为在同一个脉搏周期内近端采集点(例如手臂等)与远端采集点(例如手指)或者两个远端采集点(例如手指和脚趾之间)的脉搏波传输时间,获取不同位点上的 PPG 信号相位差,同时利用电子血压仪记录相应的血压值,最后根据相位差和脉搏波传播时间的换算最后代入式(7.32)拟合出血压估计公式。Jeong[344]等利用高速摄像机同时采集面部和手掌视频,提取特定区域的 PPG 信号,如图 7.14 所示,获取面部和手掌上 PPG 信号的传输时间差,然后通过线性拟合估计出血压推断公式。

3. 基于脉搏到达时间

PAT 指的是心脏激活的脉搏波到达身体某个位置(例如手指、脚趾或者前额等)的时间差,即 PAT 是 PTT 加上心室电机械延迟和等容收缩时间总和,俗称预射期(pre-ejection period,PEP)。PEP 可能受到精神压力、年龄、情绪和运动的影响。PAT 的采集通常需要两个位点的传感器,一个记录心电 ECG,一个记录 PPG 信号,其中 ECG 的 R 峰到同一个脉搏周期的 PPG 特定位置(可以是 PPG 主峰最小

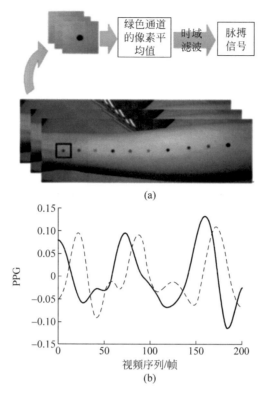

图 7.13 基于脉搏信号相位差获取血压值示意图

（a）脉搏信号相位差的获取步骤示意图；（b）基于高速摄像机获得的 2 个标记点处的脉搏信号

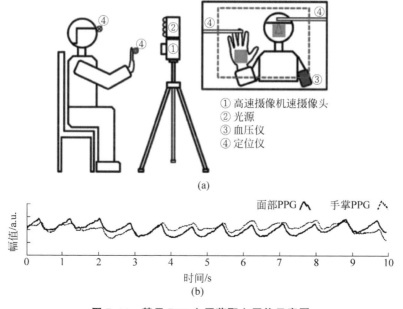

图 7.14 基于 PTT 血压获取血压值示意图

（a）志愿者姿势和各传感器位置；（b）通过面部和手掌图片提取的绿色通道 PPG 信号

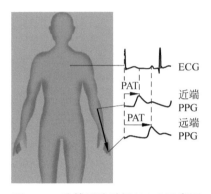

图 7.15 脉搏到达时间(PAT)示意图

起搏点、最大一阶导数位置或者最大峰值位置等)作为 PAT 时间,如图 7.15 所示。其中 ECG 的 R 波检测可以用 Pan-Tomkins 等算法提取。

Shirbani[345]等通过同时采集志愿者面部视频、ECG 信号和手指的血压值分析 PAT 特征与人体血压之间的相关性。其中面部视频利用 30 帧/s 的网络摄像头采集,手指血压值和 ECG 利用 Edwards Nexfin 的手指血压检测仪测量,最后同步两者数据的采集时间。数据处理流程如图 7.16(a)所示。其中 iPPG-PAT 为 ECG 的 R 波和同个心跳周期内面部 PPG 最小值之间的

时间差;DBP 为舒张压,为每个心跳周期手指血压的最小值。统计结果表明 rPPG-PAT 和 DBP 有显著的相关性,可以用于血压的估计,如图 7.16(b)所示。

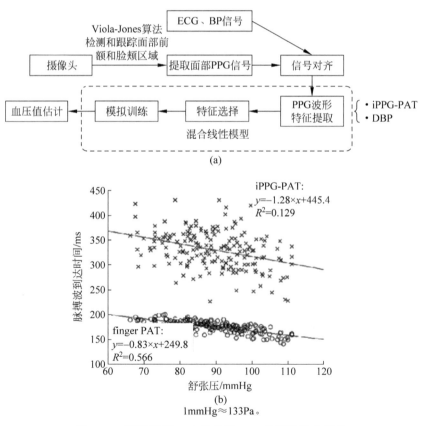

图 7.16 利用面部 PPG 信号的 PAT 特征估计血压值

(a) 数据分析系统框架;(b) PAT 值与血压之间的相关性

7.5　基于视频 PPG 信号的血糖监测

糖尿病是一种由多种原因,例如胰岛素分泌受损等,引起的慢性高血糖病,属于终身代谢性疾病,可同时引起大血管和微血管等多器官疾病,包括冠心病、中风等。糖尿病还没有非常有效的治愈方法,但是有规律地监控血糖水平可以减少或者延缓糖尿病的并发症发生。目前,较为成熟的血糖监测技术通常是有创的,即通过刺穿患者手指或者通过静脉采血获取血样,然后再利用血糖分析仪测量血糖水平。这种有创的血糖监测方法不仅给患者造成疼痛和负担,同时也不利于实时监测。

近年来,无创血糖监测方法由于可以克服以上的缺点已经成为医疗研究领域较为热门的发展方向。其中一项利用 PPG 技术测量血糖已经成为研究热点。

7.5.1　基于视频监测血糖的原理

基于视频的血糖监测技术理论基础实质上同样也是基于 PPG 信号,有研究表明,糖尿病血管的早期标志,即内皮功能障碍在 PPG 信号波形中很容易监测到[346]。同样地,与糖尿病相关的微血管动脉硬化和神经病变也会影响到 PPG 信号的波形变化。鉴于以上糖尿病对 PPG 信号的影响,有研究对智能手机摄像头采集到的 PPG 的形态学进行相关的分析方法并利用深度神经网络算法(DNN)估计相应的血糖值。

7.5.2　血糖相关信号处理及特征提取

1. 血糖计算中 PPG 信号处理

本章所用信号预处理方法与心率计算中 rPPG 信号的处理方式一致,均是通过滤波的方式去除外部干扰。但二者不同的是,在血糖计算中我们使用 PPG 信号而不是 rPPG 信号。这是因为相比于 rPPG 信号,PPG 信号直接通过血氧仪从受试者指尖采集,得到的信号更加纯净,噪声相对来说更少。采集时,血氧仪的采样频率为 125 Hz,在滤波时需要根据血氧仪的采样频率来进行滤波器参数设置。

2. 血糖计算中 PPG 特征提取

我们利用处理后的 PPG 信号提取其不同的特征,然后对这些特征进行血糖回归。由于血糖计算复杂度较高,为准确计算,本章的信号采用红光、红外光交替采样,采样频率为 125 Hz。此外,为达到计算的实时性,我们使用滑动窗口的方式对窗口内的信号点进行特征提取。其中,窗口大小设置为采样点,记为 $S_{\text{window}}(t)$。然后对窗口中的样本数据进行分片。将红光 $S'_{\text{window}}(t)$ 和红外光信号 $S''_{\text{window}}(t)$ 从 $S_{\text{window}}(t)$ 中分离出来。接下来,将当前窗口内的信号进一步处理:通过若干个重叠的窗口对红光和红外光进行分块处理,分别记为 $S'_{\text{frame}}(\tau,n)$ 和 $S''_{\text{frame}}(\tau,n)$。其中，$\tau$ 代表每个 Frame 中的样本编号，n 代表每个 Window 中的 Frame 编号。每个 Frame 由 5s（625 个）样本组成，相邻两个 Frame 的重叠率为 50％，每个 Frame 中样本数量 L_{frame} 为 625，每个窗口中的片段数量 N_{frame} 为 24。

3. Kaiser-Teager 能量特征

Kaiser-Teager 算子在自然语言处理领域被成功应用，是一种有效的信号分析方式。该算子有一个重要的特征就是可以反映信号的瞬时能量。Kaiser-Teager 算子的计算方式如下所示：

$$\text{KTE}(t) = x(t)^2 - x(t+1)x(t-1) \tag{7.33}$$

在血糖计算模块中，我们计算 Kaiser-Teager 算子当作 PPG 信号的一个重要特征。根据式（7.33）可得到分片的瞬时能量值如下式：

$$\text{KTE}_n(t) = S_{\text{frame}}(t+1, n) * S_{\text{frame}}(t-1, n) \tag{7.34}$$

式中：$\text{KTE}_n(t)$ 为第 n 个分片在 t 时刻的瞬时能量值。

在求出 $\text{KTE}_n(t)$ 后，再求出单个分片的均值 $\text{KTE}_n^{\mu}(t)$，方差 $\text{KTE}_n^{\sigma}(t)$，四分间距 $\text{KTE}_n^{\text{iqr}}(t)$ 以及斜度 $\text{KTE}_n^{\text{skew}}(t)$；求出以上单个分片的特征后，对整个分片所在的窗口求能量均值 $\text{KTE}^{\mu}(t)$，方差 $\text{KTE}^{\sigma}(t)$，四分间距 $\text{KTE}^{\text{iqr}}(t)$ 以及斜度 $\text{KTE}^{\text{skew}}(t)$。

4. 心率特征

心率的定义是一分钟内的心脏搏动次数。心率反映了一个人在一段时间的精神状态以及多种生理指标，除此之外心率也反映了 PPG 信号瞬时的周期特征。在无创心率测量中，瞬时心率值可以通过计算一段时间内脉搏波信号 PPG 的峰值个数来得到。在血糖计算中，以上述窗口为单位，分别统计这些窗口的心率值；之后，得到所有窗口的心率值之后，对心率值进行统计，为描述一个人准确的心率分布从而反映出这个人的生理状态，本章利用心率均值 HR^{μ}，方差 HR^{σ}，四分间距 HR^{iqr} 以及偏度 HR^{skew} 作为心率分布特征。

5. 光谱熵特征

在血糖计算中，采集设备利用了红光以及红外光来提取脉搏波信号，根据物理学知识可知光谱熵是纯物质的熵值，熵值可以从能量的角度反映出 PPG 信号的有序程度的特征，利用这些特征可以更加准确地对血糖值进行回归。

首先对 $S_{\text{frame}}(\tau, n)$ 进行快速傅里叶变换，即

$$X_n = \text{FFT}(S_{\text{frame}}(\tau, n), L_{\text{FFT}}) \tag{7.35}$$

式中：$L_{\text{FFT}} = 512$。

接下来对得到的 X_n 进行归一化，具体方法如式（7.36）所述：

$$P_X^n[k] = \frac{|X_n[k]|^2}{\sum_{j=1}^{L_{\text{FFT}}} |X_n[j]|^2} \tag{7.36}$$

式中：$P_X^n[k]$ 为快速傅里叶变换中第 k 个归一化后的特征。之后，通过 $P_X^n[k]$ 求熵，并根据心率特征的分布方式分别求取熵的均值、方差、四分距以及偏度。

6. 光谱能量对数特征

根据光谱能量对数公式

$$\log E = \log(S(\tau, n)) \tag{7.37}$$

计算出分片所在窗口的光谱能量对数方差 $\log_E o$，四分位差 $\log_E iqr$。

7. 脉搏波时域特征

如图 7.17 所示，PPG 信号由以上几个部分组成。SH 代表了 PPG 信号的收缩期峰值，ST 为收缩期时间，T 时间称为一个心率周期，SH_90 为收缩期峰值 90％ 的数值，DT 为舒张期时间，DH 为舒张期峰值，DH_90 为舒张期峰值的 90％。通过提取以上特征作为脉搏波的时域特征。

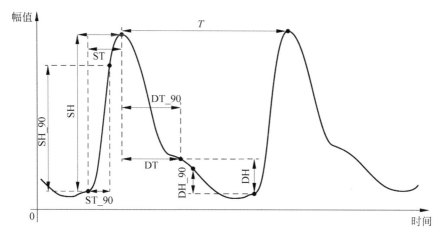

图 7.17 脉搏波信号时域特征提取示意图

8. 脉搏波频域特征

目前，对 PPG 信号的频域特征提取主要是通过离散傅里叶变换来提取信号频谱图的特征。具体提取方式如下所示：

将信号进行如上所述的傅里叶变换，得到频谱；

对频谱图中特定频段 $(w_1, w_2, \cdots, w_n)$ 所对应的幅值（$|f(w_1)|, |f(w_2)|, \cdots, |f(w_n)|$）和相位（$\text{Phase}(f(w_1)), \text{Phase}(w_2), \cdots, \text{Phase}(f(w_n))$），将上述特征组成特征矩阵，为保证量级的平衡，对特征矩阵进行归一化，归一化的计算方式如下所示：

$$\text{feature\_norm} = \frac{\text{feature-feature\_min}}{\text{feature\_max-feature\_min}} \tag{7.38}$$

式中：feature_norm 为归一化后的特征，feature 为原始输入特征，feature_min 为特征矩阵中最小值，feature_max 为特征矩阵中最大值。

7.5.3　血糖计算方法

当提取到特征向量后,我们需要找到一个合适的映射将特征与对应的血糖值进行联系,由于利用脉搏波信号进行无创血糖测量属于非线性回归而深度学习可以更好地对非线性关系进行拟合,所以本章利用 ANN 来对上述提到的特征进行回归操作。最终网络输出一个血糖值。

首先,我们利用 5 层人工神经网络(ANN)进行映射,其中 ANN 模型如图 7.18所示;在训练阶段,我们将上述特征向量作为网络的输入数据,标签值为真实的血糖数据,通过计算网络的输出与真实值之间的损失不断地对神经网络参数进行迭代更新,当达到一定的迭代次数后,网络的最终输出就是预测的血糖值。其中损失函数选用 MSE 作为损失函数,优化器选用 Adam 优化器;在训练数据选取方面,将 70% 的数据作为训练数据,15% 作为验证数据,15% 作为测试数据。当网络训练完成后,保存网络的模型参数并用于后续的推理阶段。

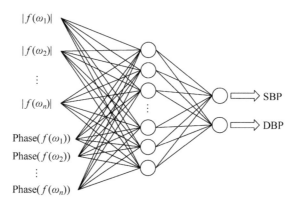

图 7.18　ANN 模型

第8章

卷积神经网络模型压缩与加速

8.1 引言

近年来,深度卷积神经网络的快速发展,促进了计算机视觉、自然语言处理等任务性能的显著提升。神经网络模型的典型特点是网络层数深、结点众多,往往需要千万甚至上亿的参数来抽象表征。例如,8 层的 AlexNet 拥有 6100 万个网络参数,在分类一幅 227×227 的彩色图像时,需要大约 240 MB 的内存存储及 7.29 亿浮点运算次数(floating point operations per second,FLOP)。伴随着任务性能的改善,神经网络模型结构的深度越来越大,导致其参数量及计算量不断增长。比如在图像分类任务中,采用比 8 层 AlexNet 更多层数的 16 层 VGG16 网络能获得比 AlexNet 高约 8% 的识别精度,但是 VGG16 却拥有 1.38 亿个网络参数,在分类一幅 224×224 的彩色图像时需要约 550 MB 的内存存储及 155 亿 FLOPs,大约是 AlexNet 的 20 倍计算开销。如此巨大的存储及计算需求使得大多数的深度卷积神经网络模型只能在服务器端或者云端等训练及运行。

目前,智能手机、无人机等移动端设备的大量普及,与自动驾驶等新兴应用场景的出现,暴露出深度卷积神经网络模型运行在云端上的一些弊端。如网络的延迟或中断会导致移动终端设备无法实时有效地获取到云端模型处理的结果,不仅用户体验感下降,还会产生一定的危险性,特别是高速运动的自动驾驶车辆。这就要求移动设备能具有本地运行深度卷积神经网络模型的能力。但是深度神经网络模型的运行需要巨大的计算及存储资源开销,但移动终端设备的计算能力、电源供应及存储能力较弱,无法直接存储和实时运行如此庞大的深度网络模型,这将大大限制深度学习技术的应用范围。

在此背景下,深度网络模型的压缩与加速逐渐成为工业界及学术界的研究热点。深度网络模型压缩与加速的目标在于维持网络模型精度不变或者略有下降的情况下减少网络模型参数量及计算量以加速其在资源有限设备上的运行速度。主流的网络模型压缩与加速方法包括:模型剪枝、模型量化、知识蒸馏以及神经网络架构搜索。本章对上述主流压缩与加速方法的研究进展进行简述。

8.2 模型剪枝

模型剪枝即是移除冗余的、信息量少的连接,进而减少网络模型的参数量及计算量,同时维持模型性能保持不变。许多研究表明,神经网络模型是过参数的,内部存在较多的冗余结构。Denil[347]等研究发现,只需要很少一部分的参数子集就能精确地重构出全部的参数集合且对模型的性能影响很小,揭示了模型压缩的可行性。根据剪枝的粒度,模型剪枝可以大致分为非结构化剪枝和结构化剪枝。非结构化剪枝表示可以删除模型结构中任何不重要的连接或者信息,而结构化剪枝则是对剪枝位置进行限制,通常是整个滤波器或者整个通道(层)等。

8.2.1 非结构化剪枝

LeCun[348]等借鉴哺乳动物的生物学习过程提出了最优化脑损失算法,通过寻找多层网络中最小激活的突触连接进行突触删减,大大减少网络连接的个数,同时保证模型预测精度依然处于最小损失状态。后续 Hassibi[349]等提出了最优化脑手术剪枝策略,其利用损失函数的二阶偏导信息来剪除显著性分数低的权重值。Han[350]等提出根据权重值的大小进行剪枝,小于一定阈值的即为不重要的连接。并提出了迭代训练与剪枝的步骤:训练一个密集连接的网络、删除连接、重训练权重。通过不断地删除低值连接并重新训练,在减小网络规模的同时恢复网络模型的性能。Zhang[351]等则将权重剪枝问题转化为非凸优化问题并对剪枝后权重集合的势进行限制,利用交替方向乘子法(alternating direction method of multipliers, ADMM)进行优化求解。总体上,非结构化剪枝能够大大减少网络参数,进而减少存储开销。但是由于非结构化剪枝对于剪枝的位置并未施加限制,剪枝后权重的稀疏性是无规则的,常用的优化算法及软硬件条件无法高效地计算,会出现频繁地访问存储资源等情况,需要专用的硬件加速器支持,因此剪枝后对于计算量的改善有限甚至恶化计算效率。

8.2.2 结构化剪枝

结构化剪枝方案摒弃非结构化剪枝无限制删减的缺点,旨在删除层的整个通道或者滤波器,如图 8.1 所示为结构化剪枝与非结构化剪枝的差异。结构化剪枝重点在于找出不重要的结构,根据结构重要性判断方式的不同,可以分为手动设计的评估方式及基于正则化限制的评估方式。

1. 手动设计的评估方式

该评估方式遵循的原则是"范数小的权重则为不重要的权重",即计算滤波器的范数大小后排序,范数小的则被剪除。SFP[352]依据该原则提出了滤波器软剪枝

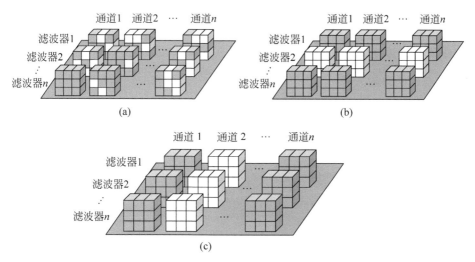

图 8.1 非结构化剪枝及结构化剪枝的示意

(a) 非结构化剪枝示意;(b) 结构化滤波器剪枝示意;(c) 结构化通道剪枝示意

策略,如图 8.2 所示,在每个训练周期结束后,度量每个滤波器的范数大小,范数小的滤波器则标记为剪除并将其滤波器的权重值置为 0,滤波器置为 0 后进入重建流程,即其仍参与后续训练周期且权重值会从 0 开始重新更新,训练结束后将范数小的滤波器移除进行模型结构的重构。相比于滤波器硬剪枝的直接将滤波器剪除并且不参与后续的训练会导致精度的很大损失,滤波器软剪枝每个训练周期剪除的滤波器依然会被更新,这样能更好地恢复剪枝后模型的容量并因此产生更好的识别性能。

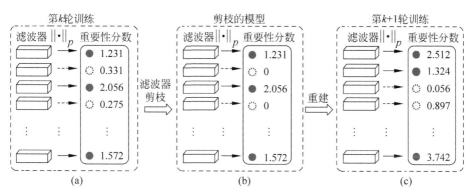

图 8.2 SFP 滤波器重要性评估、剪枝及重建示意图[352]

基于范数的剪枝策略存在一些不足,比如要求滤波器的范数分布应该尽可能地宽泛,以便更容易找到合适的阈值确定需剪枝滤波器,此外也要求滤波器的范数无限趋近于 0,以减小对最终性能的影响,但是这些条件有时候并不能很好地满足[353]。除了依据滤波器范数大小,Hu[354] 等则提出根据每层输出特征图响应值中的 0 响应值的平均百分比对滤波器排序进而筛选出需要剪除的滤波器。He[353]等认为位于或接近几何中位数的滤波器包含冗余信息,是可以被替代的,因此可以被安全地移除并被剩余滤波器替代。

2. 自动的评估方式

手动的评估方式主要依据滤波器的数值,但是对其在训练过程中的数值并未施加限制,因此并不能有效地筛选出满足要求的滤波器。部分文献研究在训练时直接或间接地对滤波器的值施加正则化限制,形式化的表示为

$$\underset{W}{\arg\min} \frac{1}{N} \sum_{i=1}^{N} \ell(\boldsymbol{y}_i, f(\boldsymbol{x}_i, \boldsymbol{W})) + r(\boldsymbol{W}) \tag{8.1}$$

$$\text{s. t. } \frac{|\mathcal{P}|}{|\mathcal{F}|} \geqslant \alpha \tag{8.2}$$

式中:$\ell(\cdot)$ 表示网络训练的损失函数,如交叉熵损失;f 表示神经网络模型;$r(\cdot)$ 表示正则化函数,如 L1 范数、group lasso 等;α 表示目标剪枝率;$\mathcal{F}$ 表示网络中所有的滤波器个数;$\mathcal{P}$ 表示剪除的滤波器个数。文献[355-356]探索对滤波器值施加基于组 lasso 的正则化限制以直接得到稀疏滤波器,而 Liu[357] 等则对批归一化层的缩放因子施加 L1 范数稀疏限制,将训练后的缩放因子作为滤波器的评估分数,如图 8.3 所示。

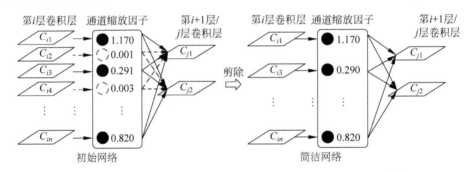

图 8.3 对批归一化层缩放因子施加稀疏限制进行结构化剪枝[355]

部分文献也探索了在训练过程中通过二维掩码间接获得待剪枝滤波器,如 CNN-FCF[358] 通过将卷积滤波器分解为标准实数卷积滤波器与二元张量的组合,并在训练过程中使用 ADMM 更新二元张量的值至 0 或者 1 进而确定待剪枝的滤波器,如图 8.4 所示。VIBNet[359] 则借助变分信息瓶颈原理,通过最小化相邻层之间的信息冗余并将有用的信息融合至部分神经元的方式来精简网络结构。

3. 一般剪枝流程

在模型剪枝过程中主要包含两个步骤:第一步,在每个训练周期内,根据滤波器评估方式计算每个滤波器的重要性,同时正常更新滤波器的权重;第二步,在剪枝步骤中,得到所有滤波器的平均重要性分数,并移除重要性最小的滤波器。通常

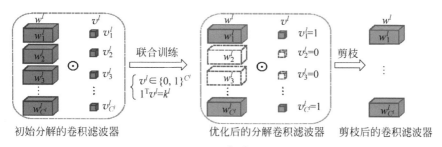

图 8.4　CNN-FCF[358] 的剪枝原理

剪枝步骤需要经历多轮训练周期,以使其获得更准确的重要性分数。该步骤可以总结为如算法 1 所示:

算法 1:模型剪枝算法伪代码

输入:训练数据 X;剪枝率 α;网络模型参数 $W = \{W^{(i)}, 0 \leqslant i \leqslant |\mathcal{F}|\}$;训练周期数 E

输出:剪枝后的模型及其参数 W^*

1 **for** $epoch = 1$ *to* E **do**

2　　使用训练数据 X 更新模型参数 W;

3　　**while** $|\mathcal{P}| \leqslant \alpha|\mathcal{F}|$ **do**

4　　　　依据重要性评估函数计算参数 $W^{(i)}$ 中滤波器的重要性分数

5　　　　对重要性分数排序,并选出重要性分数最小的 $\mathcal{P}$ 滤波器

6　　　　$W^{\mathcal{P}} \leftarrow 0$

7 获得剪枝后的参数 W^*,使用训练数据 X 进行精调

---

4. 小结

模型剪枝是当前模型压缩与加速的研究热点之一,非结构化剪枝能获得较大的压缩比,但是无法加速稀疏化矩阵计算。虽然目前有相关的软硬件设备的支持,但是应用成本较高,还无法在现今所有的深度学习框架下使用。结构化剪枝不需要特定硬件的支持,能很好地嵌入目前主流的深度学习框架中,但是其需要较多的超参数,如重要性评估函数、剪枝阈值、剪枝率等,需要消耗大量精力进行参数的调整与选优。

8.3　模型量化

模型量化的核心思想是将 32 位浮点表示的权重或激活输出转化为离散、低精度的典型数值表示,从而大大降低存储及计算消耗,加快推理速度。模型量化关键在于如何进行量化、量化比特位数的选择以及量化模型的训练。

1. 量化方式

最早一些研究利用聚类中心的思想量化参数,通过采用了向量量化的思想,在参数空间内对网络的权重值进行聚类[360],也有利用向量量化思想设计一种通用的网络量化算法 QCNN[361]。Deep Compression[350] 则利用权重共享的思路对训练完成的网络权重进行基于 K-MEANS 的聚类操作,其将权重值均匀划分为多个聚类中心,并使类内的权重值接近聚类中心,即

$$\operatorname*{argmin}_{C} \sum_{i=1}^{k} \sum_{w \in c_i} | w - c_i |^2, \qquad \mathrm{s.t.}\ C = \{c_1, c_2, \cdots, c_k\} \tag{8.3}$$

式中:C 表示聚类中心,也即是量化后的离散值集合;w 为原始训练完成的模型权重值。更新完成后,只需要保存共享权重的索引值,进行网络计算时通过查找表或者码本获得索引值对应的浮点参数值。该量化方法能有效地压缩网络存储空间,但是不能简化运算,在运行时仍然需要对浮点数进行计算。

而最简单直接的量化方法是将连续值通过仿射变换映射到最近的整型值上,对于 n 比特的量化,一共可以表示 2^n 个不同的数值,因此根据参数浮点数值所处位置及量化间隔映射到相应的量化值,即

$$Q(x) = q_l, \quad x \in (t_l, t_{l+1}) \tag{8.4}$$

式中:q_l 表示量化值,量化值间的距离为量化步长;t_l 表示量化间隔,$l = \{0, \cdots, 2^n - 1\}$。在量化间隔范围内的所有参数值均会使用同一个值即量化等级表示。根据量化步长是否均匀可以将量化分为均匀量化及非均匀量化。均匀量化易于软硬件实现,一般对于有符号数,量化至 n 比特数时,其量化值的范围是 $\{-2^{n-1}, \cdots, 2^{n-1}-1\}$ 内的整数,而对于无符号数,范围则为 $\{0, \cdots, 2^n - 1\}$。对数量化是一种典型的非均匀量化,如 INQ[362] 将权重值 W_l 转化为 2 的幂次或者 0,即

$$P_l = \{\pm 2^{n_1}, \cdots, \pm 2^{n_2}, 0\} \tag{8.5}$$

式中:n_1 的值与权重值相关,其被经验性地设置为 $n_1 = \lfloor \log_2(4 \times \max(abs(W_l))/3) \rfloor$,而 $n_2 = n_1 + 1 - 2^{(b-1)}2, b$ 表示存储 P_l 的索引值的比特位数。这样就可以将卷积的乘积操作转化为移位操作。非均匀量化通过分配更多的量化值至重要的参数值范围内因而能更好地获取潜在的重要特征分布,进而取得更高的识别性能,但是存在较难有效地部署到通用计算硬件设备上的问题。

2. 量化比特位数

一般全精度的神经网络模型参数及特征激活值是 32 位的浮点数,量化操作会将其转换为更低位数的整型数值或混合精度。Gupta[363] 等利用随机约束(stochastic rounding)技术将参数量化为 16 位的固定长度表示。Ma[364] 等则使用动态定点量化技术将权重值及特征激活值分别量化到 8 位及 10 位,在量化 AlexNet 时可以做到无损压缩。8 位整型数在早期较为广泛地应用在量化加速操作中,其不仅对网络性能的影响较小且在计算时能节省较大的资源消耗。如

Jacob[365]等提出纯整型算术推理框架,利用简单的仿射变换将权重值及激活值全部量化为 8 位整数,在 ARM CPU 上能获得较好的推理速度及性能。

此外,二值网络也是目前量化研究的热点,BinaryConnect[366]启发式地将网络模型所有参数取值全部设置为±1,用极少量的比特位数就能表达参数数值,能获得极大的压缩比,但因特征激活值依然保持全精度,因为无法大幅度加速网络计算。BNN(binary neural network)[367]则进一步将激活值进行二值化,将原始的卷积计算转化为同或操作(XNOR)和比特计数(popcount)。在对权重值及激活值进行二值化转换时,主要采用两种方法处理:确定性二值化函数及随机化二值化函数。确定性二值化函数,根据权重值或者激活值的正负性来确定是量化值,可以形式化地表示为

$$x^b = \text{sign}(x) = \begin{cases} -1, & x < 0 \\ +1, & x \geq 0 \end{cases} \tag{8.6}$$

式中:x^b 表示量化后的值;x 表示权重值或者激活值。这种转换方式实现简单。随机化二值函数则依据权重值或者激活值的大小以概率进行转化,形式表达式为

$$x^b = \begin{cases} +1 & \text{以概率 } p = \sigma(x) \\ -1 & \text{以概率 } 1 - p \end{cases} \tag{8.7}$$

式中:σ 是"hard Sigmoid"函数,定义为 $\sigma(x) = \text{clip}(0.5 \cdot (x+1), 0, 1)$,随机化二值函数由于需要硬件生成随机比特数,因此在硬件上较难实现。

除了二值化网络,基于神经网络大部分权重值分布在零值附近这一观察,TWN(ternary weight network)[368]提出对权重值进行三值量化,多了一个零值用以保存信息,以所有权重值的平均绝对值估计阈值,绝对值小于阈值的权重值则会被量化为 0。TBN(ternary binary network)[369]结合了权重值二值量化及激活值三值量化,在网络准确率和计算效率之间实现很好的平衡。

3. 量化模型的训练

对神经网络模型进行量化操作,首先需要一个训练完成的全精度神经网络模型。训练完成的神经网络模型直接进行量化操作,会导致精度的大幅度下降,因此需要对网络模型进行重新训练或者微调,在训练过程中还需要考虑量化操作对权重值或者特征激活值对模型性能的影响。目前通用的量化训练步骤如下:前向传递时,将每层全精度权重值量化至目标精度,使用量化后的权重值计算每层特征表达输出及最终的损失函数。权重更新时,累积梯度的变化并更新全精度权重值。经过多次迭代更新后,权重值能更好地量化到准确的量化等级上。

此外,在梯度的反向传递时,由于量化后的值为离散值,其对输入的梯度几乎处处为 0,不能有效地继续传播梯度值,一种常用的方法采用"直通估计器"(straight-through estimator,STE)对梯度进行近似,顾名思义直接将阈值操作、符号指示函数 sign 等不可导操作的梯度近似为 1:

$$前向：x^q = Q(x^r) \tag{8.8}$$

$$反向：\frac{\partial \mathcal{L}}{\partial x^q} = \frac{\partial \mathcal{L}}{\partial x^r} \tag{8.9}$$

STE 方法简单有效，在量化算法中广泛使用，但是也产生了梯度不匹配的问题，即权重经过 STE 后的梯度与其真实的梯度不匹配，且随着比特数的降低，不匹配现象更加明显，导致训练不稳定影响最终性能[370]。DSQ（differentiable soft quantization，可差分的软量化）[371]提出了一个可微分的软量化函数，引入了可求导的量化函数，缓解了不可求导带来的梯度不匹配问题，如图 8.5 所示。同时，这个函数随着训练的进行可以逐步趋近标准量化，因此可以在部署时直接利用高效的线性低比特量化函数进行推理。此外，由于这个函数是可以求导的，因此截断值也能够直接被优化，在训练过程中平衡截断误差和取整误差间的关系。

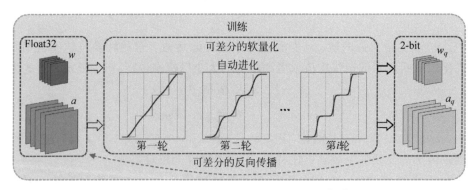

图 8.5 DSQ 所提可微分的软量化函数[371]

4. 小结

模型量化虽然能大幅度地减少模型所需的存储及计算资源。但是对于量化大而深的网络模型存在分类精度丢失严重的问题，部分量化后的网络模型需要特殊硬件设备的支持，不利于在通用 CPU 或者 GPU 芯片上使用。

8.4　知识蒸馏

知识蒸馏是另一种模型压缩算法，其基本思想将一个精确的大模型学到的知识，通过一定的技术手段迁移到一个小模型上，使得小模型具备与大模型一样的性能，而小模型的参数及计算量通常小于大模型，从而达到压缩模型的目的，可以将其看作迁移学习的一个特例。利用知识迁移来压缩模型[372]，让多个使用不同有标记数据集训练后的模型监督训练一个小模型，其性能达到比肩使用大规模数据集训练的效果。此后，相关文献[373]将该思想扩展为训练一个更浅且更宽的模型。2014 年，Hinton[374]等首次提出基于输出 logits 的知识蒸馏框架，通过遵循教师-学生的范式让学生模型模仿教师模型的输出分布。其认为学生模型直接拟合标签不能很好地获取类别标签之间的隐藏关系,教师模型输出的预测标签包含这些隐藏信息而且能使模型的稳健性更强。因此利用教师网络模型的预测输出构造了一种"软"标签:

$$q_i = \frac{\exp(z_i \tau)}{\exp(z_i/\tau) + \sum\limits_{i \neq j} \exp(z_j/\tau)} \tag{8.10}$$

式中: z_i 表示教师网络模型输出的第 i 类的 logits 值; τ 表示温度参数; q_i 表示软化后的 logits 值。学生模型利用 KL 散度计算其输出的预测 logits 与教师网络输出的软标签的分布差异:

$$\mathcal{L}_{KL}(\boldsymbol{q} \parallel \boldsymbol{p}) = \sum_i q_i * \log \frac{q_i}{p_i} \tag{8.11}$$

式中: p_i 表示学生模型的输出 logits。通过该蒸馏损失函数,使得学生的预测输出与教师网络模型的预测输出保持一致。然而,Zhao[375] 等通过对蒸馏损失函数(式(8.11))的分析及实验发现,方程可以重新改写为

$$\mathcal{L}_{KL} = \mathcal{L}_{KL}(\boldsymbol{b}^{\mathrm{T}} \parallel \boldsymbol{b}^{\mathrm{S}}) + (1 - q_i)\, \mathcal{L}_{KL}(\hat{\boldsymbol{q}} \parallel \hat{\boldsymbol{p}}) \tag{8.12}$$

式中: $\mathcal{L}_{KL}(\boldsymbol{b}^{\mathrm{T}} \parallel \boldsymbol{b}^{\mathrm{S}})$ 表示教师模型与学生模型目标类别的二元概率相似度, $\mathcal{L}_{KL}(\hat{\boldsymbol{q}} \parallel \hat{\boldsymbol{p}})$ 表示教师模型与学生模型非目标类别概率的相似度。由此看出对于目标类别及非目标类别的蒸馏是耦合一起的,且非目标类别的蒸馏损失的权重系数是与目标类别的预测概率大小负相关的,这将会抑制非目标类别包含的可靠及有价值的知识表达,而且由于各自的贡献差异对于目标类别蒸馏及非目标类别蒸馏应该分开考虑。因此,Zhao 等提出了解耦合的知识蒸馏损失函数:

$$\mathcal{L}_{KL} = \alpha\, \mathcal{L}_{KL}(\boldsymbol{b}^{\mathrm{T}} \parallel \boldsymbol{b}^{\mathrm{S}}) + \beta \mathcal{L}_{KL}(\hat{\boldsymbol{q}} \parallel \hat{\boldsymbol{p}}) \tag{8.13}$$

以充分考虑目标类别及非目标类别对蒸馏的贡献及它们提供信息的差异,实验结果表明该种形式能取得比方程更优的性能。

2015 年,Romero[376] 等首次提出了基于中间隐层特征的蒸馏方法 FitNets,其主要思想为学生模型不仅仅要拟合教师模型的预测输出结果,还要学习中间隐层的特征表达。具体地,教师模型和学生模型首先确定需要蒸馏的中间特征表达,为了保证教师特征表达与学生特征表达的维度一致,其提出了适应层来改变学生特征的通道数或者空间维度,最终通过两者的距离度量得到蒸馏损失。后续一系列的工作分别探索了中间隐层特征表达的注意力图[377]、实例关系图[378-379] 等。相较于传统基于 logits 的蒸馏方法,该类基于特征的蒸馏方法能明显地改善学生模型的性能,且使用范围更广,被应用到如目标检测[380]、语义分割[381] 等任务中。

一个性能更好的教师网络对于改善学生网络的精度至关重要,但是性能较好的网络结构与学生网络结构差异较大,因此进行蒸馏的层之间通道数可能不同。现有的方法是使用调整模块将学生网络的通道数变成与教师网络相同,但是这样会引入较多的参数不利于模型优化。Tang[382] 等探索了一种自适应的通道关联方

法,方法原理如图 8.6 所示。

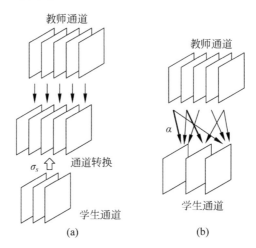

图 8.6　自动通道关联原理

(a) 现有方法使用通道转换模块对学生特征通道数进行转换,然后与教师网络通道进行一对一的手动关联;(b) 自动通道关联原理[382]

假设选定的学生模型的中间特征层为 $F_s \in R^{C_s \times H_s \times W_s}$,选定的教师模型的中间特征层为 $F_t \in R^{C_t \times H_t \times W_t}$,其中,$C_{s/t}$ 表示通道数目,$H_{s/t}$ 表示特征图高度,$W_{s/t}$ 表示特征图宽度。算法流程如下。

(1) 构建一个矩阵,该矩阵只包含 0,1 数值,行对应学生网络通道数,列对应教师网络通道数,矩阵中元素为 1 表示该行对应的学生网络通道与该列对应的教师网络通道进行关联。

设定一个二维整数矩阵 $\boldsymbol{M} \in \{0,1\}^{C_s \times C_t}$,其中 $\sum_i^{C_s} m_{ij} \leqslant C_s$,$\sum_j^{C_t} m_{ij} \leqslant C_t$,所述二维整数矩阵中值为正整数,只包含 0 或者 1 二维整数矩阵,该矩阵的行表示选定的学生模型特征层的通道数,列表示选定的教师模型特征层的通道数,矩阵值为 0 时,表示学生模型特征层的行对应的通道,不从教师模型特征层的列对应的通道学习知识,矩阵值为 1 时,表示学生模型特征层的行对应的通道,从教师模型特征层的列对应的通道学习知识;学生模型的每个通道可以与教师模型的多个通道关联,而教师模型的每个通道可以传输知识到学生模型的多个通道。

(2) 为了减少引入矩阵带来的参数量,借助 Kronecker 乘法将矩阵分解,并使用门阈值软化矩阵元素值以便于网络优化矩阵。

具体地,二维整数矩阵 $\boldsymbol{M}$,采用矩阵分解的方式,使用 Kronecker 乘子分解二维整数矩阵 $\boldsymbol{M}$ 为 K 个子矩阵:

$$\{\boldsymbol{M}_k \mid \boldsymbol{M}_k \in \{0,1\}^{C_s^k \times C_t^k}, \forall C_s^k < C_s, \forall C_t^k < C_t\}$$

式中：$\prod_{k=1}^{K}C_s^k=C_s$；$\prod_{k=1}^{K}C_t^k=C_t$。由此，矩阵 $\boldsymbol{M}$ 表示为

$$\boldsymbol{M}=f(\boldsymbol{M}_1)\otimes f(\boldsymbol{M}_2)\otimes\cdots\otimes f(\boldsymbol{M}_K)$$

式中：$\otimes$ 表示 Kronecker 乘法；f 为无参数的函数。二维整数矩阵 $\boldsymbol{M}$ 的参数量为
$\sum_{k=1}^{K}C_s^k\times C_t^k$。

进一步地，所述 f 为二元门函数：

$$\begin{cases}\boldsymbol{M}_k=g_k\boldsymbol{1}+(1-g_k)\boldsymbol{I}, & \forall\, g_k\in\boldsymbol{g}\\[2mm]\boldsymbol{g}=\mathrm{sign}(\hat{\boldsymbol{g}})\end{cases}$$

式中：$\boldsymbol{1}$ 表示 2 行 2 列的值为全 1 的矩阵；$\boldsymbol{I}$ 表示 2 行 2 列的对角线值为 1 其余值为 0 的矩阵；$\hat{\boldsymbol{g}}$ 表示可学习的门函数；二维整数矩阵 $\boldsymbol{M}$ 的参数量下降为 $K=\lceil\log_2\max(C_s,C_t)\rceil$，其中，$\lceil\cdot\rceil$ 表示向上取整运算。

（3）矩阵中元素为 1 的关联通道进行知识蒸馏。学生模型每个通道在融合教师模型通道特征时，采用加权方式：

$$\alpha[c_s,c_t]=\frac{R(F_t[c_t])^{\mathrm{T}}\cdot R(F_s[c_s])}{\|R(F_t[c_t])\|_2\cdot\|R(F_s[c_s])\|_2}$$

式中：R 表示变形函数；$F_t[c_t]$ 表示特征层 F_t 第 c_t 通道的特征（$0<c_t\leqslant C_t$）；$F_s[c_s]$ 表示特征层 F_s 的 c_s 通道的特征（$0<c_s\leqslant C_s$）；$\|\cdot\|_2$ 表示 2 元范数。

（4）知识蒸馏训练时的损失函数为

$$\mathcal{L}_{知识}=\sum_{c_t=1}^{C_t}\sum_{c_s=1}^{C_s}\alpha[c_s,c_t]\cdot\mathrm{dist}(F_s[c_s],F_t[c_t])\odot\boldsymbol{M}[c_s,c_t]$$

式中：$\boldsymbol{\alpha}$ 表示权重；dist 表示距离函数；$\odot$ 表示按元素相乘。

训练时的整体损失函数 $\mathcal{L}$ 形式化为

$$\mathcal{L}=\mathcal{L}_{知识}+\mathcal{L}_{任务}$$

式中：$\mathcal{L}_{任务}$ 表示学生模型任务相关的损失函数，如图像分类问题，其为交叉熵损失或者 softmax 损失等。这样在训练优化时可以同时优化自关联的二维整数矩阵和学生模型，即

$$\min_{\boldsymbol{W},\boldsymbol{M}}\frac{1}{N}\sum_{i}^{N}\mathcal{L}(y_i;y_i^s\mid x_i,\boldsymbol{W},\boldsymbol{M})$$

式中：$\mathcal{L}(\cdot)$ 表示整体损失函数；x_i 表示输入的图片数据；y_i 表示真实的标签；y_i^s 表示学生模型的预测输出值；$\boldsymbol{W}$ 表示学生模型的参数；N 表示输入图片数量。

该算法在 CIFAR100 数据集上进行初步的分类实验。选取常用的分类网络模型如 ResNet，VGG，MobileNet 等，根据教师网络和学生网络结构的相似性，划分为结构相似的知识蒸馏和结构不同的知识蒸馏的实验设置，并选取同时期相关工作作为对比组，实验结果如表 8.1 和表 8.2 所示，其中加粗数据为最优数据，有下划线的数据为第二优数据。

表 8.1　教师-学生网络结构相似的知识蒸馏实验结果　　　　　　　%

教师网络	ResNet56	ResNet32×4	VGG13
学生网络	ResNet20	ResNet8×4	VGG8
学生网络精度	69.06	72.51	70.36
教师网络精度	72.34	79.42	74.64
KD	70.66	73.33	72.98
FitNet	71.60	74.31	73.54
AT	<u>71.78</u>	74.26	73.62
S	71.48	74.74	73.44
VI	71.71	74.82	73.96
RKD	71.48	74.47	73.72
HK	71.20	74.86	73.06
CR	71.68	<u>75.80</u>	<u>74.06</u>
文献[382]	**71.96**	**76.19**	**74.19**

表 8.2　教师-学生网络结构不同的知识蒸馏实验结果　　　　　　　%

教师网络	VGG13	ResNet32×4	ResNet32×4
学生网络	MobileNetV2	VGG8	ShuffleV2
学生网络精度	64.60	70.36	71.82
教师网络精度	74.64	79.42	79.42
KD	67.37	72.73	74.45
FitNet	<u>68.58</u>	72.91	75.11
AT	68.43	71.90	75.30
S	66.89	73.12	75.15
VI	66.91	73.19	75.78
RKD	68.50	72.49	75.74
HK	68.12	72.63	<u>76.04</u>
CRD	68.49	<u>73.54</u>	75.72
文献[382]	**69.09**	**73.65**	**76.21**

从实验结果中可以看出,该方法能明显改善学生网络模型的分类精度,比如采用 VGG13 为教师网络(分类精度为 74.64%),VGG8 和 ShuffleNetV2 为学生网络。实验结果表明,可以将 VGG8 的分类精度由 70.36% 提高至 74.19%,同时在训练时能减少 99% 的参数量。而 ShuffleNetV2 的分类精度甚至要优于教师网络,从 71.82% 提高至 76.21%。

在初步的实验中,上述算法思路能够自适应地为每个学生通道关联多个教师网络的通道进行知识蒸馏,而每个教师网络的通道可以传输知识到学生网络的多个通道。在分类任务上的初步实验结果显示,该算法能够大大地减少进行知识蒸馏时的参数量。使用多个网络构建教师网络和学生网络组合,实验结果均优于同时期的多项工作。

知识蒸馏能使模型小型化的同时也能维持较高的识别精度,但是目前知识的建模及蒸馏策略过于浅显,而且知识蒸馏方法更广泛的应用形式也值得深入探究。

8.5　其他压缩与加速技术

8.5.1　低秩分解

卷积计算是卷积神经网络模型中计算复杂度最高的计算操作,低秩分解的核心思想是利用矩阵或者张量分解技术分解并近似原始卷积核。Denil[347]等利用低秩分解从理论上分析了深度神经网络存在大量的冗余信息。对卷积计算主流的分解技术有奇异值分解(SVD)、CP 分解和 Tucker 分解。奇异值分解是最常用的矩阵低秩分解方法,对于给定的矩阵 $W \in \mathbb{R}^{m \times n}$,总能找到矩阵满足 $W = U\Sigma V^{\mathrm{T}}$,其中 $U \in \mathbb{R}^{m \times r}$ 和 $V^{\mathrm{T}} \in \mathbb{R}^{r \times n}$ 是正交矩阵,而 $\Sigma \in \mathbb{R}^{r \times r}$ 是矩阵 W 奇异值的对角矩阵。SVD 分解可以将参数量由 $m \times n$ 压缩至 $(m + n + 1) \times r$,通过 SVD 将卷积核拆分成两个子卷积核,可以设计新的高效卷积结构[383]。CP 分解[384]则将原始卷积核张量分解为 3 个秩为 1 的张量的和。而 Tucker 分解[385]则是将卷积核张量分解为 1 个核心张量与 2 个因子矩阵的乘积。相比于 CP 分解,Tucker 分解更稳定且能够应用到卷积神经网络所有层中。

8.5.2　简洁结构设计

除了对神经网络中的卷积层进行剪枝等操作减少计算与存储消耗,还可以直接使用紧性计算模块代替原始卷积操作。

SqueezeNet[386]提出将原始卷积结构替换为"火"模块(fire module),即包括压缩层(squeeze layer)和扩张层(expand layer)。其将原始的 3×3 的卷积核替换为压缩层的 1×1 卷积核,在扩张层中使用 1×1 和 3×3 大小的卷积核,并减少压缩层和扩张层的输出通道数量,使用该模块构造的 SqeezeNet 的识别精度与 AlexNet 相当,但是模型参数量降低至 1/50,并简化了网络的复杂度。组卷积最早被 AlexNet 应用于使用两个 GPU 分布处理卷积计算的内存需求,相比传统的卷积计算,组卷积所需的计算量及参数量较小,因此其获得广泛的研究。交错组卷积[387]模块由两个连续的交叉组卷积操作组成,第一个组卷积每组内部使用空间卷积操作,卷积后的特征拼接在一起后进行通道交错,再进行第二个组卷积操作,第二个组卷积内每组采用点卷积操作后拼接在一起,最后进行通道交错,得到最终的卷积特征图,该操作如图 8.7 所示。

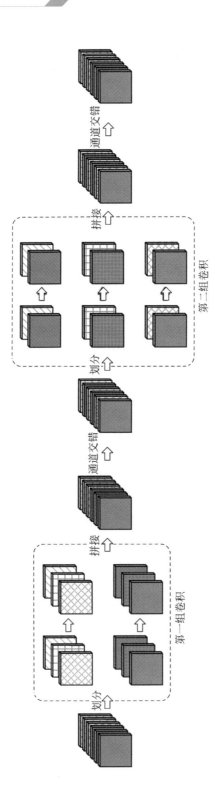

图 8.7 交错组卷积模块[387]

使用组卷积时会导致通道信息流通不畅,Zhang 等[388-389]提出 ShuffleNet 通过通道重排改变通道的序列,能够得到与原始卷积相似的结果。Howard 等[390]提出了 MobileNets,利用计算和存储更小的深度可分离卷积替代原始的标准卷积计算。简洁结构设计能够大幅度地减少计算和存储开销,但是该设计大多针对卷积层有效,无法泛化到全连接层,且如何设计需要更多的专家知识。

8.5.3 神经网络架构搜索

目前主流的神经网络模型架构大多基于手工设计,这需要设计者具有较高的专业水平且手工设计、调参时间开销较大。近年来,能实现神经网络结构自动设计的神经网络结构搜索(neural architecture search,NAS)技术应运而生,其能有效地克服人工网络设计的缺点。NAS 主要由搜索空间、搜索策略及性能评价策略等组成[391]。针对轻量化模型的结构搜索,在搜索空间设计时主要采用简洁模块,如深度可分离卷积、组卷积等。搜索策略有基于强化学习的[392]、基于进化算法的[393]及可微的神经结构搜索[394]。在性能评价阶段除了常规的任务相关的性能评价(如分类、检测相关的损失函数),还可以加上对于网络参数及计算量的约束[395]。但是 NAS 搜索得到的神经网络模型虽能获得较好的性能,但是其搜索的结构是基于特定任务的,在其他任务上会出现泛化性能差的问题。

第9章

非配合环境下视频智能分析算法平台

9.1 引言

计算机视觉是人工智能技术应用最为广泛的领域之一,其中视频增强、视频检测、视频跟踪、跨境识别、行为分析等占据了主要内容。"视频智能分析算法平台"(以下简称为"平台")旨在为科研人员提供一个开源的视频智能分析算法平台,它有助于用户简便直观地分析两种视频智能分析算法的优劣,为科研人员的视频智能分析算法研究工作助力。

9.1.1 视频智能分析算法与平台功能

平台的核心功能是帮助用户使用视觉算法去分析视频或数据集内容,进而比较两种算法优劣,它不仅支持内置的视觉算法,而且支持导入用户自定义的视觉算法,支持的算法类型包括:人脸超分辨、目标检测、多目标跟踪、行人重识别、行为分析。主要的功能模块包括用户注册及登录、算法导入、视频导入、算法对比分析等。

1. 用户注册及登录

平台是以用户为单位进行数据管理的,因此需要添加用户登录及注册功能模块。用户首先需要注册平台的账号,注册成功后就可以使用已有的账号登录平台。

2. 算法导入

算法导入是平台的核心功能之一,用户可以基于平台的算法开发标准,将开发好的视频分析算法导入平台中,就能够与同种类的其他算法进行对比分析,进而比较两种算法的优劣。

3. 视频导入

在比较两种视频分析算法的优劣时,两种算法的输入视频必须是同一个,而且输入视频一般是经过用户精心挑选的,因此平台需要支持导入视频的功能,以便于用户使用自己的视频去比较两种算法的优劣。

4. 算法对比分析

算法对比分析是平台的核心功能之一,首先,用户选择要比较的两种算法;其次,选择要使用的测试视频或数据集;再次,触发算法处理开关,使算法开始处理;最后,等待算法处理结束后,选择处理结果中的某一帧画面,即可比较两种算法的效果,同时,也可以直接比较两种算法的统计学指标,例如,目标检测的 AP(0.5: 0.95)、AP(0.5)等,目标跟踪的 MOTA、MOTP 等,行人重识别的 mAP、rank 等,人脸超分的 FSR PSNR、FSR SSIM 等。

9.1.2　视频分析相关标准

在视频智能分析算法中,不同的视频分析算法有着不同的统计学评价指标,本节将介绍各种类型的视频智能分析算法的统计学评价指标。

1. 人脸超分辨

人脸超分辨旨在将低分辨率人脸(LR)图像恢复为高分辨率人脸(HR)图像。人脸超分辨的常用评价指标参照 2.4 节,主要有 PSNR 和 SSIM,在实际操作中,对于求得图像像素的均值、方差和标准差,可以用高斯函数计算图像参数,可以保证更高的效率。同时,我们可以用平均结构相似性评价指标 MSSIM 来代替结构相似性评价指标 SSIM。

2. 目标检测

目标检测是计算机视觉领域的传统任务,需要识别出图像上存在的物体,给出对应的类别,并将该物体的位置通过最小包围框(bounding box)的方式给出。目标检测任务的常用评价指标可以参照 3.2.2 节,包括 AP、mAP、IoU(如图 9.1 所示)和 Precision。

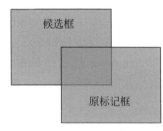

图 9.1　IoU

3. 多目标跟踪

多目标跟踪的主要任务是在给定视频中同时对多个感兴趣的目标进行定位,并且维持他们的 ID、记录他们的轨迹。目标跟踪任务的常用评价指标见 4.1.3 节,主要包括 MOTP、MOTA、MT、ML、FM 和 IDS。

4. 行人重识别

行人重识别被广泛认为是一个图像检索的子问题,是利用计算机视觉技术判断图像或者视频中是否存在特定行人的技术,即给定一个监控行人图像检索跨设备下的该行人图像。下面介绍行人重识别的常用评价指标。Precision 和 Recall,Precision 就是检测出来的样本有多少是准确的,Recall 就是所有准确的条目有多少被检索出来了,其取值范围为 0~100%。AP 指验证集中该类的所有精确率的和除以含有该类别目标的图像数量,用来衡量学出来的模型在单个类别上的好坏。

mAP 即多个类别的 AP 的平均值,其取值范围为 0~100%。mAP 衡量的是学出的模型在所有类别上的好坏,它反映检索的人在底库中的所有正确图片排在结果队列前面的程度,而不止首位命中。

F-score:这是综合考虑 Precision 和 Recall 的调和值。从上面准确率和召回率之间的关系可以看出,一般情况下,Precision 高,Recall 就低,Recall 高,Precision 就低。所以在实际中常常需要根据具体情况做出取舍,例如一般的搜索情况,在保证召回率的条件下,尽量提升精确率。很多时候我们需要综合权衡这两个指标,这就引出了一个新的指标 F-score。

$$\text{F-score} = (1 + \beta^2) * \frac{\text{Precision} * \text{Recall}}{\beta^2 * \text{Precision} + \text{Recall}}$$

当 $\beta = 1$ 时,称为 F1-score,这时,精确率和召回率都很重要,权重相同。当有些情况下,我们认为精确率更重要些,那就调整 β 的值小于 1,如果我们认为召回率更重要些,那就调整 β 的值大于 1。

CMC(cumulative matching characteristics):CMC 曲线是算一种 top-k 的击中概率,主要用来评估闭集中 rank 的正确率,其取值范围为 0~100%。CMC 将再识别问题看成是一种排序问题,CMC 曲线的具体含义是指:在候选行人库(gallery)中检索待查询(probe)的行人,前 r 个检索结果中包含正确匹配结果的比率。其中,第 1 匹配率 $r = 1$ 指标 rank-1 反映了最匹配候选目标刚好为待查询图片目标的概率,即该指标为真正的识别能力,因此很重要。但是当 r 值很小但大于 1 时,由于可以通过人眼进行辅助识别查找目标,因此也很有现实意义,如第 5 匹配率 $r = 5$ 指标反映前 5 个匹配候选目标中存在待查询图片目标的概率。

rank-n:搜索结果中最靠前(即置信度最高)的 n 张图,有正确结果的概率,其取值范围为 0~100%。该值越大,表示行人重识别算法效果越好。

9.2 视频智能分析算法库

视频智能分析主要是基于计算机视觉深度学习算法实现,包括但不限于视频预处理、目标检测、目标跟踪、行为分析、目标重识别以及视频增强等算法,其中每一类算法根据需求场景不同,又有各种细分、组合,由此可衍生出更多种类算法。

图 9.2 所示的是视频智能分析算法平台的软件架构图,其中算法调度器、动态算法包以及视频智能分析算法 SDK 三者组成了广义上的视频智能分析算法库。视频智能分析算法库的功能是为视频智能分析算法平台提供算法层面的支持,包括人脸超分辨、目标检测、多目标跟踪、行人重识别(Re-ID)、行为分析等,各算法之间是相互独立的,但遵循相同的开发接口标准,可实现动态调度,并支持动态扩展。

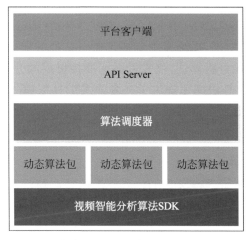

图 9.2 视频智能分析算法平台的软件架构

9.2.1 视频智能分析算法库架构

1. 视频智能分析算法库架构

视频智能分析算法库架构如图 9.3 所示。

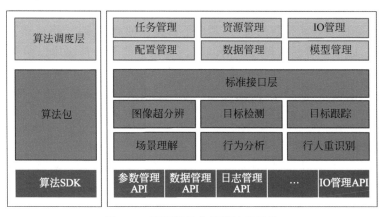

图 9.3 视频智能分析算法库架构

视频智能分析算法库主要由算法调度层、算法(包)层以及算法 SDK 层组成。调度层的功能包括任务管理、资源管理、数据管理、模型管理等,通过对所有算法任务的统一调度、管理,实现为平台提供算法层面的功能。例如,当上层软件下达某种算法处理任务后,调度层可根据任务信息以及算法库自身当前状态,决定该任务是立即执行还是排队等待,以及如何执行,需要调用哪些资源、数据等。算法层是基于统一的算法开发标准接口,为每种类型的视频智能分析算法封装集成了几种常用的算法,如人脸超分辨的 FaceSR1、FaceSR2 等,目标检测的 YOLOv4、

YOLOv3、houghnet 等,多目标跟踪的 FastMOT、FairMOT、JDETracker 等,行人重识别的 SSGRe-ID、SSGXXRe-ID、ResRe-ID152 等,行为分析的 tea、slowfast 等。除此之外,基于标准接口层,算法库也具备了动态扩展的能力,即算法库支持用户添加自定义的视频智能分析算法,仅需遵循标准接口层的开发标准即可。为了便于算法的开发与集成,算法库还提供了一套开发工具集(算法 SDK),它的功能是提供算法开发及集成过程中常用的一些公用模块,如参数管理、数据管理及 IO 管理等。

2. 视频智能分析算法管理

视频智能分析算法管理模块是平台服务层的核心模块之一,平台算法库中的所有算法均由算法管理模块统一管理调度。算法管理模块与平台的 API Server 通过 gRPC 实现通信交互,当接收到 API Server 发送的视频智能分析任务时,算法管理模块需要根据系统资源的使用状况(如 GPU、CPU、内存等),任务队列中的排队情况,正在运行的任务情况,决定是否启动新任务。除此之外,根据视频分析任务的调度策略,算法管理模块需要动态地加载或卸载算法包,并对数据源、模型文件和算法分析结果进行管理。在视频分析任务处理结束后,算法分析结果将通过 API Server 分发到平台客户端。

3. 视频智能分析算法包

算法包是视频智能分析的核心,基于平台提供的标准接口,将视频智能分析算法再次封装,以便于算法管理模块的调用。视频智能分析算法均以单独的算法包按照算法类别放置于平台约定的目录中,算法包中的文件包括算法的可执行文件或脚本代码、依赖库、模型文件、配置文件等。当需要创建视频智能分析任务时,算法管理模块会加载相应的算法包。

4. 视频智能分析算法 SDK

视频智能分析算法工具集(SDK),是一组算法开发组件,它提供了算法开发及集成过程中常用的一些公用模块,如参数管理、数据管理及 IO 管理等。该 SDK 旨在为算法的开发及集成提供帮助,减少重复性的开发工作。

9.2.2　视频智能分析算法工程化实现

为了将视频智能分析算法接入平台,需要对算法进行工程化处理,使其符合平台的算法接入要求。视频智能分析算法工程化涉及的工作主要包括算法接口标准化、算法参数传递、模型文件加载、算法包加载及卸载、视频分析任务的管理及调度、安装部署等。

1. 接口标准化

视频智能分析算法工程化的首要工作是设计一套标准的开发接口,基于该套开发接口,即可进行算法的工程化工作。考虑到算法开发工作的效率及复杂程度,而且 Python 几乎是视频智能分析算法的首选开发语言,因此,标准接口均是基于 Python 语言来设计的。用户在开发自定义的算法时,必须遵循该接口标准。以下将对该套接口进行逐一介绍。

1) 算法初始化(表 9.1)

表 9.1　算法初始化接口

接　口　名	init
参数	ConfigDict
返回值	—

平台在动态加载算法包后,首先会创建算法实例,然后调用 init 接口进行初始化。在初始化时,把需要传递的所有参数打包成参数字典传递给 init 接口,后者从参数字典中按照预定义的关键词(键值匹配关系在配置文件中确定,详见"参数传递"一节)搜索参数值,然后根据输入参数完成算法接口类实例的初始化。在该接口执行完毕后,需要确保算法实例初始化没有发生任何错误,即平台可以直接运行算法实例而不会因初始化错误出现异常。除此之外,在调用 init 接口之前,需要对输入的参数进行检查,确保所有参数值均在定义范围内,例如,检查输入文件是否存在、并行任务数量(batch size)是否是一个大于零且小于计算机最大并行线程数的整数等。

2) 启动接口(表 9.2)

表 9.2　算法启动接口

接　口　名	run
参数	Configures 参数类实例
返回值	Result 处理结果类实例

在 init 接口执行完毕后,平台会立即调用 run 接口,并将一个参数类实例传递给 run 接口,其中,参数类实例包含算法运行时所有需要的参数。在 run 接口被调用时,算法程序需要确保自身的准备工作已全部就绪,即算法程序能正常运行。其中,算法自身的准备工作包含但不限于初始化,所以不管是在 init 接口中完成所有准备工作,还是将一部分准备工作放在 run 接口内部,都是被允许的。

平台会开辟一个独立的线程,用于执行 run 接口。在 run 接口内部,算法将会完成对输入数据(视频或数据集)的一次分析处理,并将最终的处理结果(如图像结果的存储路径、算法统计学指标等)赋值给 Reslut 对象并返回。

3）暂停接口（表9.3）

表9.3　算法暂停接口

接　口　名	pause
参数	—
返回值	—

算法暂停接口用于暂停正在运行的算法处理任务。在何时调用该接口，平台未做任何限制，由算法开发人员决定，因此，算法开发人员需要确保在算法运行期间调用该接口。该接口只在算法处于运行状态时生效，其余状态时直接返回，不作任何处理。

4）停止接口（表9.4）

算法停止接口用于终止正在运行的算法处理任务。在该接口被调用后，算法内部会尽可能快地停止算法任务，并清理不再使用的资源，但不会销毁算法实例，以便于再次启动算法任务。如果需要重新运行算法任务，则不需要再次调用 init 接口做初始化相关的工作，直接调用 run 接口即可。

表9.4　算法停止接口

接　口　名	stopRun
参数	—
返回值	—

5）状态查询接口（表9.5）

表9.5　算法状态查询接口

接　口　名	getStateInfo
参数	—
返回值	stateInfo 状态信息

状态查询接口用于获取算法任务的状态。算法任务在创建后，会记录任务当前的状态，如启动、运行、暂停、停止等，它们可以用于算法内部运行逻辑的决策，也可以用于展示在客户端便于用户了解算法任务的处理过程。

6）进度查询接口（表9.6）

表9.6　算法进度查询接口

接　口　名	getProgress
参数	—
返回值	Progress 进度值

进度查询接口用于获取算法任务的处理进度，其取值范围是0~100（包含0和

100)。当算法任务处于运行状态时,该接口才能返回有效的进度值。如果调用run接口后,算法任务未能正常开始处理,则返回的进度值为一1。如果在算法任务处理过程中发生异常或其他原因导致中断时,则返回的进度值为一2。

7) 日志输出接口

日志输出接口用于记录并输出算法任务的处理过程信息,便于用户了解算法任务处理过程的详细信息,同时也有助于开发人员排查错误。平台内嵌的视频分析算法都遵循此日志接口规范,建议用户开发自定义算法时,也遵循此日志接口规范。算法输出的日志信息被定义成三个级别,分别是 Info、Warn、Error,①以 Log.Info 及 Log(不带后缀)开头的日志接口输出的日志均被定义为 Info 级别,一般用于输出调试信息或提示信息;②以 Log.Warn 开头的日志接口输出的日志均被定义为 Warn 级别,一般用于输出程序运行过程中的警告信息;③以 Log.Error 开头的日志接口输出的日志均被定义为 Error 级别,一般用于输出程序运行过程中的异常错误信息。

2. 参数传递

算法工程化时算法参数的传递有两种方式,第一种是将算法参数定义成接口的形参,第二种是读取参数配置文件。本节将主要介绍第二种参数传递方式。在将算法导入平台时,可以添加一份算法参数的配置文件,如果没有需要传递的算法参数,那么无须添加算法参数配置文件,配置文件的格式为 yaml。在算法导入过程中,平台会将添加的参数配置文件信息写入算法包的配置文件中。在创建算法任务实例时,会读取算法包的配置文件,从中判断是否有参数配置文件,若无,则不作任何处理;若有,则读取配置文件的名称和路径等信息,并且加载参数配置文件的内容,将其序列化到参数配置字典(ConfigDict)中,在调用算法的初始化接口(init)时,即可将算法参数传递给算法。

3. 模型加载

模型是计算机视觉深度学习算法运行时必不可少的部分,在调用初始化接口(init)时,模型路径被作为参数传递给算法,根据模型路径,即可加载算法的模型。通过平台客户端导入算法时,在算法导入界面中,可以选择模型文件,实现模型文件的导入。

4. 算法包加载及卸载

平台算法库设计了父子进程模式的算法包加载及卸载机制,当算法包导入平台后,它将由算法管理模块统一管理。当需要创建算法任务时,算法管理模块检索到相应的算法包,并启动一个子进程,在该进程中基于 Python 动态导入机制,将算法包加载并导入子进程作用域,然后便可依次调用算法的各个接口,实现算法任务的处理。在卸载算法包时,需要先销毁算法包所在子进程的资源,然后关闭子进程即可。该机制不仅可以实现算法包的动态扩展,而且也保证了算法包的相互独立,提高了系统可靠性和稳定性。

5. 视频分析任务管理

平台算法库中的所有算法均由算法管理模块统一管理调度,算法管理模块从平台的 API Server 获取视频分析任务,并根据当前的任务状态和资源使用情况,确定任务的运行策略。具体而言,当接收到新的视频分析任务时,算法管理模块需要根据当前系统资源使用状况(如 GPU、CPU、内存等),以及任务队列中的排队情况,正在运行的任务情况,决定是否启动新任务。除此之外,算法管理模块还需要对数据源(视频或数据集)和算法模型进行管理,确保算法能够正常运行。

9.2.3 视频智能分析算法验证方法

无论是平台内嵌的算法,还是自定义开发的算法,平台提供了一致的验证方法,借助平台客户端,用户便可完成视频智能分析算法的验证。验证方法包含三个步骤,分别是:①将算法包导入平台(平台内嵌算法可省略该步骤);②选择要验证的算法和数据源(视频或数据集)并单击开始处理按钮,使任务开始处理;③通过算法的输出结果(图像和统计学指标)比较两种算法的优劣。

1. 算法导入

启动平台客户端并登录,会弹出客户端的主界面,默认的算法类型是人脸超分辨,通过顶部菜单栏可以切换为其他算法类型。本节以人脸超分辨算法为例,阐述视频智能分析算法的验证方法,单击算法添加按钮(图 9.4 中红色矩形框选部分),弹出算法导入界面。

如图 9.5 所示,在算法导入界面中,填写算法名称、版本、算法库、模型文件、配置文件、描述等信息。其中名称、版本、算法库等为必填信息,其余为选填信息,"算法库"指算法包的目录,如果需要通过平台客户端设置模型文件等配置信息,那么必须指定配置文件。信息填写完成后,单击确认按钮,平台客户端将开始导入算法包。在算法包导入完成后,新导入的算法信息会被加载到图 9.4 所示的算法列表中。

2. 算法选择

首先,选择数据集列表中的某一数据集或者视频列表中的某一视频,其次,在算法列表中选择要比较的算法Ⅰ、算法Ⅱ,最后,单击"开始处理"按钮,即可开始视频分析处理。在"开始处理"按钮的左边会显示视频分析进度,当进度为 100% 时,会自动切换到分析结果页面,并加载分析结果。比对算法信息表格中显示的是待比较的两种算法的详细信息,它们会随着选中的算法变化而变化,如图 9.18 所示。

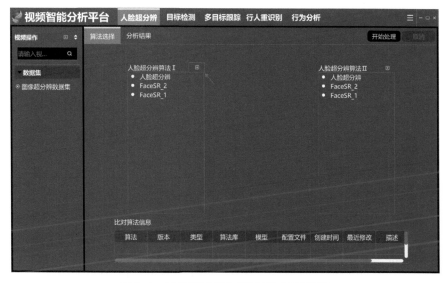

图 9.4　平台客户端主界面(见文前彩图)

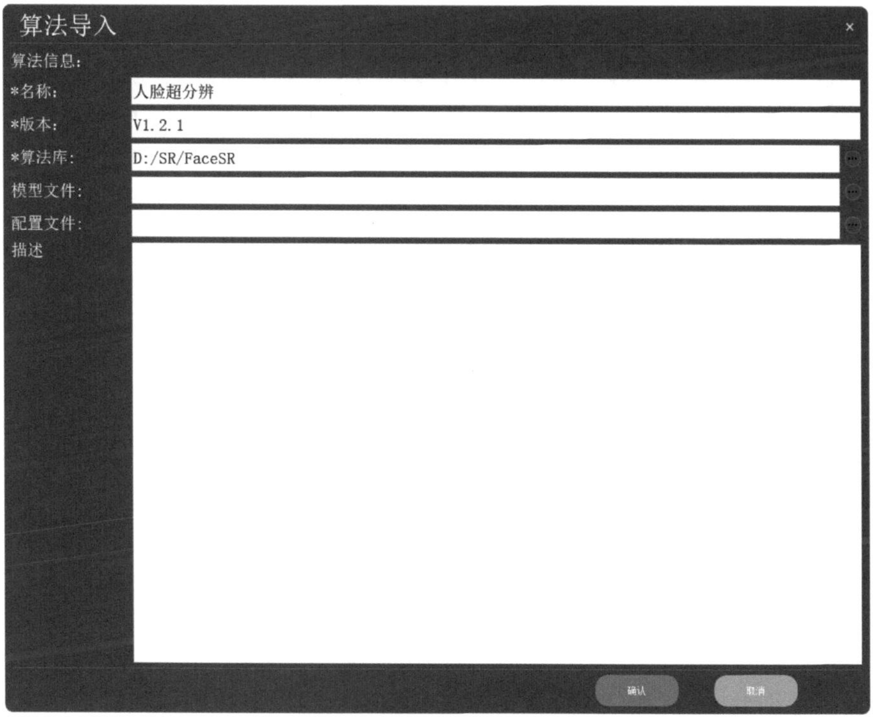

图 9.5　平台客户端算法导入界面

3. 算法比较

当视频分析完成后,平台客户端会自动切换到分析结果页面,并加载分析结果,如图 9.19 所示,分析结果包括两部分,分别是算法 1、算法 2 的输出图像和统计学指标。任意单击一张输出图像,会弹出图像比较界面,进而比较两种算法的效果。

9.3　基于微云的视频智能分析平台架构设计

2006 年,随着亚马逊正式发布 S3 存储服务以及 EC2 虚拟机服务,宣布了云计算时代的到来。随着容器的兴起,特别是 Docker 和 Kubernetes 的成熟,云计算进入了 Kubernetes 的时代。云计算时代重构了软件开发的流程和模式,越来越多的企业开始上云获取计算和存储能力,不用自建数据中心等 IT 基础设施,这使得创业公司能够迅速把业务推向市场。

随着移动互联网的蓬勃发展,软件的迭代速度越来越快,软件维护团队规模越来越大,传统的开发模式团队间沟通成本巨大。于是,云计算进入了下半场云原生时代。云原生的四个要点分别是:DevOps、持续集成、微服务架构和容器化。微服务架构解决了团队间的沟通问题,使得每个团队专注于自己的业务服务,避免团队间的耦合。DevOps 开发模式解决了业务故障的快速定位问题,实现开发和维护一体化。持续集成解决了产品快速迭代的问题,CI/CD 流水线缩短了开发人员从提交代码到交付给客户的时间。容器化解决了服务快速扩容问题,能够让系统故障时自动回退到上次可用版本。

视频智能分析算法平台是基于微云进行设计的,其服务层集成了众多的算法微服务,通过预先定义好的标准接口,算法人员可专注于自己的算法开发工作,而不必关心部署和发布。这些算法服务均由中间件来统一管理和运维。

9.3.1　Kubernetes 微云系统设计

如图 9.6 所示,平台是基于 Kubernetes、微服务架构进行设计的,它分为四层,分别是:基础设施层、服务层、接入层、客户层。客户层主要负责前端展示和用户交互。平台的客户端是基于 QT 进行设计开发的,它可以部署在 Windows 和 Linux 环境中。接入层承接客户端与后台服务,在平台中,接入层被称为 API Server,由它负责对接所有后台业务程序和数据,并对客户端提供统一的访问接口。通过 API Server,客户端可访问所有后台数据,也可调用后台服务功能。服务层主要负责平台的核心业务逻辑功能,包括检测、识别、跟踪等计算机视觉算法服务,以及数据的存储、管理和分析等功能,是系统的核心层。业务后台由人脸超分辨、目标检测、多目标跟踪、行人重识别以及行为分析等关键算法程序组成,并连接到数据库系统,负责算法数据等特征数据库的构建和管理,同时也负责告警等常规信息数据库的管理。平台的所有后台服务,包括 API Server,均基于基础层部署运行,基础层由 docker 和 Kubernetes 组成,为平台的应用服务提供易于维护和拓展的运维环境,并提供日志、服务监控等基础服务。

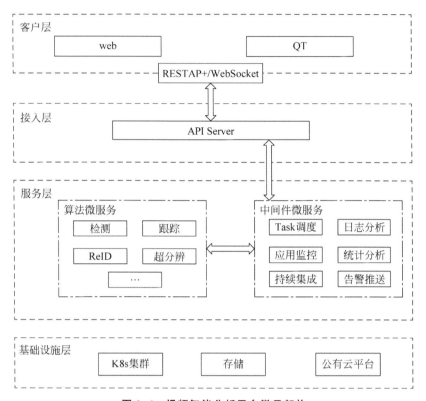

图 9.6　视频智能分析平台微云架构

9.3.2　资源调度策略

Kube-scheduler 作为 Kubernetes 的调度器,它的主要任务是为新建的 Pod 或者未被调度的 Pod 选择合适的节点以供 Pod 运行,满足 Pod 对资源方面的要求。这样对应节点上的 Kubelet 就可以监听到该 Pod,并将其创建、运行。整个调度过程会考虑多方面的因素,例如优先级、资源高效利用、高性能等。

总的来说,调度过程主要分为两个大步骤,分别是:①过滤一些不满足条件的节点,这个过程也称为 Predict。②调度器会对这些合适的节点进行打分并排序,从中选择一个最优的节点,该过程也称为 Priority。

平台的资源调度策略主要是利用调度器的高级特性 NodeName 和 NodeSelector。可以通过 spec.nodeName 强制约束在某个指定的 Node 上运行 Pod,如下所示:

(1) apiVersion: v1。

(2) kind: Pod。

(3) metadata:。

(4) name: pod-with-nodename。

(5) namespace: demo。

(6) spec:。

(7) nodeName: node1 ♯指定调度节点 node1 上。

(8) containers:。

(9) -name: nginx-demo。

(10) image: nginx: 1.19.4。

上述示例代码的 Pod 就被约束在 node1 上。通过这种方式指定节点，会跳过 kube-scheduler 的调度逻辑，即不需要经过调度。

除了这种强制指定节点的方式，还可以通过 NodeSelector 的方式来选择节点。调度器的调度策略 MatchNodeSelector 会匹配 Node 的 label，从而达到节点筛选的目的。NodeSelector 提供了一种非常简单的方法，方便我们将 Pod 约束到带有特定 label 的节点上。

9.3.3 存储与管理策略

由于容器本身的生命周期很短暂，在容器内保存数据是件很危险的事情，所以 Docker 通过挂载 Volume 来解决这一问题。

如图 9.7 所示，在 Kubernetes 中，Pod 里包含一组容器，这些容器是可以共享存储的。因为在容器重启的时候，需要保证存储不受影响，所以 Kubernetes 中 Volume 的生命周期是直接和 Pod 关联的，而不是和 Pod 内的某个容器关联，即 Pod 在 Volume 在。在 Pod 被删除时，才会对 Volume 执行解绑、删除等操作。Volume 中的数据是否被删除，则取决于 Volume 的具体类型。Kubernetes 提供了很多插件(volume plugin)用于扩充可挂载的存储后端，如图 9.8 所示。

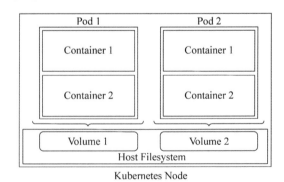

图 9.7 Kubernetes 存储结构示意图

平台的存储策略主要是使用 HostPath，利用宿主机的存储为容器分配资源。HostPath 的优势是：数据不会随着 Pod 被删除而删除，而是会持久地存储在该节

插件分类	主要用途描述	卷插件	数据是否会随着Pod删除而删除
临时存储	主要用于存储一些临时文件，类似于在操作系统中创建的tempDir	EmptyDir	是
本地存储	用于将一些Kubernetes中定义的配置通过volume映射到容器中使用	ConfigMap DownwardAP SecretI	是
	使用宿主机上的存储资源	HostPath Local	否
自建存储平台	客户自己搭建的存储平台	CephFS Ginder GlusterFS NFS RBD …	否
云厂商插件	一些云厂商提供的插件，供去上的Kubernetes使用	awsElasticBlockStore AzureDisk AzureFile GCEPersistentDisk	否

图 9.8　Kubernetes 卷插件

点上。使用 HostPath 非常方便，既不需要依赖外部的存储系统，也不需要复杂的配置，还能持续存储数据。

9.3.4　服务部署策略

平台的整体部署策略是 Docker 容器化和 Kubernetes 容器编排。平台将底层服务拆分成多个微服务，包括：算法微服务、中间件微服务等。每个微服务仅需关注自身业务职责，独立开发、部署和运维，这既能提高开发效率，又能应对快速变化的业务需求。如果微服务的数量过于庞大，那么会导致无法快速启动和部署这些服务，这意味着微服务架构的优势将不复存在，容器化和容器编排，即 Docker 和 Kubernetes 能够很好地解决该问题。

1. Docker 简介

Docker 是目前十分流行的开源应用容器引擎，它作为容器化技术，与虚拟化相比，更加轻量化，而且更加节省内存、启动更快。虚拟化是在硬件级别隔离应用，能够提供更好的资源隔离性，但是资源利用率比较低；而 Docker 是在操作系统级别进行资源隔离，资源消耗更低，能够快速启动，非常适合于在单台服务器上部署大量隔离环境的应用程序。镜像（image）、容器（container）、仓库（repository）是 Docker 中非常重要的核心概念，下面将对其进行简要的介绍。

1）镜像

Docker 能够将应用程序所需的所有依赖文件、配置文件及环境变量等打包成一个镜像文件,为应用程序的运行提供环境。镜像是一个只读的模板,可以在一个基础镜像上进行叠加,进而制作出多种多样不同的镜像。

2) 容器

容器是镜像的运行实例,它通过镜像启动,一个镜像可以启动多个容器,这些容器之间是相互隔离的。在容器中,能够运行并隔离应用程序,容器可以被创建、运行、停止、删除、暂停和重启。简而言之,容器是为应用程序提供沙箱运行环境的Linux操作系统。

3) 仓库

仓库是管理和存储镜像的地方,分为公有仓库和私有仓库。平台的微云系统采用的是自建的 Harbor 私有镜像仓库。

Docker 的镜像可以在任何已经安装 Docker 的 Linux 机器上运行容器,达到"一次构建、随时可用"(build once,run anywhere)的目的,极大地降低了应用程序运行环境的配置难度,为大规模部署、运行微服务提供了解决方案。

2. 基于 Docker 的 API Server 部署

接下来以 API Server 服务为例,介绍如何通过 Docker 部署微服务,其他算法微服务、中间件微服务都可以参考下述方法进行部署,此处就不再赘述。

对于一般的 Docker 镜像,可以直接从官方网站中拉取使用,比如 Redis 镜像。如果需要对镜像进行一些自定义操作,则需要借助 Dockerfile 描述镜像的构建过程,下述代码是用于构建、部署和运行 API Server 的 Go 镜像:

```
(1) FROM debian: 10.6。
(2) COPY/conf/conf.ini/conf/conf.ini。
(3) #Copy our static executable。
(4) COPY gin-apiserver/。
(5) EXPOSE 6060 6061 7070。
(6) #Run the hello binary。
(7) #CMD ["/gin-apiserver"]。
(8) ENTRYPOINT  ["/gin-apiserver"]。
```

在上述的 Dockerfile 代码中,主要使用了四个指令,其中 FROM 是必须使用的第一个指令,用于指定基础镜像,示例中指定的基础镜像为 debian:10.6;COPY 指令用于将本地文件复制到容器的指定位置;EXPOSE 指令用于声明容器运行时所使用的服务端口;ENTRYPOINT 指令用于设置容器启动后要执行的命令,每个 Dockerfile 只能使用一次 ENTRYPOINT 指令,示例代码的功能是在容器启动后启动 API Server。

其实,Dockerfile 就是一种配置文件,用于告知 docker build 命令执行哪些操作。如果想要掌握更多的命令,那么可以参考官方文档。

将编写完成的 Dockerfile 文件置于 API Server 服务的代码目录,通过下述命令就能够构建 API Server 服务的一个镜像:

```
docker build - t API Server
```

在镜像文件构建完成之后,通过下述命令就能够启动 API Server 镜像的容器:

```
docker run  -- name API Server  - p 8090: 8090 - p 8091: 8091 - p 9090: 9090 - v/
data:/data API Server: latest
```

3. Kubernetes 简介

基于容器,开发人员仅需考虑如何合理地扩展、部署,以及管理新开发的应用程序,但是,如果需要大规模地使用容器,就不得不考虑容器的调度、部署、跨多节点访问、自动伸缩等问题。容器化虽然能够解决应用程序运行环境的问题,但是容器仍需人工部署,依旧存在人力成本高、易出错的问题,此时,一款能够自动化部署容器的容器编排工具的作用就不言而喻了。Kubernetes 就是一款支持容器自动化部署的容器编排引擎。

Kubernetes,简称 K8s,是由 Google 开源的容器编排引擎,它支持容器的自动化部署,提供了应用部署、规划、更新、维护的一种机制,能够让容器化的应用部署更加简单且高效,降低应用程序部署管理的成本。K8s 将基础设施抽象,简化了应用开发、部署和运维等工作,提高了硬件资源的利用率,是一款优秀的容器管理和编排系统。

K8s 主要由两类节点组成,分别是 Master 节点和 Node 节点,其中 Master 节点主要负责管理和控制,是 K8s 的调度中心;Node 节点受 Master 节点管理,属于工作节点,负责运行具体的容器应用,如图 9.9 所示。

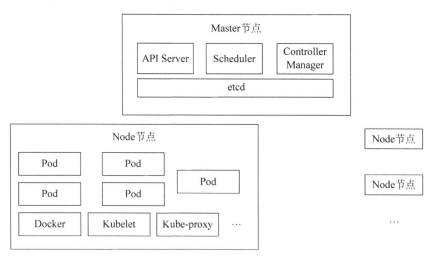

图 9.9　Kubernetes 结构示意图

4. 基于 Kubernetes 的 API Server 部署

接下来以 API Server 服务为例,介绍如何通过 Kubernetes 部署微服务,其他算法微服务、中间件微服务都可以参考下述方法进行部署,此处就不再赘述。

通常情况下,在 Kubernetes 中使用 Deployment 部署微服务,其中,通过 yaml

文件描述配置过程,使用 kubectl 命令行工具访问 Kubernetes 的接口。API Server 的 Deployment 如下所述:

```
(1) apiVersion: apps/v1。
(2) kind: Deployment。
(3) metadata:。
(4) name: gin – apiserver – deployment。
(5) spec:。
(6) selector:。
(7) matchLabels:。
(8) app: apiserver。
(9) replicas: 1。
(10) template:。
(11) metadata:。
(12) labels:。
(13) app: apiserver。
(14) spec:。
(15) containers:。
(16) – name: apiserver。
(17) image: ginapiserver: 20.07.07。
(18) ports:。
(19) – containerPort: 8090。
(20) name: rest。
(21) – containerPort: 8091。
(22) name: websocket。
```

在上述的代码中,展示了部署 API Server 容器应用所需创建 Deployment 的过程,其中,副本数量为 1,选择器的匹配标签为 app:apiserver。

通过下述命令即可使用 Deployment Controller 创建 API Server 的 Pod:

```
kubectl create – f gin_apiserver.yaml
```

通过 kubectl 命令行工具的 get Deployment 命令可以查看 API Server 的 Pod 的副本状态,命令如下:

```
kubectl get Deployment gin – apiserver – deployment
```

9.4 视频智能分析算法平台系统

视频智能分析算法平台是帮助用户使用视觉算法去分析视频内容,进而比较两种算法优劣的一种算法平台,它不仅支持内置的视觉算法,而且支持导入用户自定义的视觉算法,算法类型包括:人脸超分辨、目标检测、多目标跟踪、行人重识别、行为分析。

9.4.1 视频智能分析算法平台人机界面

平台的人机界面包括三部分,分别是登录界面、用户注册界面和平台主界面。

在平台主界面中,每种算法类型均对应一个子界面。

1. 登录界面

登录界面是平台启动时首先弹出的界面,它能实现用户的登录及注册,依次输入用户名和密码,点击登录按钮即可,如图9.10所示。

2. 用户注册界面

用户注册界面是用户注册平台账号时弹出的界面,它能实现用户账号的注册功能。若用户第一次使用平台且没有平台的账号,此时,需要先注册平台的账号操作步骤是:单击登录界面(图9.10)中的"注册新用户"按钮,弹出用户注册界面,依次输入用户名和密码,单击"注册"按钮即可完成注册。注册完成后,单击右上角的返回按钮,即可返回登录界面,再输入用户名和密码即可进行登录,如图9.11所示。

图9.10　登录界面

图9.11　用户注册界面

3. 平台主界面

如图9.12所示,平台主界面包括四个部分,分别是:①菜单栏,②视频操作区,③数据集,④算法选择及分析。菜单栏的功能包括:算法类型切换、窗体状态控制、其他功能入口。视频操作区的功能包括视频列表展示、视频选择、视频检索、视频导入,视频的删除和详细信息可以从菜单栏的其他功能入口找到。数据集的功能包括:数据集列表展示、数据集选择。算法选择及分析的功能包括:算法导入、算法列表展示、算法选择、算法信息对比、算法结果分析对比。

如图9.13所示,视频导入界面的功能包括:待导入视频列表显示、添加文件夹、添加文件、删除文件、导入。添加文件夹可以将选中的文件夹中的视频全部添

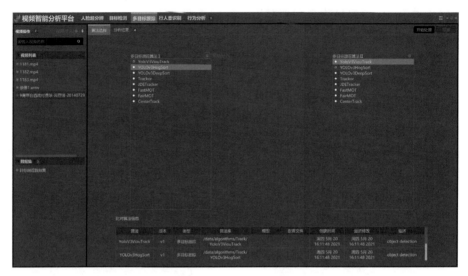

图 9.12　平台主界面

加到待导入视频列表中。添加文件可以将选择的视频文件追加到待导入视频列表中。删除文件可以将不想导入的视频文件从待导入视频列表中删除。导入可以将待导入视频列表中的所有视频上传到服务器,单击导入按钮后,会弹出视频导入详情界面,向用户展示视频导入的进度等信息,如图 9.14 所示。

图 9.13　视频导入界面

平台支持导入用户自己开发的视觉算法,算法导入的界面如图 9.15 所示,其中名称、版本、算法库是必填信息,其他选填,在输入相应信息后,单击确定按钮即可将整个算法库压缩上传到服务器。在上传过程中,算法导入界面也会显示上传进度、是否导入成功等信息。

1) 人脸超分辨

人脸超分辨算法的子界面如图 9.16 和图 9.17 所示,在算法选择子界面中,分别选择人脸超分辨算法Ⅰ、超分辨人脸算法Ⅱ,在比对算法信息表格中会显示选中

图 9.14　视频导入详情界面

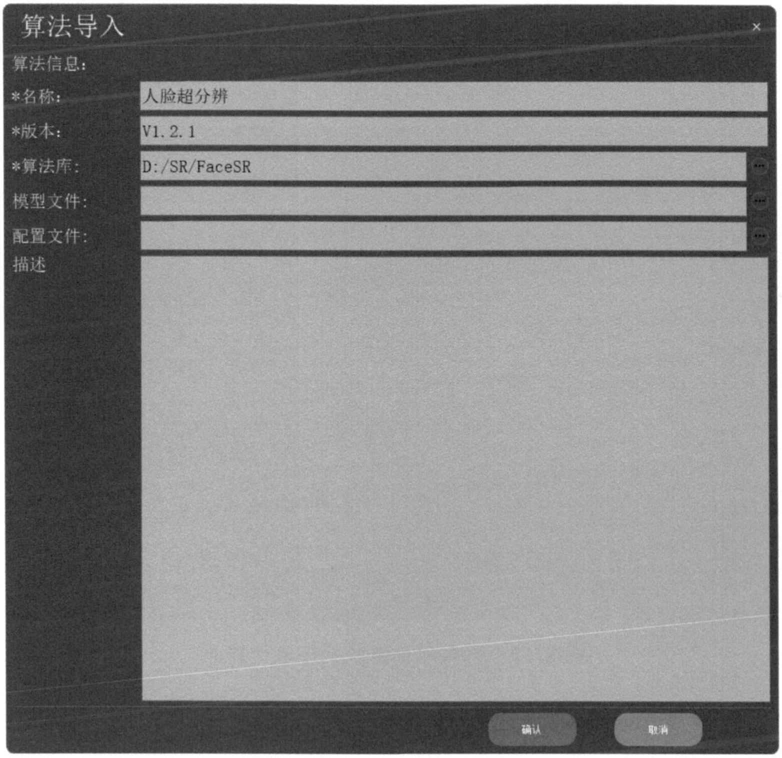

图 9.15　算法导入界面

的算法的详细信息。然后选择要使用的数据集,单击开始处理即可进行算法处理。

　　在算法处理时,会在开始处理按钮的前方显示处理进度,如图 9.18 所示。因为算法处理消耗的时间长,因此,平台会记录算法处理的结果,即选择的算法 1、算法 2、数据集完全相同时,首次处理所消耗的时间是真实的算法处理时间,后续处理时只是获取首次算法处理的结果,消耗的时间会很短。在分析结果子界面中,会

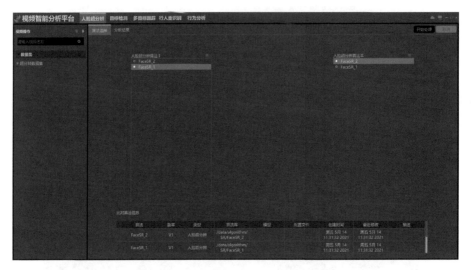

图 9.16 人脸超分辨算法选择子界面

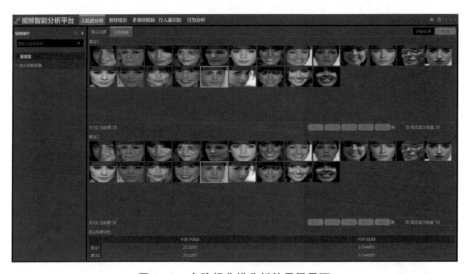

图 9.17 人脸超分辨分析结果子界面

展示算法 1 和算法 2 的处理结果,包括输出图像和统计学指标。双击图像结果中的任意一张图像,会弹出图像比较的界面,如图 9.26 所示。

2)目标检测

目标检测算法的子界面如图 9.18 和图 9.19 所示,在算法选择子界面中,分别选择目标检测算法Ⅰ、目标检测算法Ⅱ,在比对算法信息表格中会显示选中的算法的详细信息。然后选择要使用的数据集或视频,单击开始处理即可进行算法处理。在算法处理时,会在开始处理按钮的前方显示处理进度,如图 9.18 所示。因为算法处理消耗的时间长,因此,平台会记录算法处理的结果,即选择的算法 1、算法 2、

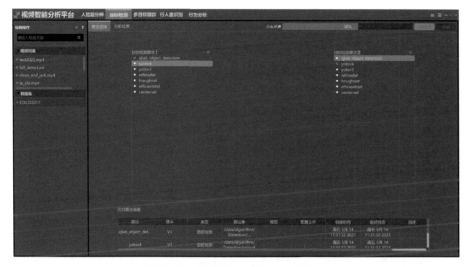

图 9.18　目标检测算法选择子界面

图 9.19　目标检测分析结果子界面

数据集或视频完全相同时,首次处理所消耗的时间是真实的算法处理时间,后续处理时只是获取首次算法处理的结果,消耗的时间会很短。在分析结果子界面中,会展示算法 1 和算法 2 的处理结果,包括输出图像和统计学指标。双击图像结果中的任意一张图像,会弹出图像比较的界面,如图 9.26 所示。

　　3) 多目标跟踪

　　多目标跟踪算法的子界面如图 9.20 和图 9.21 所示,在算法选择子界面中,分别选择多目标跟踪算法Ⅰ、多目标跟踪算法Ⅱ,在比对算法信息表格中会显示选中的算法的详细信息。然后选择要使用的数据集或视频,单击开始处理即可进行算法处理。在算法处理时,会在开始处理按钮的前方显示处理进度,如图 9.18 所示。因为算法处理消耗的时间长,因此,平台会记录算法处理的结果,即选择的算法 1、算法 2、数据集或视频完全相同时,首次处理所消耗的时间是真实的算法处理时间,后续处理时只是获取首次算法处理的结果,消耗的时间会很短。在分析结果子界面中,会展示算法 1 和算法 2 的处理结果,包括输出图像和统计学指标。双击图像结果中的任意一张图像,弹出图像比较的界面,如图 9.26 所示。

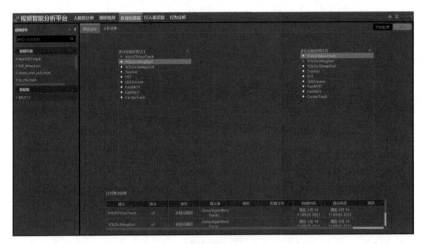

图 9.20 多目标跟踪算法选择子界面

图 9.21 多目标跟踪分析结果子界面

4)行人重识别

行人重识别算法的子界面如图 9.22 和图 9.23 所示,在算法选择子界面中,分别选择行人重识别算法 Ⅰ、行人重识别算法 Ⅱ,在比对算法信息表格中会显示选中的算法的详细信息。然后选择要使用的数据集和检索目标,单击开始处理即可进行算法处理。在算法处理时,会在开始处理按钮的前方显示处理进度,如图 9.18 所示。因为算法处理消耗的时间长,因此,平台会记录算法处理的结果,即选择的算法 1、算法 2、数据集、检索目标均完全相同时,首次处理所消耗的时间是真实的算法处理时间,后续处理时只是获取首次算法处理的结果,消耗的时间会很短。在分析结果子界面中,会显示选中的数据集中的检索目标图像、算法 1 和算法 2 的处理结果,包括输出图像和统计学指标。双击图像结果中的任意一张图像,会弹出图像比较的界面,如图 9.26 所示。

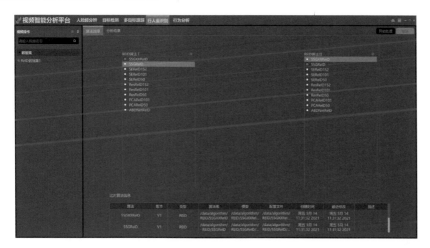

图 9.22　行人重识别算法选择子界面

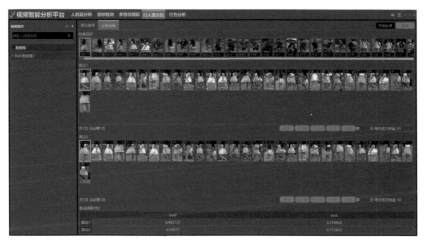

图 9.23　行人重识别分析结果子界面

5) 行为分析

行为分析算法的子界面如图 9.24 和图 9.25 所示,在算法选择子界面中,分别选择行为分析算法Ⅰ、行为分析算法Ⅱ,在比对算法信息表格中会显示选中的算法

的详细信息。然后选择要使用的数据集,单击开始处理即可进行算法处理。在算
法处理时,会在开始处理按钮的前方显示处理进度,如图 9.18 所示。因为算法处
理消耗的时间长,因此,平台会记录算法处理的结果,即选择的算法 1、算法 2、数据
集或视频完全相同时,首次处理所消耗的时间是真实的算法处理时间,后续处理时
只是获取首次算法处理的结果,消耗的时间会很短。在分析结果子界面中,会展示
算法 1 和算法 2 的处理结果,包括输出图像和统计学指标。双击图像结果中的任
意一张图像,会弹出图像比较的界面,如图 9.26 所示。

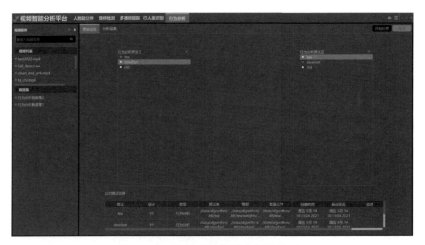

图 9.24　行为分析算法选择子界面

图 9.25　行为分析分析结果子界面

　　图像比较界面如图 9.26 所示,左侧显示算法 1 的图像结果及序号,右侧显示
算法 2 的图像结果及序号。右上角的四个图标按钮的功能依次是:图像放大、图
像缩小、图像的实际大小显示、图像填充画面显示。放大和缩小的快捷键是按住

Ctrl 键同时滚动鼠标的滚轮。下面的三个图标按钮的功能依次是：查看上一张图像、自动播放图像、查看下一张图像。右下角的选择框是设置每秒钟自动播放图像的数量。

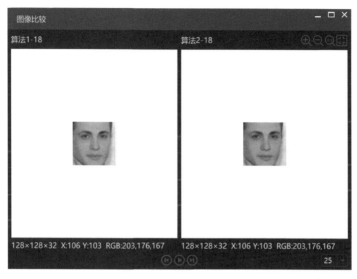

图 9.26　图像比较界面

9.4.2　视频智能分析算法平台操作流程

9.4.1 节主要介绍了平台的界面及每个界面的功能,本节将介绍平台的使用流程。以 Windows 环境为例,在平台成功安装后,双击平台的客户端快捷方式,即可启动平台,弹出登录界面。平台的操作流程如图 9.27 所示,具体操作过程如下。

1. 登录或注册

在平台启动弹出登录界面后,如果已经拥有平台的账号,则直接输入用户名和密码进行登录。如果没有账号,则需要先进行账号注册,然后再登录,具体操作步骤可参考 9.4.1 节中的用户注册界面部分。

2. 视频导入

平台支持用户导入自己的测试视频,在平台主界面的视频操作区,单击视频导入图标按钮,弹出视频导入界面,如图 9.13 所示,用户可以通过单击添加文件夹按钮批量选择视频,也可通过添加文件按钮单个选择视频,在视频选择完毕后,单击导入按钮即可,具体操作步骤可参考 9.4.1 节中的平台主界面的视频导入部分。

3. 算法导入

在用户开发完自己的视觉算法后,需要先将算法导入平台中。首先在平台主界面切换算法类型,确保开发的算法类型与平台选择的算法类型一致。其次,在算

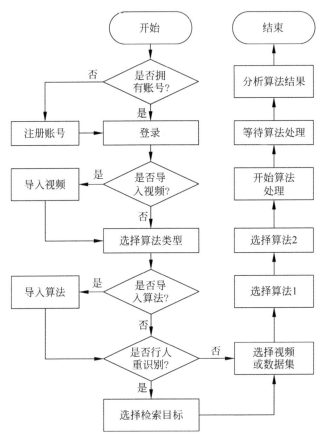

图 9.27 平台操作流程

法选择页单击算法导入图标按钮,弹出算法导入界面,输入相关算法信息进行导入,具体步骤可参考 9.4.1 节中的平台主界面的算法导入部分。

4. 视频或数据集选择

对每种类型的算法而言,视频或数据集是其要处理的数据源,因此在进行算法处理之前,必须先选择要处理的视频或数据集。首先,切换算法类型,人脸超分辨、行人重识别、行为分析三种类型的算法暂时不支持对视频进行处理,因此,选择的算法类型为其中之一时,平台主界面的视频操作区域会被隐藏。其次,算法类型切换时,数据集列表中的内容也会相应地切换。单击视频列表中的视频项即可选中该视频,同理,单击数据集列表中的某一项即可选中该数据集,但是视频和数据集不可以同时选择,只能选择一种。

5. 算法选择

在算法导入完成后,就可以在平台的算法列表中选择要使用的视觉算法,平台是对两种算法进行优劣对比分析,因此需要用户依次选择算法 1 和算法 2 以构成算法对,这也隐含着要求平台的算法列表至少包含两种算法。首先,切换算法类型;其次,在该类型算法的子界面中选中算法选择页,并在算法列表中依次选择要使用的算法 1 和算法 2。具体操作步骤可参考 9.4.1 节中的平台主界面的各算法类型子界面部分。

6. 算法处理

在视频或数据集、算法对均选择完毕后,单击平台主界面的开始处理按钮,即可开始算法的处理。如果选择的算法类型是行人重识别,那么还需选择待检索目标图像,然后才能进行算法的处理,具体操作步骤可参考 9.4.1 节中的平台主界面的各算法类型子界面部分。

7. 算法结果分析

在算法处理完成后,平台主界面会自动切换到各算法类型子界面的分析结果页,并加载算法 1 和算法 2 的输出图像及统计学指标,用户可查看算法结果比较表格中的统计学指标进行直观的比较,也可以比较算法对的输出图像结果,双击图像结果中的任一缩略图,即可弹出图像比较界面。具体操作步骤可参考 9.4.1 节中的平台主界面的各算法类型子界面和图像比较部分。

本书介绍的开放平台可通过扫描下方左侧二维码进行具体了解,也可通过扫描下方右侧二维码了解具体平台应用示例。

平台源码

应用示例

参 考 文 献

[1] MCCULLOCH W S, PITTS W. A logical calculus of the ideas immanent in nervous activity [J]. The bulletin of mathematical biophysics, 1943, 5(4): 115-133.

[2] ROSENBLATT, M. Remarks on some nonparametric estimates of a density function[J]. The Annals of Mathematical Statistics, 1956, 27(3): 832-837.

[3] ROSENBLATT F. The perceptron: a probabilistic model for information storage and organization in the brain[J]. Psychological review, 1958, 65(6): 386-408.

[4] RUMELHART D E, MCCLELLAND J L. The PDP Research Group. Parallel Distributed Processing: Explorations in the Microstructure of Cognition [M]. Cambridge: MIT Press, 1986.

[5] RUMELHART D E, HINTON G E, WILLIAMS R J. Learning representations by back-propagating errors[J]. nature, 1986, 323(6088): 533-536.

[6] LE C Y, JACKEL L D, BOSER B, et al. Handwritten digit recognition: Applications of neural network chips and automatic learning[J]. IEEE Communications Magazine, 1989, 27(11): 41-46.

[7] HINTON G E, OSINDERO S, TEH Y W. A fast learning algorithm for deep belief nets [J]. Neural computation, 2006, 18(7): 1527-1554.

[8] KRIZHEVSKY A, SUTSKEVER I, HINTON G E. Imagenet classification with deep convolutional neural networks[C]//Advances in neural information processing systems, 2012, 25: 1097-1105.

[9] SRIVASTAVA N, HINTON G, KRIZHEVSKY A, et al. Dropout: a simple way to prevent neural networks from overfitting[J]. The journal of machine learning research, 2014, 15(1): 1929-1958.

[10] IOFFE S, SZEGEDY C. Batch normalization: Accelerating deep network training by reducing internal covariate shift [C]//International conference on machine learning. PMLR, 2015: 448-456.

[11] DUCHI J, HAZAN E, Singer Y. Adaptive subgradient methods for online learning and stochastic optimization[J]. Journal of machine learning research, 2011, 12(7): 2121-2159.

[12] TIELEMAN T, HINTON G. Lecture 6. 5-rmsprop: Divide the gradient by a running average of its recent magnitude[R]. COURSERA: Neural networks for machine learning, 2012.

[13] ZEILER M D. Adadelta: An adaptive learning rate method[J]. Computer ence, 2012. DOI: 10.48550/arXiv.1212.5701.

[14] RUMELHART D E, HINTON G E, WILLIAMS R J. Learning representations by back-propagating errors[J]. nature, 1986, 323(6088): 533-536.

[15] NESTEROV Y. Gradient methods for minimizing composite functions[J]. Mathematical Programming, 2013, 140(1): 125-161.

[16] SUTSKEVER I,MARTENS J,DAHL G,et al. On the importance of initialization and momentum in deep learning[C]//International conference on machine learning. PMLR, 2013：1139-1147.

[17] KINGMA D,BA J. Adam：A method for stochastic optimization[J]. Computer Science, 2014. DOI：10. 48550/arXiv. 1412. 698.

[18] LECUN Y,BOTTOU L,BENGIO Y,et al. Gradient-based learning applied to document recognition[J]. Proceedings of the IEEE,1998,86(11)：2278-2324.

[19] SZEGEDY C,LIU W,JIA Y,et al. Going deeper with convolutions[C]//Proceedings of the IEEE conference on computer vision and pattern recognition. 2015：1-9.

[20] SZEGEDY C,VANHOUCKE V,IOFFE S,et al. Rethinking the inception architecture for computer vision[C]//LOS Alamitos：IEEE computer society press. 2016：2818-2826.

[21] SIMONYAN K,ZISSERMAN A. Very deep convolutional networks for large-scale image recognition[J]. arXiv preprint arXiv:1409. 1556,2014.

[22] HE K,ZHANG X,REN S,et al. Deep residual learning for image recognition[C]//Proceedings of the IEEE conference on computer vision and pattern recognition. 2016：770-778.

[23] HUANG G,LIU Z,VAN DER MAATEN L,et al. Densely connected convolutional networks[C]//Proceedings of the IEEE conference on computer vision and pattern recognition,2017：4700-4708.

[24] HOCHREITER S,SCHMIDHUBER J. Long short-term memory[J]. Neural computation, 1997,9(8)：1735-1780.

[25] GERS F A,SCHMIDHUBER J,CUMMINS F. Learning to forget：Continual prediction with LSTM[J]. Neural computation,2000,12(10)：2451-2471.

[26] GOODFELLOW I,POUGET-ABADIE J,MIRZA M,et al. Generative adversarial networks [J]. arXiv preprint arXiv：1406. 2661,2014.

[27] 邱锡鹏. 神经网络与深度学习[M]. 北京：机械工业出版社，2020.

[28] Sin_Geek. 常见深度学习框架比较. 2018. https://blog. csdn. net/sin_geek/article/details/ 82587435. [2021-06-22].

[29] DONG C,LOY C C,HE K,et al. Image super-resolution using deep convolutional networks[J]. IEEE Trans. Pattern Anal. Mach. Intell,2015,38 (2)：295-307.

[30] WANG X,YU K,WU S,et al. Esrgan：Enhanced super-resolution generative adversarial networks[C]//Proceedings of the European Conference on Computer Vision (ECCV) Workshops. 2018,1-10.

[31] WANG X,CHAN K C,Yu K,et al. Edvr：Video restoration with enhanced deformable convolutional networks[C]//Proceedings of the IEEE/CVF Conference on Computer Vision and Pattern Recognition Workshops. 2019,1-10.

[32] WANG Z,CHEN J,HOI S C. Deep learning for image super-resolution：A survey[J]. IEEE Trans. Pattern Anal. Mach. Intell. ,2020.

[33] ANWAR S,KHAN S,BARNES N. A deep journey into super-resolution：A survey[J]. ACM Computing Surveys (CSUR),2020,53 (3)：1-34.

[34] ZHANG K,ZUO W,ZHANG L. Learning a single convolutional super-resolution network for multiple degradations[C]//Proceedings of the IEEE Conference on Computer Vision

and Pattern Recognition. 2018,3262-3271.

[35] ZHANG Y,TIAN Y,KONG Y,et al. Residual dense network for image super-resolution [C]//Proceedings of the IEEE conference on computer vision and pattern recognition. 2018,2472-2481.

[36] ARBELAEZ P,MAIRE M,FOWLKES C,et al. Contour detection and hierarchical image segmentation[J]. IEEE transactions on pattern analysis and machine intelligence,2010, 33(5): 898-916.

[37] AGUSTSSON E,TIMOFTE R. Ntire 2017 challenge on single image super-resolution: Dataset and study[C]//Proceedings of the IEEE Conference on Computer Vision and Pattern Recognition Workshops. 2017,126-135.

[38] DONG C,LOY C C,TANG X. Accelerating the super-resolution convolutional neural network[C]//European conference on computer vision. 2016,391-407.

[39] TIMOFTE R,ROTHE R,VAN G L. Seven ways to improve example-based single image super resolution [C]//Proceedings of the IEEE Conference on Computer Vision and Pattern Recognition. 2016,1865-1873.

[40] FUJIMOTO A,OGAWA T,YAMAMOTO K,et al. Manga109 dataset and creation of metadata [C]//Proceedings of the 1st international workshop on comics analysis, processing and understanding[C],2016,1-5.

[41] WANG X,YU K,DONG C,et al. Recovering realistic texture in image super-resolution by deep spatial feature transform[C]//Proceedings of the IEEE conference on computer vision and pattern recognition. 2018,606-615.

[42] BLAU Y,MECHREZ R,TIMOFTE R,et al. The 2018 pirm challenge on perceptual image super-resolution[C]//Proceedings of the European Conference on Computer Vision (ECCV) Workshops. 2018,1-22.

[43] BEVILACQUA M,ROUMY A,GUILLEMOT C,et al. Low-complexity single-image super-resolution based on nonnegative neighbor embedding[J]. 2012.

[44] ZEYDE R,ELAD M,PROTTER M. On single image scale-up using sparse-representations [C]//International conference on curves and surfaces. 2010,711-730.

[45] YANG J,WRIGHT J,HUANG T S,et al. Image super-resolution via sparse representation[J]. IEEE Trans. Image Process. ,2010,19 (11): 2861-2873.

[46] HUANG J B,SINGH A,AHUJA N. Single image super-resolution from transformed self-exemplars[C]//Proceedings of the IEEE conference on computer vision and pattern recognition. 2015,5197-5206.

[47] EVERINGHAM M,ESLAMI S A,VAN G L,et al. The pascal visual object classes challenge: A retrospective[J]. International journal of computer vision,2015,111 (1): 98-136.

[48] LIU Z,LUO P,WANG X,et al. Deep learning face attributes in the wild [C]// Proceedings of the IEEE international conference on computer vision. 2015,3730-3738.

[49] YU F,SEFF A,ZHANG Y,et al. Lsun: Construction of a large-scale image dataset using deep learning with humans in the loop[J]. ArXiv preprint ArXiv:1506. 03365,2015.

[50] ZHANG X,CHEN Q,NG R,et al. Zoom to learn, learn to zoom[C]//Proceedings of the IEEE/CVF Conference on Computer Vision and Pattern Recognition. 2019,3762-3770.

[51]　CHEN C,XIONG Z,TIAN X,et al. Camera lens super-resolution[C]//Proceedings of the IEEE/CVF Conference on Computer Vision and Pattern Recognition. 2019,1652-1660.

[52]　CAI J,ZENG H,YONG H,et al. Toward real-world single image super-resolution:A new benchmark and a new model[C]//Proceedings of the IEEE/CVF International Conference on Computer Vision. 2019,3086-3095.

[53]　KÖHLER T,BÄTZ M,NADERI F,et al. Toward bridging the simulated-to-real gap: Benchmarking super-resolution on real data[J]. IEEE Trans. Pattern Anal. Mach. Intell. 2019,42 (11):2944-2959.

[54]　WANG Z,BOVIK A C,SHEIKH H R,et al. Image quality assessment:from error visibility to structural similarity[J]. IEEE Trans. Image Process. ,2004,13 (4):600-612.

[55]　WANG Z,BOVIK A C,LU L. Why is image quality assessment so difficult? [C]//2002 IEEE International Conference on Acoustics,Speech,and Signal Processing. 2002,IV-3313-IV-3316.

[56]　SHEIKH H R,SABIR M F,BOVIK A C. A statistical evaluation of recent full reference image quality assessment algorithms[J]. IEEE Trans. Image Process. ,2006,15 (11): 3440-3451.

[57]　WANG Z,LIU D,YANG J,et al. Deep networks for image super-resolution with sparse prior[C]//Proceedings of the IEEE international conference on computer vision. 2015, 370-378.

[58]　XU X,SUN D,PAN J,et al. Learning to super-resolve blurry face and text images[C]// Proceedings of the IEEE international conference on computer vision. 2017,251-260.

[59]　LAI W S,HUANG J B,AHUJA N,et al. Fast and accurate image super-resolution with deep laplacian pyramid networks[J]. IEEE Trans. Pattern Anal. Mach. Intell. ,2018, 41(11):2599-2613.

[60]　WANG Z,SIMONCELLI E P,BOVIK A C. Multiscale structural similarity for image quality assessment[C]//The Thrity-Seventh Asilomar Conference on Signals,Systems & Computers,2003. 2003,1398-1402.

[61]　SHEIKH H R,BOVIK A C,DE V G. An information fidelity criterion for image quality assessment using natural scene statistics[J]. IEEE Trans. Image Process. ,2005,14 (12): 2117-2128.

[62]　SHEIKH H R,BOVIK A C. Image information and visual quality[J]. IEEE Trans. Image Process. ,2006,15 (2):430-444.

[63]　ZHANG L,ZHANG L,MOU X,et al. FSIM:A feature similarity index for image quality assessment[J]. IEEE Trans. Image Process. ,2011,20 (8):2378-2386.

[64]　DONG C,LOY C C,HE K,et al. Learning a deep convolutional network for image super-resolution[C]//European conference on computer vision. 2014,184-199.

[65]　LAI W S,HUANG J B,AHUJA N,et al. Deep laplacian pyramid networks for fast and accurate super-resolution[C]//Proceedings of the IEEE conference on computer vision and pattern recognition. 2017,624-632.

[66]　HARIS M,SHAKHNAROVICH G,UKITA N. Deep back-projection networks for super-resolution[C]//Proceedings of the IEEE conference on computer vision and pattern recognition. 2018,1664-1673.

[67] TALAB M A,AWANG S,NAJIM S A M. Super-low resolution face recognition using integrated efficient sub-pixel convolutional neural network (ESPCN) and convolutional neural network (CNN)[C]//2019 IEEE international conference on automatic control and intelligent systems (I2CACIS). IEEE,2019：331-335.

[68] LIM B,SON S,KIM H,et al. Enhanced deep residual networks for single image super-resolution[C]//Proceedings of the IEEE conference on computer vision and pattern recognition workshops. 2017,136-144.

[69] JIAO J,TU W C,HE S,et al. Formresnet：Formatted residual learning for image restoration[C]//Proceedings of the IEEE Conference on Computer Vision and Pattern Recognition Workshops. 2017,38-46.

[70] ZHANG K,ZUO W,CHEN Y,et al. Beyond a gaussian denoiser：Residual learning of deep cnn for image denoising[J]. IEEE Trans. Image Process. ,2017,26 (7)：3142-3155.

[71] KIM J,LEE J K,LEE K M. Deeply-recursive convolutional network for image super-resolution[C]//Proceedings of the IEEE conference on computer vision and pattern recognition. 2016a,1637-1645.

[72] ZHANG Y,LI K,LI K,et al. Image super-resolution using very deep residual channel attention networks[C]//Proceedings of the European Conference on Computer Vision (ECCV). Munich,Germany,2018,286-301.

[73] ZHANG K,ZUO W,GU S,et al. Learning deep CNN denoiser prior for image restoration [C]//Proceedings of the IEEE conference on computer vision and pattern recognition. 2017,3929-3938.

[74] KIM J,LEE J K,LEE K M. Accurate image super-resolution using very deep convolutional networks[C]//Proceedings of the IEEE conference on computer vision and pattern recognition. 2016b,1646-1654.

[75] HU J,SHEN L,SUN G. Squeeze-and-excitation networks[C]//Proceedings of the IEEE conference on computer vision and pattern recognition. 2018,7132-7141.

[76] WOO S,PARK J,LEE J. Y,et al. Cbam：Convolutional block attention module [C]// Proceedings of the European conference on computer vision (ECCV). 2018,3-19.

[77] LIANG J,CAO J,SUN G,et al. Swinir：Image restoration using swin transformer[C]// Proceedings of the IEEE/CVF International Conference on Computer Vision. 2021, 1833-1844.

[78] HUI Z,WANG X,GAO X. Fast and accurate single image super-resolution via information distillation network[C]//Proceedings of the IEEE conference on computer vision and pattern recognition. 2018,723-731.

[79] AHN N,KANG B,SOHN K A. Fast,accurate,and lightweight super-resolution with cascading residual network[C]//Proceedings of the European Conference on Computer Vision (ECCV). 2018,252-268.

[80] JOHNSON J,ALAHI A,LIFF. Perceptual losses for real-time style transfer and super-resolution[C]//European conference on computer vision. 2016,694-711.

[81] GATYS L A,ECKER A S,BETHGE M. Image style transfer using convolutional neural networks[C]//Proceedings of the IEEE conference on computer vision and pattern recognition. 2016,2414-2423.

[82] GOODFELLOW I J,POUGET-ABADIE J,MIRZA M,et al. Generative adversarial networks [J]. Communications of the ACM,2020,63(11): 139-144.

[83] LEDIG C,THEIS L,HUSZÁR F,et al. Photo-realistic single image super-resolution using a generative adversarial network[C]//Proceedings of the IEEE conference on computer vision and pattern recognition. Honolulu,HI,USA,2017,4681-4690.

[84] MAO X,LI Q,XIE H,et al. Least squares generative adversarial networks [C]// Proceedings of the IEEE international conference on computer vision. 2017,2794-2802.

[85] BULAT A,YANG J,TZIMIROPOULOS G. To learn image super-resolution,use a gan to learn how to do image degradation first[C]//Proceedings of the European conference on computer vision (ECCV). 2018,185-200.

[86] ZHU JY,PARK T,ISOLA P,et al. Unpaired image-to-image translation using cycle-consistent adversarial networks[C]//Proceedings of the IEEE international conference on computer vision. 2017,2223-2232.

[87] GU J,LU H,ZUO W,et al. Blind super-resolution with iterative kernel correction[C]// Proceedings of the IEEE/CVF Conference on Computer Vision and Pattern Recognition. 2019,1604-1613.

[88] SHOCHER A,COHEN N,IRANI M. "zero-shot" super-resolution using deep internal learning[C]//Proceedings of the IEEE Conference on Computer Vision and Pattern Recognition. 2018,3118-3126.

[89] LUGMAYR A,DANELLJAN M,TIMOFTE R. Unsupervised learning for real-world super-resolution[C]//2019 IEEE/CVF International Conference on Computer Vision Workshop (ICCVW). 2019,3408-3416.

[90] IGNATOV A,KOBYSHEV N,TIMOFTE R,et al. Dslr-quality photos on mobile devices with deep convolutional networks[C]//Proceedings of the IEEE International Conference on Computer Vision. 2017,3277-3285.

[91] HE L,ZHU H,LI F,et al. Towards fast and accurate real-world depth super-resolution: Benchmark dataset and baseline[C]//Proceedings of the IEEE/CVF Conference on Computer Vision and Pattern Recognition. 2021,9229-9238.

[92] CAO Q,LIN L,SHI Y,et al. Attention-aware face hallucination via deep reinforcement learning[C]//Proceedings of the IEEE Conference on Computer Vision and Pattern Recognition. 2017,690-698.

[93] LEE C H,ZHANG K,LEE H C,et al. Attribute augmented convolutional neural network for face hallucination[C]//Proceedings of the IEEE conference on computer vision and pattern recognition workshops. 2018,721-729.

[94] CHEN Y,TAI Y,LIU X,et al. Fsrnet: End-to-end learning face super-resolution with facial priors[C]//Proceedings of the IEEE Conference on Computer Vision and Pattern Recognition. 2018,2492-2501.

[95] HUANG Y,SHAO L,FRANGI A F. Simultaneous super-resolution and cross-modality synthesis of 3D medical images using weakly-supervised joint convolutional sparse coding [C]//Proceedings of the IEEE conference on computer vision and pattern recognition. 2017,6070-6079.

[96] CABALLERO J,LEDIG C,AITKEN A,et al. Real-time video super-resolution with spatio-

temporal networks and motion compensation[C]//Proceedings of the IEEE Conference on Computer Vision and Pattern Recognition. 2017,4778-4787.

[97]　SAJJADI M S,VEMULAPALLI R,BROWN M. Frame-recurrent video super-resolution [C]//Proceedings of the IEEE Conference on Computer Vision and Pattern Recognition. 2018,6626-6634.

[98]　KIM T H,SAJJADI M S,HIRSCH M,et al. Spatio-temporal transformer network for video restoration[C]//Proceedings of the European Conference on Computer Vision (ECCV). 2018,106-122.

[99]　JO Y,OH S W,KANG J,et al. Deep video super-resolution network using dynamic upsampling filters without explicit motion compensation[C]//Proceedings of the IEEE conference on computer vision and pattern recognition. 2018,3224-3232.

[100]　TIAN Y,ZHANG Y,FU Y,et al. Tdan: Temporally-deformable alignment network for video super-resolution[C]//Proceedings of the IEEE/CVF Conference on Computer Vision and Pattern Recognition. 2020,3360-3369.

[101]　VICENTE S,CARREIRA J,AGAPITO L,et al. Reconstructing PASCAL VOC[C]// 2014 IEEE Conference on Computer Vision and Pattern Recognition (CVPR). IEEE,2014.

[102]　JIA D,WEI D,SOCHER R,et al. ImageNet: A large-scale hierarchical image database [C]//2009:248-255.

[103]　LIN T Y,MAIRE M,BELONGIE S,et al. Microsoft COCO: Common Objects in Context[C]//European Conference on Computer Vision. Springer International Publishing,2014.

[104]　VIOLA P A,JONES M J. Rapid Object Detection using a Boosted Cascade of Simple Features[C]//Computer Vision and Pattern Recognition,2001. CVPR 2001. Proceedings of the 2001 IEEE Computer Society Conference on. IEEE,2001.

[105]　DALAL N,TRIGGS B. Histograms of Oriented Gradients for Human Detection[C]// IEEE Computer Society Conference on Computer Vision & Pattern Recognition. IEEE,2005.

[106]　FELZENSZWALB P F,MCALLESTER D A,RAMANAN D. A discriminatively trained, multiscale,deformable part model[C]//2008 IEEE Conference on Computer Vision and Pattern Recognition. IEEE,2008.

[107]　FELZENSZWALB P F,GIRSHICK R B,MCALLESTER D A. Cascade object detection with deformable part models[C]//2010 IEEE Computer Society Conference on Computer Vision and Pattern Recognition. IEEE,2010.

[108]　GIRSHICK R,DONAHUE J,DARRELL T,et al. Rich Feature Hierarchies for Accurate Object Detection and Semantic Segmentation[J]. IEEE Computer Society,2013.

[109]　HE K,ZHANG X,REN S,et al. Spatial Pyramid Pooling in Deep Convolutional Networks for Visual Recognition[C]//IEEE Transactions on Pattern Analysis & Machine Intelligence. 2014: 1904-16.

[110]　FELZENSZWALB P F,GIRSHICK R B,MCALLESTER D,et al. Object Detection with Discriminatively Trained Part-Based Models. [J]. Computer,2014.

[111]　SHRIVASTAVA A,GUPTA A,GIRSHICK R. Training Region-based Object Detectors

with Online Hard Example Mining［C］//IEEE Computer Society. IEEE Computer Society,2016:761-769.

[112] LIN T Y,GOYAL P,GIRSHICK R,et al. Focal Loss for Dense Object Detection［C］// 2017 IEEE International Conference on Computer Vision (ICCV). IEEE,2017: 2999-3007.

[113] REDMON J,DIVVALA S,GIRSHICK R,et al. You Only Look Once: Unified, Real-Time Object Detection［J］. IEEE,2016.

[114] SZEGEDY C,WEI L,JIA Y,et al. Going deeper with convolutions［C］//2015 IEEE Conference on Computer Vision and Pattern Recognition (CVPR). IEEE,2015.

[115] REDMON J,FARHADI A . YOLO9000: Better,Faster,Stronger［C］//IEEE Conference on Computer Vision & Pattern Recognition. IEEE,2017:6517-6525.

[116] REDMON J,FARHADI A . YOLOv3: An Incremental Improvement［J］. arXiv eprints, 2018.

[117] 江大白. 深入浅出 Yolo 系列之 Yolov3 & Yolov4 & Yolov5 & Yolo$x$ 核心基础知识完整讲解［R/OL］.(2022-04-01)[2022-8-5]. https://zhuanlan. zhihu. com/p/143747206.

[118] BOCHKOVSKIY A,WANG C Y,LIAO H Y M. YOLOv4: Optimal Speed and Accuracy of Object Detection［J］. arXiv preprint. arXiv 2004. 10934,2020.

[119] LI C,LI L,JIANG H,et al. YOLOv6: A Single-Stage Object Detection Framework for Industrial Applications［J］. arXiv preprint arXiv:2209. 02976,2022.

[120] WANG C,BOCHKOVSKIY A,LIAO H. YOLOv7: Trainable bag-of-freebies sets new state-of-the-art for real-time object detectors［J］. arXiv preprint arXiv: 2209. 02696,2022.

[121] LIU W,ANGUELOV D,ERHAN D,et al. SSD: Single Shot MultiBox Detector［C］// European Conference on Computer Vision. Springer,Cham,2016.

[122] LAW H,DENG J . CornerNet: Detecting Objects as Paired Keypoints［J］. International Journal of Computer Vision,2020,128(3):642-656.

[123] DUAN K,BAI S,XIE L,et al. CenterNet: Keypoint Triplets for Object Detection［C］// International Conference on Computer Vision. 2019.

[124] TIAN Z,SHEN C, Chen H,et al. FCOS: Fully Convolutional One-Stage Object Detection［J］. Proceedings of the IEEE/CVF International Conference on Computer Vision,2019: 9627-9636.

[125] ZHOU X, WANG D, KRÄHENBÜHL P. Objects as Points［J］. arXiv e-prints, 2019 arXiv: 1904,07850.

[126] NEWELL A,YANG K,JIA D . Stacked Hourglass Networks for Human Pose Estimation［C］//European Conference on Computer Vision. Springer International Publishing,2016.

[127] KHODABANDEH M,VAHDAT A,RANJBAR M,et al. A Robust Learning Approach to Domain Adaptive Object Detection［J］. 2019.

[128] CAI Q,PAN Y,NGO C W,et al. Exploring Object Relation in Mean Teacher for Cross-Domain Detection［J］. 2019 IEEE/CVF Conference on Computer Vision and Pattern Recognition (CVPR),2019.

[129] CAO Y,D GUAN, HUANG W,et al. Pedestrian Detection with Unsupervised Multispectral

Feature Learning Using Deep Neural Networks [J]. Information Fusion, 2018, 46: S1566253517305948-.

[130] CHEN Y, LI W, SAKARIDIS C, et al. Domain Adaptive Faster R-CNN for Object Detection in the Wild[C]//2018 IEEE/CVF Conference on Computer Vision and Pattern Recognition. IEEE, 2018.

[131] ZHU X, PANG J, YANG C, et al. Adapting Object Detectors via Selective Cross-Domain Alignment [C]//2019 IEEE/CVF Conference on Computer Vision and Pattern Recognition (CVPR). IEEE, 2019.

[132] WANG T, ZHANG X, YUAN L, et al. Few-shot Adaptive Faster R-CNN [C]//2019 IEEE/CVF Conference on Computer Vision and Pattern Recognition (CVPR). IEEE, 2019.

[133] ARRUDA V F, TM PAIXÃO, BERRIEL R F, et al. Cross-Domain Car Detection Using Unsupervised Image-to-Image Translation: From Day to Night[C]//2019 International Joint Conference on Neural Networks (IJCNN). IEEE, 2019.

[134] LIN C T. Cross Domain Adaptation for on-Road Object Detection Using Multimodal Structure-Consistent Image-to-Image Translation [C]//2019 IEEE International Conference on Image Processing (ICIP). IEEE, 2019.

[135] SHAN Y, LU W F, CHEW C M. Pixel and feature level based domain adaptation for object detection in autonomous driving[J]. Neurocomputing, 2019, 367.

[136] XU M, WANG H, NI B, et al. Cross-Domain Detection via Graph-Induced Prototype Alignment[J]. IEEE, 2020.

[137] KARLINSKY L, SHTOK J, HARARY S, et al. RepMet: Representative-Based Metric Learning for Classification and Few-Shot Object Detection [C]//2019 IEEE/CVF Conference on Computer Vision and Pattern Recognition (CVPR). IEEE, 2019.

[138] CHEN H, WANG Y, WANG G, et al. LSTD: A Low-Shot Transfer Detector for Object Detection[J]. 2018.

[139] KANG B, LIU Z, WANG X, et al. Few-Shot Object Detection via Feature Reweighting [C]//2019 IEEE/CVF International Conference on Computer Vision (ICCV). IEEE, 2020.

[140] ZHANG Y, WANG C, WANG X, et al. Fairmot: On the fairness of detection and re-identification in multiple object tracking[J]. International Journal of Computer Vision. 2021, 129: 3069-3087.

[141] FU K, ZHANG T, ZHANG Y, et al. Meta-SSD: Towards Fast Adaptation for Few-Shot Object Detection with Meta-Learning[J]. IEEE Access, 2019, PP(99): 1-1.

[142] FAN Q, ZHUO W, TANG C K, et al. Few-Shot Object Detection with Attention-RPN and Multi-Relation Detector[J]. 2019.

[143] LAMPERT C H, NICKISCH H, HARMELING S. Learning to detect unseen object classes by between-class attribute transfer[C]//2009 IEEE Conference on Computer Vision and Pattern Recognition. IEEE, 2009: 951-958.

[144] ZHANG L, XIANG T, GONG S. Learning a deep embedding model for zero-shot learning[C]//Proceedings of the IEEE Conference on Computer Vision and Pattern Recognition. 2017: 2021-2030.

[145] SCHEIRER W J,DE REZENDE ROCHA A,Sapkota A,et al. Toward open set recognition [J]. IEEE transactions on pattern analysis and machine intelligence,2012,35(7): 1757-1772.

[146] XIAN Y,LAMPERT C H,SCHIELE B,et al. Zero-shot learning—A comprehensive evaluation of the good,the bad and the ugly[J]. IEEE transactions on pattern analysis and machine intelligence,2018,41(9): 2251-2265.

[147] RAHMAN S,KHAN S,BARNES N. Polarity lossfor zero-shot object detection [J]. arXiv preprint arXiv:1811.08982,2018.

[148] RAHMAN S,KHAN S,BARNES N. Transductive Learning for Zero-Shot Object Detection[C]//Proceedings of the IEEE International Conference on Computer Vision. 2019: 6082-6091.

[149] RANJAN R,PATEL V M,CHELLAPPA R. Hyperface: A deep multitask learning framework for face detection, landmark localization, pose estimation, and gender recognition//IEEE Transactions on Pattern Analysis and Machine Intelligence,vol. 41, pp. 121-135,Jan 2019.

[150] HE R,WU X,SUN Z,et al. Wasserstein cnn: Learning invariant features for nirvis face recognition//IEEE Transactions on Pattern Analysis and Machine Intelligence,vol. 41, pp. 1761-1773,July 2019.

[151] DENG J,GUO J,XUE N,et al. Arcface: Additive angular margin loss for deep face recognition//arXiv preprint arXiv:1801.07698,2018.

[152] GUO Y,JIAO L,WANG S,et al. Fuzzy sparse autoencoder framework for single image per person face recognition//IEEE transactions on cybernetics,vol. 48,no. 8,pp. 2402-2415,2017.

[153] BARZ B,RODNER E,GUANCHE GARCIA Y,et al. Detecting Regions of Maximal Divergence for Spatio-Temporal Anomaly Detection[J]. IEEE Transactions on Pattern Analysis and Machine Intelligence,2018:1-1.

[154] GONG C,ZHOU P,HAN J . Learning Rotation-Invariant Convolutional Neural Networks for Object Detection in VHR Optical Remote Sensing Images[J]. IEEE Transactions on Geoscience and Remote Sensing,2016,54(12):7405-7415.

[155] LI Q,MOU L,LIU Q,et al. HSF-Net: Multiscale Deep Feature Embedding for Ship Detection in Optical Remote Sensing Imagery[J]. IEEE Transactions on Geoscience and Remote Sensing. 2018,56(12):7147-7161.

[156] SHAHZAD M,MAURER M,F FRAUNDORFER,et al. Buildings Detection in VHR SAR Images Using Fully Convolution Neural Networks[J]. IEEE Transactions on Geoscience and Remote Sensing,2018.

[157] LI Z,DONG M,WEN S,et al. CLU-CNNs: Object detection for medical images[J]. Neurocomputing,2019,350(JUL. 20):53-59.

[158] LIU Q,FANG L,YU G,et al. Detection of DNA base modifications by deep recurrent neural network on Oxford Nanopore sequencing data[J]. Nature Communications,2019, 10(1):2449.

[159] LU W,ZHOU Y,WAN G,et al. L3-Net: Towards Learning Based LiDAR Localization for Autonomous Driving[C]//2019 IEEE/CVF Conference on Computer Vision and Pattern Recognition (CVPR). IEEE,2020.

[160] SONG X,WANG P,ZHOU D,et al. ApolloCar3D: A Large 3D Car Instance Understanding

Benchmark for Autonomous Driving[C]//2019 IEEE/CVF Conference on Computer Vision and Pattern Recognition (CVPR). IEEE,2018.

[161] MARVASTI-ZADEH S M,CHENG L,GHANEI-YAKHDAN H,et al. Deep learning for visual tracking：A comprehensive survey[J]. IEEE Transactions on Intelligent Transportation Systems,2021.

[162] WU Y,LIM J,YANG M H. Online object tracking：A benchmark[C]//Proceedings of the IEEE conference on computer vision and pattern recognition. 2013：2411-2418.

[163] BERNARDIN K,STIEFELHAGEN R. Evaluating multiple object tracking performance：the clear mot metrics[J]. EURASIP Journal on Image and Video Processing,2008,2008：1-10.

[164] CIAPARRONE G,SÁNCHEZ F L,TABIK S,et al. Deep learning in video multi-object tracking：A survey[J]. Neurocomputing,2020,381：61-88.

[165] LEAL-TAIXé L,MILAN A,RE-ID I,et al. Motchallenge 2015：Towards a benchmark for multi-target tracking[J]. arXiv preprint arXiv:1504.01942,2015.

[166] DOLLÁR P,APPEL R,BELONGIE S,et al. Fast feature pyramids for object detection [J]. IEEE transactions on pattern analysis and machine intelligence, 2014, 36 (8)：1532-1545.

[167] MILAN A,LEAL-TAIXÉ L,RE-ID I,et al. MOT16：A benchmark for multi-object tracking[J]. arXiv preprint arXiv:1603.00831,2016.

[168] FELZENSZWALB P F,GIRSHICK R B,MCALLESTER D,et al. Object detection with discriminatively trained part-based models[J]. IEEE transactions on pattern analysis and machine intelligence,2010,32(9)：1627-1645.

[169] GIRSHICK R B,FELZENSZWALB P F,MCALLESTER D. Discriminatively trained deformable part models,release 5[J]. 2012.

[170] REN S,HE K,GIRSHICK R,et al. Faster r-cnn：Towards real-time object detection with region proposal networks[J]. Advances in neural information processing systems,2015,28.

[171] YANG F,CHOI W,LIN Y. Exploit all the layers：Fast and accurate cnn object detector with scale dependent pooling and cascaded rejection classifiers[C]//Proceedings of the IEEE conference on computer vision and pattern recognition. 2016：2129-2137.

[172] DENDORFER P,REZATOFIGHI H,MILAN A,et al. CVPR19 tracking and detection challenge：How crowded can it get? [J]. arXiv preprint arXiv:1906.04567,2019.

[173] GEIGER A,LENZ P,URTASUN R. Are we ready for autonomous driving? the kitti vision benchmark suite[C]//2012 IEEE conference on computer vision and pattern recognition. IEEE,2012：3354-3361.

[174] GEIGER A,LENZ P,STILLER C,et al. Vision meets robotics：The kitti dataset[J]. The International Journal of Robotics Research,2013,32(11)：1231-1237.

[175] WEN L,DU D,CAI Z,et al. UA-DETRAC：A new benchmark and protocol for multi-object detection and tracking[J]. Computer Vision and Image Understanding, 2020, 193：102907.

[176] ANDRILUKA M,ROTH S,SCHIELE B. Monocular 3D pose estimation and tracking by detection[C]//2010 IEEE Computer Society Conference on Computer Vision and Pattern Recognition. Ieee,2010：623-630.

[177] FERRYMAN J,SHAHROKNI A. Pets2009：Dataset and challenge[C]//2009 Twelfth IEEE international workshop on performance evaluation of tracking and surveillance. IEEE,2009：1-6.

[178] 申远.基于小轨迹关联的多人跟踪方法研究[D].北京:北京交通大学,2014.

[179] FUKUNAGA K,HOSTETLER L. The estimation of the gradient of a density function, with applications in pattern recognition[J]. IEEE Transactions on information theory, 1975,21(1)：32-40.

[180] CHENG Y. Mean shift,mode seeking,and clustering[J]. IEEE transactions on pattern analysis and machine intelligence,1995,17(8)：790-799.

[181] PARZEN E. On estimation of a probability density function and mode[J]. The annals of mathematical statistics,1962,33(3)：1065-1076.

[182] COMANICIU D,RAMESH V,MEER P. The variable bandwidth mean shift and data-driven scale selection [C]//Proceedings Eighth IEEE International Conference on Computer Vision. ICCV 2001. IEEE,2001,1：438-445.

[183] 文志强,蔡自兴. Mean Shift 算法的收敛性分析[J].软件学报,2007,18(2)：8.

[184] HENRIQUES J F,CASEIRO R,MARTINS P,et al. Exploiting the circulant structure of tracking-by-detection with kernels[C]//European conference on computer vision. Springer,Berlin,Heidelberg,2012：702-715.

[185] HENRIQUES J F,CASEIRO R,MARTINS P,et al. High-speed tracking with kernelized correlation filters[J]. IEEE transactions on pattern analysis and machine intelligence,2014,37(3)：583-596.

[186] RIFKIN R,YEO G,POGGIO T. Regularized least-squares classification[J]. Nato Science Series Sub Series III Computer and Systems Sciences,2003,190：131-154.

[187] KIM C,LI F,CIPTADI A,et al. Multiple hypothesis tracking revisited[C]//Proceedings of the IEEE international conference on computer vision. 2015：4696-4704.

[188] YU F,LI W,LI Q,et al. Poi：Multiple object tracking with high performance detection and appearance feature[C]//European Conference on Computer Vision. Springer,Cham, 2016：36-42.

[189] WOJKE N,BEWLEY A,PAULUS D. Simple online and realtime tracking with a deep association metric[C]//2017 IEEE international conference on image processing (ICIP). IEEE,2017：3645-3649.

[190] BEWLEY A,GE Z,OTT L,et al. Simple online and realtime tracking[C]//2016 IEEE international conference on image processing (ICIP). IEEE,2016：3464-3468.

[191] ZAGORUYKO S,KOMODAKIS N. Wide residual networks[J]. arXiv preprint arXiv：1605.07146,2016.

[192] WANG Z,ZHENG L,LIU Y,et al. Towards real-time multi-object tracking [C]//European Conference on Computer Vision. Springer,Cham,2020：107-122.

[193] KENDALL A,GAL Y,CIPOLLA R. Multi-task learning using uncertainty to weigh losses for scene geometry and semantics[C]//Proceedings of the IEEE conference on computer vision and pattern recognition. 2018：7482-7491.

[194] LIANG C,ZHANG Z,ZHOU X,et al. Rethinking the competition between detection and Re-ID in multiobject tracking[J]. IEEE Transactions on Image Processing, 2022,31：

3182-3196.

[195] Ultralytics. Yolov5[EB/OL]. [2020. 10. 10]. https://github. com/ultralytics/yolov5.

[196] BERGMANN P,MEINHARDT T,LEAL-TAIXE L. Tracking without bells and whistles[C]//Proceedings of the IEEE/CVF International Conference on Computer Vision. 2019: 941-951.

[197] ZHOU X,KOLTUN V,KRÄHENBÜHL P. Tracking objects as points[C]//European Conference on Computer Vision. Springer,Cham,2020: 474-490.

[198] ZHANG Y,SUN P,JIANG Y,et al. Bytetrack: Multi-object tracking by associating every detection box[J]. arXiv preprint arXiv:2110. 06864,2021.

[199] GE Z,LIU S,WANG F,et al. Yolox: Exceeding yolo series in 2021[J]. arXiv preprint arXiv:2107. 08430,2021.

[200] TOKMAKOV P,LI J,BURGARD W,et al. Learning to track with object permanence [C]//Proceedings of the IEEE/CVF International Conference on Computer Vision. 2021: 10860-10869.

[201] SHI X,CHEN Z,WANG H,et al. Convolutional LSTM network: A machine learning approach for precipitation nowcasting[J]. Advances in neural information processing systems,2015,28.

[202] WU L,SHEN C,HENGEL A. Personnet: Person re-identification with deep convolutional neural networks[J]. arXiv preprint arXiv:1601. 07255,2016.

[203] QIAN X,FU Y,JIANG Y G,et al. Multi-scale deep learning architectures for person re-identification[C]//Proceedings of the IEEE International Conference on Computer Vision. 2017: 5399-5408.

[204] SUN Y,ZHENG L,YANG Y,et al. Beyond part models: Person retrieval with refined part pooling (and a strong convolutional baseline)[C]//Proceedings of the European conference on computer vision (ECCV). 2018: 480-496.

[205] VARIOR R R,SHUAI B,LU J,et al. A siamese long short-term memory architecture for human re-identification[C]//European conference on computer vision. Springer, Cham,2016: 135-153.

[206] CHENG D,GONG Y,ZHOU S,et al. Person re-identification by multi-channel parts-based cnn with improved triplet loss function[C]//Proceedings of the iEEE conference on computer vision and pattern recognition. 2016: 1335-1344.

[207] ZHAO H,TIAN M,SUN S,et al. Spindle net: Person re-identification with human body region guided feature decomposition and fusion[C]//Proceedings of the IEEE conference on computer vision and pattern recognition. 2017: 1077-1085.

[208] SU C,LI J,ZHANG S,et al. Pose-driven deep convolutional model for person re-identification[C]//Proceedings of the IEEE international conference on computer vision. 2017: 3960-3969.

[209] WEI L,ZHANG S,YAO H,et al. Glad: Global-local-alignment descriptor for pedestrian retrieval[C]//Proceedings of the 25th ACM international conference on Multimedia. 2017: 420-428.

[210] XU J,ZHAO R,ZHU F,et al. Attention-aware compositional network for person re-identification[C]//Proceedings of the IEEE conference on computer vision and pattern

recognition. 2018：2119-2128.

[211] ZHANG Z,LAN C,ZENG W,et al. Densely semantically aligned person re-identification ［C］//Proceedings of the IEEE/CVF Conference on Computer Vision and Pattern Recognition. 2019：667-676.

[212] GUO J,YUAN Y,HUANG L,et al. Beyond human parts：Dual part-aligned representations for person re-identification［C］//Proceedings of the IEEE/CVF International Conference on Computer Vision. 2019：3642-3651.

[213] ZHANG X,LUO H,FAN X,et al. AlignedRe-ID：Surpassing human-level performance in person re-identification[J]. arXiv preprint arXiv:1711. 08184,2017.

[214] ZHAO L,LI X,ZHUANG Y,et al. Deeply-learned part-aligned representations for person re-identification ［C］//Proceedings of the IEEE international conference on computer vision. 2017：3219-3228.

[215] GENG M,WANG Y,XIANG T,et al. Deep transfer learning for person re-identification [J]. arXiv preprint arXiv:1611. 05244,2016.

[216] ZHENG L,YANG Y,HAUPTMANN A G. Person re-identification：Past,present and future[J]. arXiv preprint arXiv:1610. 02984,2016.

[217] CHEN T,DING S,XIE J,et al. Abd-net：Attentive but diverse person re-identification ［C］//Proceedings of the IEEE/CVF International Conference on Computer Vision. 2019：8351-8361.

[218] YANG W,HUANG H,ZHANG Z,et al. Towards rich feature discovery with class activation maps augmentation for person re-identification［C］//Proceedings of the IEEE/CVF Conference on Computer Vision and Pattern Recognition. 2019：1389-1398.

[219] LI W,ZHU X,GONG S. Harmonious attention network for person re-identification ［C］//Proceedings of the IEEE conference on computer vision and pattern recognition. 2018：2285-2294.

[220] HUANG Y,PENG P,JIN Y,et al. Domain adaptive attention model for unsupervised cross-domain person re-identification[J]. arXiv preprint arXiv:1905. 10529,2019.

[221] CHEN G,LIN C,REN L,et al. Self-critical attention learning for person re-identification ［C］//Proceedings of the IEEE/CVF International Conference on Computer Vision. 2019：9637-9646.

[222] SI J,ZHANG H,LI C G,et al. Dual attention matching network for context-aware feature sequence based person re-identification[C]//Proceedings of the IEEE conference on computer vision and pattern recognition. 2018：5363-5372.

[223] LIN Y,ZHENG L,ZHENG Z,et al. Improving person re-identification by attribute and identity learning[J]. Pattern Recognition,2019,95：151-161.

[224] SU C,ZHANG S,XING J,et al. Deep attributes driven multi-camera person re-identification［C］//European conference on computer vision. Springer,Cham,2016：475-491.

[225] TAY C P,ROY S,YAP K H. Aanet：Attribute attention network for person re-identifications［C］//Proceedings of the IEEE/CVF Conference on Computer Vision and Pattern Recognition. 2019：7134-7143.

[226] CHEN D,LI H,LIU X,et al. Improving deep visual representation for person re-

identification by global and local image-language association[C]//Proceedings of the European conference on computer vision (ECCV). 2018：54-70.

[227] SONG C,HUANG Y,OUYANG W,et al. Mask-guided contrastive attention model for person re-identification[C]//Proceedings of the IEEE conference on computer vision and pattern recognition. 2018：1179-1188.

[228] LI D,CHEN X,ZHANG Z,et al. Learning deep context-aware features over body and latent parts for person re-identification[C]//Proceedings of the IEEE conference on computer vision and pattern recognition. 2017：384-393.

[229] HUANG H,YANG W,CHEN X,et al. Eanet：Enhancing alignment for cross-domain person re-identification[J]. arXiv preprint arXiv:1812.11369,2018.

[230] GANIN Y,USTINOVA E,AJAKAN H,et al. Domain-adversarial training of neural networks[J]. The journal of machine learning research,2016,17(1)：2096-2030.

[231] ZHU Y G F,CHEN D,LI R Z H. Self-paced Contrastive Learning with Hybrid Memory for Domain Adaptive Object Re-ID[J]. arXiv preprint arXiv:2006.02713,2020.

[232] YU H X,ZHENG W S,WU A,et al. Unsupervised person re-identification by soft multilabel learning[C]//Proceedings of the IEEE/CVF Conference on Computer Vision and Pattern Recognition. 2019：2148-2157.

[233] ZHONG Z,ZHENG L,LUO Z,et al. Invariance matters：Exemplar memory for domain adaptive person re-identification[C]//Proceedings of the IEEE/CVF Conference on Computer Vision and Pattern Recognition. 2019：598-607.

[234] SONG J,YANG Y,SONG Y Z,et al. Generalizable person re-identification by domain-invariant mapping network[C]//Proceedings of the IEEE/CVF Conference on Computer Vision and Pattern Recognition. 2019：719-728.

[235] QI L,WANG L,HUO J,et al. A novel unsupervised camera-aware domain adaptation framework for person re-identification[C]//Proceedings of the IEEE/CVF International Conference on Computer Vision. 2019：8080-8089.

[236] ZHANG X,CAO J,SHEN C,et al. Self-training with progressive augmentation for unsupervised cross-domain person re-identification[C]//Proceedings of the IEEE/CVF International Conference on Computer Vision. 2019：8222-8231.

[237] LV J,CHEN W,LI Q,et al. Unsupervised cross-dataset person re-identification by transfer learning of spatial-temporal patterns[C]//Proceedings of the IEEE Conference on Computer Vision and Pattern Recognition. 2018：7948-7956.

[238] ELYOR K,TAO X,ZHENYONG F,et al. Person re-identification by unsupervised l1 graph learning[C]//Proceedings of the 14th European Conference on Computer Vision (ECCV),Amsterdam,The Netherlands. 2016：8-16.

[239] YU H X,WU A,ZHENG W S. Cross-view asymmetric metric learning for unsupervised person re-identification[C]//Proceedings of the IEEE international conference on computer vision. 2017：994-1002.

[240] LIU Z,WANG D,LU H. Stepwise metric promotion for unsupervised video person re-identification[C]//Proceedings of the IEEE international conference on computer vision. 2017：2429-2438.

[241] ZHAO R,OUYANG W,WANG X. Unsupervised salience learning for person re-

identification[C]//Proceedings of the IEEE conference on computer vision and pattern recognition. 2013：3586-3593.

[242] YE M,MA A J,ZHENG L,et al. Dynamic label graph matching for unsupervised video re-identification[C]//Proceedings of the IEEE international conference on computer vision. 2017：5142-5150.

[243] FAN H,ZHENG L,YAN C,et al. Unsupervised person re-identification：Clustering and fine-tuning[J]. ACM Transactions on Multimedia Computing，Communications，and Applications (TOMM),2018,14(4)：1-18.

[244] DAI Z,WANG G,YUAN W,et al. Cluster Contrast for Unsupervised Person Re-Identification[J]. arXiv preprint arXiv:2103. 11568,2021.

[245] YE M,LAN X,YUEN P C. Robust anchor embedding for unsupervised video person re-identification in the wild[C]//Proceedings of the European Conference on Computer Vision (ECCV). 2018：170-186.

[246] LI M,ZHU X,GONG S. Unsupervised person re-identification by deep learning tracklet association[C]//Proceedings of the European conference on computer vision (ECCV). 2018：737-753.

[247] WU A,ZHENG W S,LAI J H. Unsupervised person re-identification by camera-aware similarity consistency learning[C]//Proceedings of the IEEE/CVF International Conference on Computer Vision. 2019：6922-6931.

[248] WANG J,ZHU X,GONG S,et al. Transferable joint attribute-identity deep learning for unsupervised person re-identification[C]//Proceedings of the IEEE conference on computer vision and pattern recognition. 2018：2275-2284.

[249] YANG Q,YU H X,WU A,et al. Patch-based discriminative feature learning for unsupervised person re-identification[C]//Proceedings of the IEEE/CVF Conference on Computer Vision and Pattern Recognition. 2019：3633-3642.

[250] FU Y,WEI Y,WANG G,et al. Self-similarity grouping：A simple unsupervised cross domain adaptation approach for person re-identification[C]//Proceedings of the IEEE/CVF International Conference on Computer Vision. 2019：6112-6121.

[251] DENG W,ZHENG L,YE Q,et al. Image-image domain adaptation with preserved self-similarity and domain-dissimilarity for person re-identification[C]//Proceedings of the IEEE conference on computer vision and pattern recognition. 2018：994-1003.

[252] WEI L,ZHANG S,GAO W,et al. Person transfer gan to bridge domain gap for person re-identification[C]//Proceedings of the IEEE conference on computer vision and pattern recognition. 2018：79-88.

[253] ZHONG Z,ZHENG L,LI S,et al. Generalizing a person retrieval model hetero-and homogeneously[C]//Proceedings of the European Conference on Computer Vision (ECCV). 2018：172-188.

[254] GAO J,NEVATIA R. Revisiting temporal modeling for video-based person Re-ID[J]. arXiv preprint arXiv:1805. 02104,2018.

[255] MCLAUGHLIN N,RINCON J,MILLER P. Recurrent convolutional network for video-based person re-identification[C]//IEEE Conference on Computer Vision and Pattern Recognition. Las Vegas：IEEE Computer Society,2016:1325-1334.

[256] LIU H, JIE Z, JAYASHREE K, et al. Video-based person re-identification with accumulative motion context[C]//IEEE Transactions on Circuits and Systems for Video Technology, 2018: 2788-2802.

[257] LI S, BAK S, CARR P, et al. Diversity regularized spatiotemporal attention for video-based person re-identification [C]//IEEE/CVF Conference on Computer Vision and Pattern Recognition. Salt Lake City: IEEE Computer Society, 2018: 369-378.

[258] LI J, WANG J, TIAN Q, et al. Global-local temporal representations for video person re-identification [C]//IEEE/CVF International Conference on Computer Vision. Seoul: IEEE Computer Society, 2019: 3957-3966.

[259] JI S, XU W, YANG M, et al. 3D convolutional neural networks for human action recognition[J]. IEEE transactions on pattern analysis and machine intelligence, 2012, 35 (1): 221-231.

[260] CARREIRA J, ZISSERMAN A. Quo vadis, action recognition? a new model and the kinetics dataset [C]//proceedings of the IEEE Conference on Computer Vision and Pattern Recognition. 2017: 6299-6308.

[261] LIAO X, HE L, YANG Z. Video-based person re-identification via 3D convolutional networks and non-local attention [C]//Asian Conference on Computer Vision. Perth, 2018.

[262] LIU J, ZHA Z, CHEN X, et al. Dense 3d-convolutional neural network for person re-identification in videos [C]//ACM Transactions on Multimedia Computing, Communications, and Applications (TOMM), 2019: 1-19.

[263] LI J, ZHANG S, HUANG T. Multi-scale 3D convolution network for video based person re-identification[C]//Proceedings of the AAAI Conference on Artificial Intelligence, 2019: 8618-8625.

[264] ZHENG Z, ZHENG L, YANG Y. Unlabeled samples generated by gan improve the person re-identification baseline in vitro [C]//Proceedings of the IEEE international conference on computer vision. 2017: 3754-3762.

[265] ZHONG Z, ZHENG L, ZHENG Z, et al. Camera style adaptation for person re-identification[C]//Proceedings of the IEEE conference on computer vision and pattern recognition. 2018: 5157-5166.

[266] QIAN X, FU Y, XIANG T, et al. Pose-normalized image generation for person re-identification[C]//Proceedings of the European conference on computer vision (ECCV). 2018: 650-667.

[267] BAK S, CARR P, LALONDE J F. Domain adaptation through synthesis for unsupervised person re-identification [C]//Proceedings of the European Conference on Computer Vision (ECCV). 2018: 189-205.

[268] ZHENG Z, YANG X, YU Z, et al. Joint discriminative and generative learning for person re-identification[C]//Proceedings of the IEEE/CVF Conference on Computer Vision and Pattern Recognition. 2019: 2138-2147.

[269] 邓淼磊, 高振东, 李磊, 等. 基于深度学习的人体行为识别综述[J]. 计算机工程与应用, 2022, 58(13): 14-26.

[270] 胡凯, 郑翡, 卢飞宇, 等. 基于深度学习的行为识别算法综述[J]. 南京信息工程大学学报

（自然科学版），2021,13(6)：730-743.

[271] 朱煜,赵江坤,王逸宁,等.基于深度学习的人体行为识别算法综述[J].自动化学报，2016,42(6)：848-857.

[272] JOHNSON S,EVERINGHAM M. Clustered Pose and Nonlinear Appearance Models for Human Pose Estimation[C]//bmvc. 2010,2(4)：5.

[273] ZHANG X,SUGANO Y,FRITZ M,et al. Mpiigaze：Real-world dataset and deep appearance-based gaze estimation[J]. IEEE transactions on pattern analysis and machine intelligence,2017,41(1)：162-175.

[274] RUAN W,LIU W,BAO Q,et al. Poinet：pose-guided ovonic insight network for multi-person pose tracking[C]//Proceedings of the 27th ACM International Conference on Multimedia. 2019：284-292.

[275] RUGGERO RONCHI M,PERONA P. Benchmarking and error diagnosis in multi-instance pose estimation[C]//Proceedings of the IEEE international conference on computer vision. 2017：369-378.

[276] PISHCHULIN L,INSAFUTDINOV E,TANG S,et al. Deepcut：Joint subset partition and labeling for multi person pose estimation[C]//Proceedings of the IEEE conference on computer vision and pattern recognition. 2016：4929-4937.

[277] ROGEZ G,RIHAN J,RAMALINGAM S,et al. Randomized trees for human pose detection[C]//2008 IEEE Conference on Computer Vision and Pattern Recognition. IEEE,2008：1-8.

[278] FISCHLER M A,ELSCHLAGER R A. The representation and matching of pictorial structures[J]. IEEE Transactions on computers,1973,100(1)：67-92.

[279] FELZENSZWALB P F,HUTTENLOCHER D P. Pictorial structures for object recognition[J]. International journal of computer vision,2005,61(1)：55-79.

[280] YANG Y,RAMANAN D. Articulated pose estimation with flexible mixtures-of-parts[C]//CVPR 2011. IEEE,2011：1385-1392.

[281] WEI S E,RAMAKRISHNA V,KANADE T,et al. Convolutional pose machines[C]//Proceedings of the IEEE conference on Computer Vision and Pattern Recognition. 2016：4724-4732.

[282] RAMAKRISHNA V,MUNOZ D,HEBERT M,et al. Pose machines：Articulated pose estimation via inference machines[C]//European Conference on Computer Vision. Springer,Cham,2014：33-47.

[283] CAO Z,SIMON T,WEI S E,et al. Realtime multi-person 2d pose estimation using part affinity fields[C]//Proceedings of the IEEE conference on computer vision and pattern recognition. 2017：7291-7299.

[284] KUHN H W. The Hungarian method for the assignment problem[J]. Naval research logistics quarterly,1955,2(1-2)：83-97.

[285] HE K,GKIOXARI G,DOLLÁR P,et al. Mask r-cnn[C]//Proceedings of the IEEE international conference on computer vision. 2017：2961-2969.

[286] FANG H S,XIE S,TAI Y W,et al. Rmpe：Regional multi-person pose estimation[C]//Proceedings of the IEEE international conference on computer vision. 2017：2334-2343.

[287] CHEN Y,WANG Z,PENG Y,et al. Cascaded pyramid network for multi-person pose

estimation[C]//Proceedings of the IEEE conference on computer vision and pattern recognition. 2018: 7103-7112.

[288] SUN K,XIAO B,LIU D,et al. Deep high-resolution representation learning for human pose estimation[C]//Proceedings of the IEEE/CVF conference on computer vision and pattern recognition. 2019: 5693-5703.

[289] KUEHNE H,JHUANG H,GARROTE E,et al. HMDB: a large video database for human motion recognition[C]//2011 International conference on computer vision. IEEE, 2011: 2556-2563.

[290] SOOMRO K,ZAMIR A R,SHAH M. UCF101: A dataset of 101 human actions classes from videos in the wild[J]. arXiv preprint arXiv:1212.0402,2012.

[291] GU C,SUN C,ROSS D A,et al. Ava: A video dataset of spatio-temporally localized atomic visual actions[C]//Proceedings of the IEEE Conference on Computer Vision and Pattern Recognition. 2018: 6047-6056.

[292] LIU J,SHAHROUDY A,PEREZ M,et al. Ntu rgb+ d 120: A large-scale benchmark for 3D human activity understanding[J]. IEEE transactions on pattern analysis and machine intelligence,2019,42(10): 2684-2701.

[293] CARREIRA J,NOLAND E,HILLIER C,et al. A short note on the kinetics-700 human action dataset[J]. arXiv preprint arXiv:1907.06987,2019.

[294] WANG H,SCHMID C. Action recognition with improved trajectories[C]//Proceedings of the IEEE international conference on computer vision. 2013: 3551-3558.

[295] JI S,XU W,YANG M,et al. 3D convolutional neural networks for human action recognition[J]. IEEE transactions on pattern analysis and machine intelligence,2012, 35(1): 221-231.

[296] CARREIRA J,ZISSERMAN A. Quo vadis,action recognition? a new model and the kinetics dataset[C]//proceedings of the IEEE Conference on Computer Vision and Pattern Recognition. 2017: 6299-6308.

[297] DIBA A,FAYYAZ M,SHARMA V,et al. Temporal 3D convnets: New architecture and transfer learning for video classification[J]. arXiv preprint arXiv:1711.08200,2017.

[298] FEICHTENHOFER C,FAN H,MALIK J,et al. Slowfast networks for video recognition [C]//Proceedings of the IEEE/CVF international conference on computer vision. 2019: 6202-6211.

[299] SIMONYAN K,ZISSERMAN A. Two-stream convolutional networks for action recognition in videos[J]. Advances in neural information processing systems,2014,27.

[300] WANG L,XIONG Y,WANG Z,et al. Temporal segment networks: Towards good practices for deep action recognition[C]//European conference on computer vision. Springer,Cham,2016: 20-36.

[301] DONAHUE J,ANNE HENDRICKS L,GUADARRAMA S,et al. Long-term recurrent convolutional networks for visual recognition and description[C]//Proceedings of the IEEE conference on computer vision and pattern recognition. 2015: 2625-2634.

[302] YAN S,XIONG Y,LIN D. Spatial temporal graph convolutional networks for skeleton-based action recognition[C]//Thirty-second AAAI conference on artificial intelligence. 2018.

[303] LIU Z,ZHANG H,CHEN Z,et al. Disentangling and unifying graph convolutions for

skeleton-based action recognition[C]//Proceedings of the IEEE/CVF conference on computer vision and pattern recognition. 2020: 143-152.

[304] PENG X,SCHMID C. Multi-region two-stream R-CNN for action detection [C]// European conference on computer vision. Springer,Cham,2016: 744-759.

[305] ALWASSEL H,HEILBRON F C,GHANEM B. Action search: Spotting actions in videos and its application to temporal action localization[C]//Proceedings of the European Conference on Computer Vision (ECCV). 2018: 251-266.

[306] HEILBRON F C,NIEBLES J C,GHANEM B. Fast temporal activity proposals for efficient detection of human actions in untrimmed videos[C]//Proceedings of the IEEE conference on computer vision and pattern recognition. 2016: 1914-1923.

[307] WEINZAEPFEL P,HARCHAOUI Z,SCHMID C. Learning to track for spatio-temporal action localization[C]//Proceedings of the IEEE international conference on computer vision. 2015: 3164-3172.

[308] IDREES H,ZAMIR A R,JIANG Y G,et al. The THUMOS challenge on action recognition for videos "in the wild"[J]. Computer Vision and Image Understanding, 2017,155: 1-23.

[309] MEXACTION2:action detection and localization dataset[DB/OL]. http://mexculture. cnam. fr/xwiki/bin/view/Datasets/Mex+action+dataset. (2015).

[310] CABA HEILBRON F,ESCORCIA V,GHANEM B,et al. Activitynet: A large-scale video benchmark for human activity understanding [C]//Proceedings of the ieee conference on computer vision and pattern recognition. 2015: 961-970.

[311] SHOU Z,CHAN J,ZAREIAN A,et al. Cdc: Convolutional-de-convolutional networks for precise temporal action localization in untrimmed videos[C]//Proceedings of the IEEE conference on computer vision and pattern recognition. 2017: 5734-5743.

[312] XU H,DAS A,SAENKO K. R-c3d: Region convolutional 3d network for temporal activity detection[C]//Proceedings of the IEEE international conference on computer vision. 2017: 5783-5792.

[313] CHAO Y W,VIJAYANARASIMHAN S,SEYBOLD B,et al. Rethinking the faster r-cnn architecture for temporal action localization[C]//proceedings of the IEEE conference on computer vision and pattern recognition. 2018: 1130-1139.

[314] TAKANO C,OHTA Y. Heart rate measurement based on a time-lapse image [J]. Medical Engineering & Physics,2007,29(8): 853-857.

[315] VERKRUYSSE W,SVAASAND L O,NELSON J S. Remote plethysmographic imaging using ambient light[J]. Optics express,2008,16(26): 21434-21445.

[316] POH M-Z,MCDUFF D J,PICARD R W. Non-contact, automated cardiac pulse measurements using video imaging and blind source separation. [J]. Optics express, 2010,18(10). 10762-10774.

[317] POH M,MCDUFF D J,PICARD R W. Advancements in Noncontact, Multiparameter Physiological Measurements Using a Webcam[J]. IEEE Transactions on Biomedical Engineering,2011,58(1): 7-11.

[318] SUN Y,HU S,AZORIN-PERIS V,et al. Noncontact imaging photoplethysmography to effectively access pulse rate variability [J]. Journal of Biomedical Optics, 2013,

18(6)：061205.

[319] HAAN D,GERARD,Jeanne,et al. Robust Pulse Rate From Chrominance-Based rPPG. [J]//IEEE Transactions on Biomedical Engineering,2013.

[320] YU Z,SHEN Y,SHI J,et al. PhysFormer：Facial Video-based Physiological Measurement with Temporal Difference Transformer[C]//IEEE Conference on Computer Vision and Pattern Recognition. 2022：4186-4196.

[321] LIN T，WANG Y,LIU X,et al. A Survey of Transformers[J]. 2021.

[322] HAN K,WANG Y,CHEN H,et al. A Survey on Visual Transformer[J]. arXiv preprint,2020：2111. 06091.

[323] XIAO T,SINGH M,MINTUN E,et al. Early Convolutions Help Transformers See Better[C]//Advances I n Neural Information Processing Systems. 2021，34：30392-30400.

[324] DOSOVITSKIY A,BEYER L,KOLESNIKOV A,et al. An Image is Worth 16 × 16 Words：Transformers for Image Recognition at Scale[J]. 2020,arXiv preprint arXiv：2010. 11929.

[325] YU Z,LI X,NIU X,et al. AutoHR：A Strong End-to-end Baseline for Remote Heart Rate Measurement with Neural Searching[J]. IEEE Signal Processing Letters,2020,27：1245-1249.

[326] VASWANI A,SHAZEER N,PARMAR N,et al. Attention Is All You Need[C]// Advances In Neural Information Processing Systems,2017；30.

[327] GAO B B,ZHOU H Y,WU J,et al. Age Estimation Using Expectation of Label Distribution Learning[C]//International Joint Conference on Artificial Intelligence. 2018：712-718.

[328] GAO B B,XING C,XIE C W,et al. Deep Label Distribution Learning with Label Ambiguity[J]. IEEE Transactions on Image Processing,2016,26：2825-2838.

[329] BENGIO Y . Curriculum learning[C]//International Conference On Machine Learning,2009；41-48.

[330] PS A. Slope Transit Time (STT)：A Pulse Transit Time Proxy requiring Only a Single Signal Fiducial Point[J]. IEEE transactions on bio-medical engineering, IEEE Trans Biomed Eng,2016,63(11).

[331] MUKKAMALA R,HAHN J-O,INAN O T,et al. . Toward Ubiquitous Blood Pressure Monitoring via Pulse Transit Time：Theory and Practice[J]. IEEE transactions on bio-medical engineering,2015,62(8)：1879-1901.

[332] GEDDES L A,VOELZ M H,BABBS C F,et al. . Pulse transit time as an indicator of arterial blood pressure[J]. psychophysiology,Wiley Online Library,1981,18(1)：71-74.

[333] CHOI Y,ZHANG Q,KO S. Noninvasive cuffless blood pressure estimation using pulse transit time and Hilbert-Huang transform[J]. Computers & Electrical Engineering,2013,39(1)：103-111.

[334] SHARMA M,BARBOSA K,HO V,et al. Cuff-Less and Continuous Blood Pressure Monitoring：A Methodological Review[J]. Technologies, Multidisciplinary Digital Publishing Institute,2017,5(2)：21.

[335] DJELDJLI D,BOUSEFSAF F,MAAOUI C,et al. Remote estimation of pulse wave

features related to arterial stiffness and blood pressure using a camera[J]. Biomedical Signal Processing and Control,2021,64：102242.

[336] TENG X F,ZHANG Y T. Continuous and noninvasive estimation of arterial blood pressure using a photoplethysmographic approach[A]. Proceedings of the 25th Annual International Conference of the IEEE Engineering in Medicine and Biology Society（IEEE Cat. No. 03CH37439)[C]. 2003,4：3153-3156 Vol. 4.

[337] WANG A,YANG L,WEN W,et al. Quantification of radial arterial pulse characteristics change during exercise and recovery[J]. The Journal of Physiological Sciences,2018,68(2)： 113-120.

[338] VON WOWERN E,ÖSTLING G,NILSSON P M,et al. Digital photoplethysmography for assessment of arterial stiffness： repeatability and comparison with applanation tonometry[J]. PloS one, Public Library of Science San Francisco, CA USA, 2015, 10(8)：e0135659.

[339] IMANAGA I,HARA H,KOYANAGI S,et al. Correlation between Wave Components of the Second Derivative of Plethysmogram and Arterial Distensibility[J]. Japanese Heart Journal,1998,39(6)：775-784.

[340] TAKAZAWA K,TANAKA N,FUJITA M,et al. Assessment of vasoactive agents and vascular aging by the second derivative of photoplethysmogram waveform [J]. Hypertension,Am Heart Assoc,1998,32(2)：365-370.

[341] RONG M,LI K. A blood pressure prediction method based on imaging photoplethysmography in combination with machine learning[J]. Biomedical Signal Processing and Control,Elsevier, 2021,64：102328.

[342] MCCOMBIE D B,REISNER A T,ASADA H H. Adaptive blood pressure estimation from wearable PPG sensors using peripheral artery pulse wave velocity measurements and multi-channel blind identification of local arterial dynamics ［J］. Conference proceedings：... Annual International Conference of the IEEE Engineering in Medicine and Biology Society. IEEE Engineering in Medicine and Biology Society. Annual Conference,2006,2006：3521-3524.

[343] 许文嫒,孟濬,赵夕朦.基于高速摄像机的动态血压非接触获取[J].浙江大学学报（工学版),2017,51(10)：2077-2083.

[344] JEONG I C,FINKELSTEIN J. Introducing contactless blood pressure assessment using a high speed video camera[J]. Journal of Medical Systems,2016,40(4)：77.

[345] SHIRBANI F,BLACKMORE C,KAZZI C,et al. Sensitivity of video-based pulse arrival time to dynamic blood pressure changes[A]. 2018 40th Annual International Conference of the IEEE Engineering in Medicine and Biology Society（EMBC)[C]. IEEE,2018： 3639-3641.

[346] MARTINEZ L C,GERSON O S. Endothelial dysfunction evaluated using photoplethysmography in patients with type 2 diabetes[J]. Journal of Cardiovascular Diseases & Diagnosis,2015,3(5).

[347] DENIL M,SHAKIBI B,DINH L,et al. Predicting parameters in deep learning ［J］. Advances in neural information processing systems,2013,26.

[348] LECUN Y,DENKER J,SOLLA S. Optimal brain damage[C]//Advances in neural information processing systems,1989：598-605. New York：ACM press.

[349] HASSIBI B,STORK D. Second order derivatives for network pruning：Optimal brain surgeon [C]//Advances in neural information processing systems,1992:164-171.

[350] HAN S,MAO H,DALLY W J. Deep compression：Compressing deep neural networks with pruning,trained quantization and huffman coding[J]. arXiv preprint arXiv:1510. 00149,2015.

[351] ZHANG T,YE S,ZHANG K,et al. A systematic dnn weight pruning framework using alternating direction method of multipliers[C]//Proceedings of the European Conference on Computer Vision (ECCV). 2018：184-199.

[352] HE Y,KANG G,DONG X,et al. Soft filter pruning for accelerating deep convolutional neural networks[C]//Proceedings of the 27th International Joint Conference on Artificial Intelligence. 2018：2234-2240.

[353] HE Y,LIU P,WANG Z,et al. Filter pruning via geometric median for deep convolutional neural networks acceleration [C]//Proceedings of the IEEE/CVF conference on computer vision and pattern recognition. 2019：4340-4349.

[354] HU H,PENG R,TAI Y W,et al. Network trimming：A data-driven neuron pruning approach towards efficient deep architectures [J]. arXiv preprint arXiv:1607. 03250,2016.

[355] ALVAREZ J M,SALZMANN M. Learning the number of neurons in deep networks [J]. Advances in neural information processing systems,2016,29.

[356] WEN W,WU C,WANG Y,et al. Learning structured sparsity in deep neural networks [J]. Advances in neural information processing systems,2016,29.

[357] LIU Z,LI J,SHEN Z,et al. Learning efficient convolutional networks through network slimming[C]//Proceedings of the IEEE international conference on computer vision. 2017：2736-2744. Los Alanùtos：IEEE computer society press.

[358] LI T,WU B,YANG Y,et al. Compressing convolutional neural networks via factorized convolutional filters[C]//Proceedings of the IEEE/CVF Conference on Computer Vision and Pattern Recognition. 2019：3977-3986.

[359] DAI B,ZHU C,GUO B,et al. Compressing neural networks using the variational information bottleneck [C]//International Conference on Machine Learning. PMLR, 2018：1135-1144.

[360] GONG Y,LIU L,YANG M,et al. Compressing deep convolutional networks using vector quantization[J]. arXiv preprint arXiv:1412. 6115,2014.

[361] WU J,LENG C,WANG Y,et al. Quantized convolutional neural networks for mobile devices[C]//Proceedings of the IEEE Conference on Computer Vision and Pattern Recognition. 2016：4820-4828.

[362] ZHOU A,YAO A,GUO Y,et al. Incremental network quantization：Towards lossless cnns with low-precision weights[J]. arXiv preprint arXiv:1702. 03044,2017.

[363] GUPTA S,AGRAWAL A,GOPALAKRISHNAN K,et al. Deep learning with limited numerical precision[C]//International conference on machine learning. PMLR,2015：1737-1746.

[364] MA Y,SUDA N,CAO Y,et al. Scalable and modularized RTL compilation of convolutional neural networks onto FPGA[C]//2016 26th international conference on field programmable

logic and applications (FPL). IEEE,2016: 1-8.

[365] JACOB B,KLIGYS S,CHEN B,et al. Quantization and training of neural networks for efficient integer-arithmetic-only inference[C]//Proceedings of the IEEE Conference on Computer Vision and Pattern Recognition. 2018: 2704-2713.

[366] COURBARIAUX M,BENGIO Y,DAVID J P. Binaryconnect: Training deep neural networks with binary weights during propagations[C]//Advances in neural information processing systems,2015: 3123-3131.

[367] HUBARA I,COURBARIAUX M,SOUDRY D,et al. Binarized neural networks[C]// Advances in neural information processing systems,2016: 4107-4115.

[368] ZHU C,HAN S,MAO H,et al. Trained ternary quantization[J]. arXiv preprint arXiv: 1612.01064,2016.

[369] WAN D,SHEN F,LIU L,et al. Tbn: Convolutional neural network with ternary inputs and binary weights[C]//Proceedings of the European Conference on Computer Vision (ECCV). 2018: 315-332.

[370] YIN P,LYU J,ZHANG S,et al. Understanding straight-through estimator in training activation quantized neural nets[J]. arXiv preprint arXiv:1903.05662,2019.

[371] GONG R,LIU X,JIANG S,et al. Differentiable soft quantization: Bridging full-precision and low-bit neural networks [C]//Proceedings of the IEEE/CVF International Conference on Computer Vision. 2019: 4852-4861.

[372] BUCILUĂ C,CARUANA R,NICULESCU M A. Model compression[C]//Proceedings of the 12th ACM SIGKDD international conference on Knowledge discovery and data mining. 2006: 535-541. New York: ACM press.

[373] BA J,CARUANA R. Do deep nets really need to be deep? [C]//Advances in neural information processing systems,2014: 2654-2662.

[374] HINTON G,VINYALS O,DEAN J. Distilling the knowledge in a neural network[J]. arXiv preprint arXiv:1503.02531,2015,2(7).

[375] ZHAO B,CUI Q,SONG R,et al. Decoupled Knowledge Distillation[C]//Proceedings of the IEEE/CVF Conference on Computer Vision and Pattern Recognition. 2022: 11953-11962.

[376] ROMERO A,BALLAS N,KAHOU S E,et al. Fitnets: Hints for thin deep nets [C]// International Conference on Learning Representations,2015.

[377] KOMODAKIS N,ZAGORUYKO S. Paying more attention to attention: improving the performance of convolutional neural networks via attention transfer[C]//International Conference on Learning Representations. 2017.

[378] PENG B,JIN X,LIU J,et al. Correlation congruence for knowledge distillation [C]// Proceedings of the IEEE/CVF International Conference on Computer Vision. 2019: 5007-5016.

[379] LIU Y,CAO J,LI B,et al. Knowledge distillation via instance relationship graph[C]// Proceedings of the IEEE/CVF Conference on Computer Vision and Pattern Recognition. 2019: 7096-7104.

[380] GUO J,HAN K,WANG Y,et al. Distilling object detectors via decoupled features[C]// Proceedings of the IEEE/CVF Conference on Computer Vision and Pattern Recognition. 2021: 2154-2164.

[381] LIU Y,CHEN K,LIU C,et al. Structured knowledge distillation for semantic segmentation[C]//Proceedings of the IEEE/CVF Conference on Computer Vision and Pattern Recognition. 2019: 2604-2613.

[382] TANG Q,XU X,WANG J. Differentiable Dynamic Channel Association for Knowledge Distillation[C]//2021 IEEE International Conference on Image Processing (ICIP). IEEE,2021: 414-418.

[383] JADERBERG M,VEDALDI A,ZISSERMAN A. Speeding up convolutional neural networks with low rank expansions[J]. arXiv preprint arXiv:1405. 3866,2014.

[384] LEBEDEV V,GANIN Y,RAKHUBA M,et al. Speeding-up convolutional neural networks using fine-tuned cp-decomposition[J]. arXiv preprint arXiv:1412. 6553,2014.

[385] KIM Y D,PARK E,YOO S,et al. Compression of deep convolutional neural networks for fast and low power mobile applications[J]. arXiv preprint arXiv:1511. 06530,2015.

[386] IANDOLA F N,HAN S,MOSKEWICZ M W,et al. SqueezeNet: AlexNet-level accuracy with 50x fewer parameters and< 0. 5 MB model size[J]. arXiv preprint arXiv:1602. 07360,2016.

[387] ZHANG T,QI G J,XIAO B,et al. Interleaved group convolutions[C]//Proceedings of the IEEE international conference on computer vision. 2017: 4373-4382.

[388] ZHANG X,ZHOU X,LIN M,et al. Shufflenet: An extremely efficient convolutional neural network for mobile devices[C]//Proceedings of the IEEE conference on computer vision and pattern recognition. 2018: 6848-6856.

[389] MA N,ZHANG X,ZHENG H T,et al. Shufflenet v2: Practical guidelines for efficient cnn architecture design[C]//Proceedings of the European conference on computer vision (ECCV). 2018: 116-131.

[390] HOWARD A G,ZHU M,CHEN B,et al. Mobilenets: Efficient convolutional neural networks for mobile vision applications[J]. arXiv preprint arXiv:1704. 04861,2017.

[391] ELSKEN T,METZEN J H,HUTTER F. Neural architecture search: A survey[J]. The Journal of Machine Learning Research,2019,20(1): 1997-2017.

[392] ZOPH B,LE Q V. Neural architecture search with reinforcement learning[J]. arXiv preprint arXiv:1611. 01578,2016.

[393] REAL E,MOORE S,SELLE A,et al. Large-scale evolution of image classifiers[C]// International Conference on Machine Learning. PMLR,2017: 2902-2911.

[394] LIU H,SIMONYAN K,YANG Y. Darts: Differentiable architecture search[J]. arXiv preprint arXiv:1806. 09055,2018.

[395] CAI H,ZHU L,HAN S. Proxylessnas: Direct neural architecture search on target task and hardware[J]. arXiv preprint arXiv:1812. 00332,2018.

中英文术语对照

AUC——area under the curve 曲线下面积

AP——average precision 平均精度

ALE——attribute label embedding 属性标签嵌入

AVPN——accurate vehicle proposal network 精确车辆候选网络

AV——autonomous vehicle 自动驾驶汽车

ARC——aspect ratio change 纵横比变化

AM——absolute motion 绝对运动

AI——artificial intelligence 人工智能

ACF——aggregate channel features for multi-view face detection 用于多视点人脸检测的聚合通
道特征

AANet——attribute attention network 属性注意力网络

ANN——artificial neural network 人工神经网络

ADMM——alternating direction method of multipliers 交替方向乘子法

BN——batch normalization 批归一化

BC——background clutter 背景杂波

BoF——bag of features 词袋特征

BR——breath rate 呼吸频率

BP——blood pressure 血压

CycleGAN——cycle generative adversarial network 循环生成对抗网络

Caffe——convolutional architecture for fast feature embedding 快速特征嵌入的卷积结构

CNN——convolutional neural networks 卷积神经网络

CSP——cross-stage-partial netmork 跨阶段部分网络

CMN——cellular morphologg network 细胞

CZSL——conventional zero-shot learning 传统零样本学习

CAD——computer-aided design 计算机辅助诊断

CM——camera motion 摄像机运动

CON——confusion 混乱

CS——camera shake 相机抖动

CLE——center location error 中心坐标错误

ConvGRU——convolution gated recurrent neural network 门控卷积网络

CPM——convolutional pose machines 卷积姿态机

CT——crest time 峰值时间

DPM——deformable part based model 可变形组件模型

DEF——deformation 变形

DL——dim light 微光

DI——distractors 干扰项

DLA——deep layer aggregation 深层聚合

DPM——deformable part model 可变形组件模型

DT——diastolic time 舒张时间

DH——diastolic height 舒张期峰值

DBP——diastolic blood pressure 舒张压

DNN——deep neural network 深度神经网络

ESKGAN——enchanced super resolution generative adversarial networks 基于生成对抗网络的增强超分率

EDSR——encharced deep residual networhs for super resolution 增强型残差超分辨

EDVR——video restoration with enhanced deformable convolutional networks 增强可变形卷积视频恢复

ELAN——efficient layer aggregation networks 高效层聚合网络

EAO——average overlap 平均重叠

EM——expectation-maximization 期望最大化

ECG——electrocardiogram 心电图

FSIM——feature similarity 特征相似度

FP——false positives 假的正样本,即负样本被错误识别为正样本

FN——false negatives 假的负样本,即正样本被错误识别为负样本

FPS——frames per second 每秒帧数

FCOS——fully convolutional one-stage object detection 一阶全卷积目标检测

FPN——feature pyramid network 特征金字塔网络

FDA——feature-level domain adaptation 特征级域自适应

FCN——fully convolution al networks 形态神经网络

FM——fast motion 快速运动

FOC——full occluded 完全遮挡

FL——flash of light 闪光

FBC——fast background change 背景快速变化

FCM——fastcamera moves 相机快速移动

FM:真实轨迹被打断的次数

Faster R-CNN——faster region convolutional neural network 快速区域卷积神经网络

FV——Fisher vector 费舍尔向量

FLOP——floating point operations 浮点运算次数

GAN——generative adversarial networks 生成对抗网络

GT——ground truth 真值

GMP——global max pooling 全局最大池化

GAP——global average pooling 全局平均池化

GPA——graph-inducecl prottype alignmeit 图诱导的原理对齐

GZSL——generalized zero-shot learning 广义零样本学习

GZSD——generalized zero-shot detection 广义零次目标检测

GAP——global average pooling 全局平均池化

GLAD——global-local-alignment descriptor 全局-局部对齐特征描述子

GLTR——global-local temporal representations 短时长时时序表示

GMM——Gaussian mixture model 高斯混合模型

HR——high-resolution 高分辨率

HVS——human visual system 人类视觉系统

HOG——histogram of oriented gradients 方向梯度直方图

HA-CNN——harmonious attention CNN 协调注意力模型

HHL——hetero-homogeneous learning 异质-同质学习方法

HOF——histograms of oriented optical flow 光流方向直方图

HRV——heart rate variability 心率变异性

IQA——image quality assessment 图像质量评估

IFC——information fidelity criterion 信息保真度准则

IRCNN——image restoratiou convolutional neural networks 图像修复卷积神经网络

IoU——intersection over union 交集与并集的比值(简称"交并比")

IV—— illumination variation 光照变化

IPR——in plane rotation 平面旋转

IDS——identification swich 跟踪轨迹改变目标标号的次数

iDT—— improved dense trajectories 改进的密集轨迹

JDE——jointly learns the detector and embedding model 联合检测与嵌入模型

k-NN——k-nearest neighbor k 近邻法

KCF——kernelized correlation filters 相关滤波器算法

LSTM——long short-term memory 长短时记忆神经网络

LR——low-resolution 低分辨率

LSTD——low-shot transfer detector 基于迁移学习的小样本目标检测

LI——light 明亮

LC——low contrast 低对比度

LD——long time tracking 长时间跟踪

LE——length 长度

MSE——mean squared error 均方误差

MOS——mean opinion score 平均意见得分

MS-SSIM——multi scale structural similarity 多尺度结构相似度

MDSR——multi-scaled deep residual networks for super resolution 多尺度残差超分辨

mAP——mean average precision 总体平均精度

MTOR——mean teacher with object relations 具有目标关系的中间教师

MOT——multi object tracking 多目标跟踪

MB——motion blur 运动模糊

MS——motion smoothing 运动平滑

MCO——motion consistency 运动一致性

MOC——movement change 运动变化

MOTP——multi object track precision 多目标跟踪精确度

MOTA——multi object track accuracy 多目标跟踪准确度

MT：目标的大部分被跟踪到的轨迹占比(大于 80%)

ML：目标的大部分跟丢的轨迹占比(小于 20%)

MBH——motion boundary histograms 运动边界直方图

MAE——mean absolute error 平均绝对误差

NMS——non-maximum suppression 非极大值抑制

NIR——near context,infrared 上下文中的通用对象,近红外光

NIR—— near-infrared 红外光

NAS——neural architecture search 神经网络结构搜索 OCC——occlusion 遮挡

OPR——out of plane rotation 出平面旋转

OV——out of field of view 超出视场

OCO——object color change 物体颜色变化

OTB——object track benchmarke 目标跟踪数据集

OKS——object keypoint similarity 对象关键点相似性

PSF——point spread function 点扩散函数

PSNR——peak signal-to-noise ratio 峰值信噪比

PCD——pyramid,cascading and deformable convolution 金字塔、级联和可变形卷积

PR——precision recall 精确率召回率

PAN——path aggregation network 路径聚合网络

PDA——pixel-level domain adaptation 像素版域自适应

POC——partial occlusion 部分遮挡

PT:目标部分跟踪到的轨迹占比(1-MT-ML)

PCA——principal components analysis 主成分分析算法

PAP——part average pooling 局部平均池化

PAST——self-training with progressive augmentation framework 渐进增强框架

PTGAN——person transfer generative adversarial network 行人风格迁移模型

PCK——probability of correct keypoint 正确关键点概率

PSM——pictorial structure model 图形结构模型

PAF——part affinity fields 关键点亲和度向量场

PPNMS——parametric pose non-maximum-suppression 参数化姿态非极大值抑制

PGPG——pose-guided proposals generator 姿态引导候选框生成器

PPG——photoplethysmography 光电容积脉搏波

PWA——pulse wave analysis 脉搏波波形分析

PTT——pulse transit time 脉搏波传播时间

PAT——pulse arrival time 脉搏波到达时间

PI——pulse interval 脉搏间隔

PWHH——pulse width at the half height 半高脉宽

PA——pulse area 脉冲面积

PH——pulse height 脉搏高度

PWV——pulse wave velocity 脉搏波波速

PEP——pre-ejection period 预射期

RNN——recurrent neural network 递归循环神经网络

RDN——residual dense networks 残差密集网络

ReLU——rectified linear unit 修正线性单元

ROC——receiver operating characteristic 受试者工作特征

RPN——region proposal network 区域生成网络

RSI——remote sensing image 遥感图像

ROT——rotate 旋转

RS——relative speed 相对速度

Re-ID——re-identification（行人）重识别

ResNet——deep residual network 残差网络

ROI——region of interest 感兴趣区域

rPPG——remote photo plethysmography 远程光电容积脉搏波

RMSE——root-mean-square deviation 均方根误差

SR——super-resolution 超分辨

SRCNN——super resolution convolutional neural networks 超分辨卷积神经网络

SSIM——structural similarity 结构相似度

SIFT——scale invariant feature transform 尺寸不变特征变换

SSD——sigle shot multibox detector 单次多盒检测器

SPP——spatial pyramid pooling 空间金字塔池化

SAE——semantic outo encoder 语义自编码器

SSE——semantic similarity embedding 语义相似度嵌入

SV——scale variation 尺度变化

SOB——similar objectives 类似目标

SC——surface coverage 表面覆盖

SPR——specular reflection 镜面反射

SH——shape 形状

SHC——shadow change 阴影变化

SCO——scene complexity 场景复杂性

SZ——size 尺寸

SLO——small large object 大小目标

SAAN——scale-aware attention network 尺度感知注意力网络

SOTA——state of the art 最先进的水平

SSG——self-similarity grouping 自相似分组

SPGAN——similarity preserving cycle consistent generative adversarial network 保留域内自相
似性的生成对抗网络

SiaNet——siamese network 孪生神经网络

SSTN——symmetric spatial transformer network 对称空间变换网络

SpO2——oxygen saturation 血氧饱和

SQI——signal quality index 信号质量指数

ST-FF——spatio-temporal feed-forward 时空前馈

SD——standard deviation 标准差

STE——straight-through estimator 直通估计器

TSA——temporal spatial attention 时空注意力

TP——true positives 正样本被正确识别为正样本

TN——true negatives 负样本被正确识别为负样本

TS-RDN——two-sueram region proposal netwok 双流区域提议网络

TR——transparency 透明度

TCMM——the CLEAR MOT Metrics 多目标跟踪度量标准

TAUDL——tracklet association unsupervised deep learning 轨迹关联的无监督深度学习

TJ-AIDL——transferable joint attribute-identity deep learning 可迁移的联合属性-身份深度学习

TDT——temporal difference transformer 时差变换器

TD-MHSA——temporal difference multi-head self-attention 时差多头自注意力

Tn——diastolic time 重搏切迹时间

UP——unsupervised pre-training 无监督预训练

VIF——visual information fidelity 视觉信息保真度

VDSR——very deep convolutional networks for super resolution 深层超分辨网络

VGG——visual geometry group 视觉几何组

VIS——visible satellite 卫星遥感

VC——view change 视场角变化

ZSL——zero-shot learning 零样本学习

ZSD——zero-shot detection 零样本目标检测

ZC——zoom camera 变倍相机